《 엑셀과 수학실험 》

: 움직이는 그래프와 시뮬레이션

허혜자 지음

KM 경문사

머리말

수학공부를 하면서 수학이 가진 추상성에 감탄하고 한편으로는 그것 때문에 좌절한 경험이 한번쯤은 있을 것입니다. '실제로 보고 만진다면 더 잘 알 수 있지 않을까?'하는 생각에 많은 수학 교육자들이 학생들의 이해를 도울 다양한 교구를 찾습니다. 특히 오늘날과 같은 정보화 사회에서는 컴퓨터를 교구로 활용하는 것은 당연할 것입니다.

인터넷에는 수학개념의 이해를 도울 수 있는 가상학습교구들이 있고 이러한 가상학습교구는 학생들의 수학적 개념 형성에 도움을 줄 수 있습니다. 예를 들어, 미국수학교사협의회(NCTM)에서 운영하는 사이트(http://illuminations.nctm.org/)에는 유치원 수준부터 고등학교 수준까지 수학적 개념의 이해를 도와주는 많은 애플릿을 제공합니다. 소프트웨어 Mathematica의 개발사인 Wolfram Mathematica의 Wolfram Demonstrations Project(http://demonstrations.wolfram.com/)에는 대학교 수준과 우리나라 고등학교 수준의 수학적 개념 학습에 도움을 줄 수 있는 애플릿이 개발되어 있고, 무료로 이용 가능합니다. 그런데 이러한 애플릿을 이용하다 보면 "이것은 어떻게 만들었지?", "나도 만들 수 있을까?", "만들어서 사용하는 게 더 효과적인가?" 등 많은 생각을 하게 됩니다. 그에 대한 대답은 "도전해보자!", "학생들로 하여금 도전해보도록 하자!"는 것입니다. 대학생이든 중·고등학생이든 스스로 만들어 보는 과정을 통해 수학적 개념에 더 정통해질 수 있고, 수학학습에 대한 즐거움이나 자부심, 자신감 등 정서적 측면에서도 많은 효과를 거둘 수 있습니다.

또한 중·고등학교에서는 자유학기제 실시로 기존 수업 이외의 시간을 이용하여 학생들이 가상학습교구를 만들어 볼 수 있습니다. 이에 대학생 뿐 아니라 중·고등학생들도 쉽게 사용할 수 있는 소프트웨어 엑셀을 이용하여 수학개념에 도움을 주는 엑셀파일을 만들고, 이를 이용하는 방법에 대해 살펴볼 수 있습니다. 엑셀은 일상생활과 사무실에서 통계적 처리와 그래프 등에 활용되는 소프트웨어이므로, 오히려 이러한 소프트웨어를 익히는 것은 수학을 전공하는 학생이든 전공하지 않는 학생이든 미래 사회를 준비하는데 반드시 도움이 될 것이라고 생각합니다.

이 책의 내용은 다음과 같은 5단원으로 구성되었습니다.

1. 엑셀 기초
2. 함수의 그래프와 교육과정
3. 엑셀을 이용한 함수의 그래프
4. 함수의 그래프와 동점
5. 시뮬레이션

각 장에 엑셀의 주요 기능을 소개하였기 때문에 엑셀을 처음 접하는 학생들도 쉽게 이해할 수 있습니다. 이 책의 대상을 대학생과 중·고등학생으로 하였기 때문에 활동지를 <예비교사 활동지>와 <학생 활동지>로 나누어 제공하였습니다. 이 책의 목적은 수학개념학습교구(엑셀 파일)를 만드는 것과 자신이 만든 엑셀 파일을 이용하여 수학적 개념을 학습하는 것에 두었기 때문에, 엑셀 파일을 제작한 후 그것을 이용하여 활동지를 완성하면서 수학적 개념에 대해 학습하는 방식으로 이용할 수 있습니다. 중·고등학생을 대상으로 하는 경우에 학생들이 엑셀 파일을 직접 만드는 방법도 있고, 교사가 엑셀파일을 만들고 학생들은 교사가 만든 엑셀파일을 조작하면서 학생용 활동지를 풀어보는 방법도 있습니다.

수학학습을 하면서 '아하! 경험'을 하도록 도울 수 있는 멋진 교구를 함께 만들어보자는 욕심과 수학교육에 도움이 되는 것을 서로 공유하자는 생각에서 출판을 하게 되었습니다. 이 책을 이용하시는 독자 분들께 작은 보탬이 되기를 바랍니다. 끝으로 이 책의 출판에 애써 주신 경문사 관계자 분들께 감사드립니다.

2017년 2월

저자 씀

목차

CHAPTER

1

엑셀 기초

가 셀과 영역 선택

나 셀 서식 – [표시 형식]

다 작업 창 분할

라 표 만들기

마 수식입력

가 》 셀과 영역 선택

● 1개의 셀 선택 또는 연속된 셀(영역) 선택

마우스를 이용하여 선택하고 싶은 셀을 클릭하면 1개의 셀이 선택된다. 이때 연속된 셀을 선택하고 싶으면 클릭한 채로 마우스를 끌면 된다.

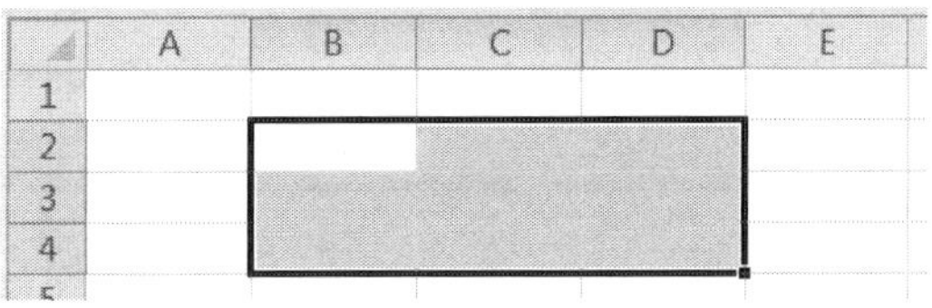

● 떨어진 셀의 동시 선택

떨어져있는 셀을 동시에 선택하려면 Ctrl 키를 누른 채 셀을 선택하면 된다. 예를 들어, 셀 A1, B3, C5를 동시에 선택하고 싶다면, A1셀을 클릭하고 Ctrl 키를 누른 채, B3, C5를 차례로 클릭한다.

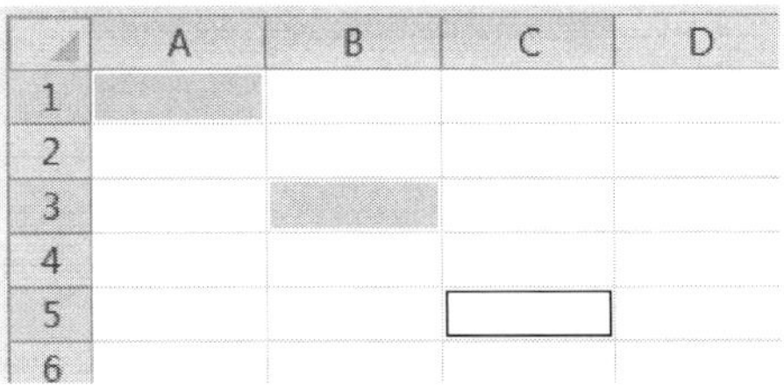

A2:A8과 C5:C9의 두 영역을 동시에 선택하려면, 마우스를 이용하여 A2:A8 영역을 먼저 선택하고, Ctrl 키를 누른 채 C5:C9 영역을 선택한다.

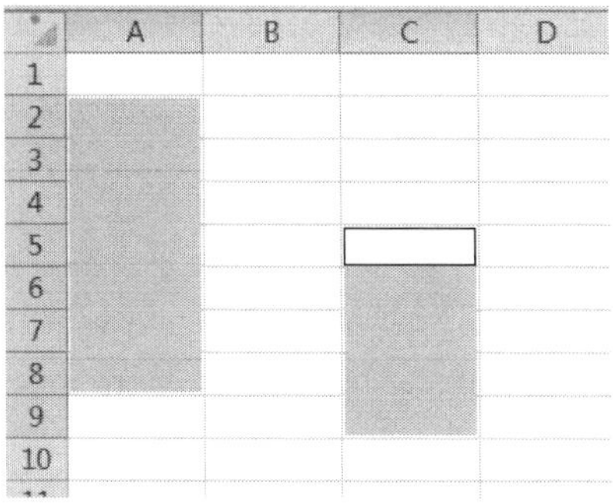

● 열/행 선택

작업 중인 시트에서 한 행(또는 열) 전체를 선택하려면 행 머리글(또는 열 머리글)을 선택한다. 여러 행들을 선택하려면 행 머리글을 클릭하고 Ctrl 키를 누른 채 차례로 다른 행 머리글을 클릭하면 된다. 열을 선택할 때도 마찬가지로 한다.

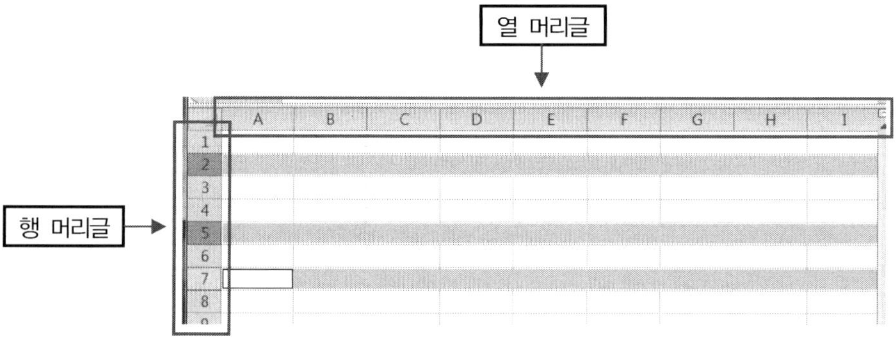

● 전체 셀 선택

행 머리글과 열 머리글이 만나는 모서리의 단추를 [모두 선택] 단추라 부르는데, 작업 중인 시트의 모든 셀을 선택하고자 할 때는 [모두 선택] 단추를 클릭한다.

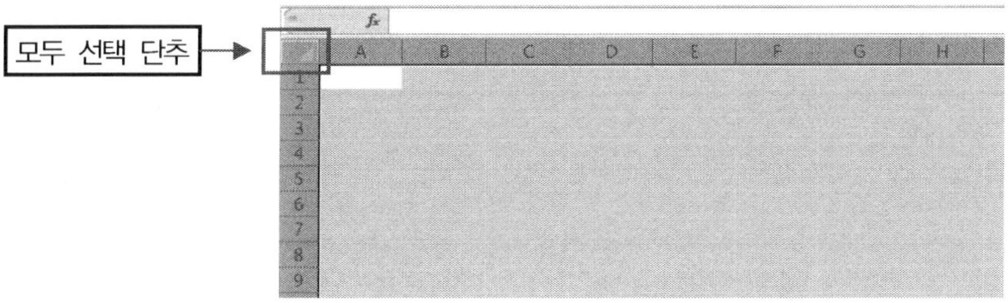

나 셀 서식 – [표시 형식]

[셀 서식]은 작업창에서 셀을 선택한 후 마우스 오른쪽 버튼을 누르거나 메뉴 바에서 [표시형식] 오른쪽 모서리의 화살표를 누르면 화면에 나타난다. 또한 메뉴 바 [표시 형식] 위에 있는 범주 창을 누르면 다음 그림처럼 12개의 범주가 나타나고, 범주를 선택하면 셀의 표시 형식이 범주에 따라 지정되게 된다.

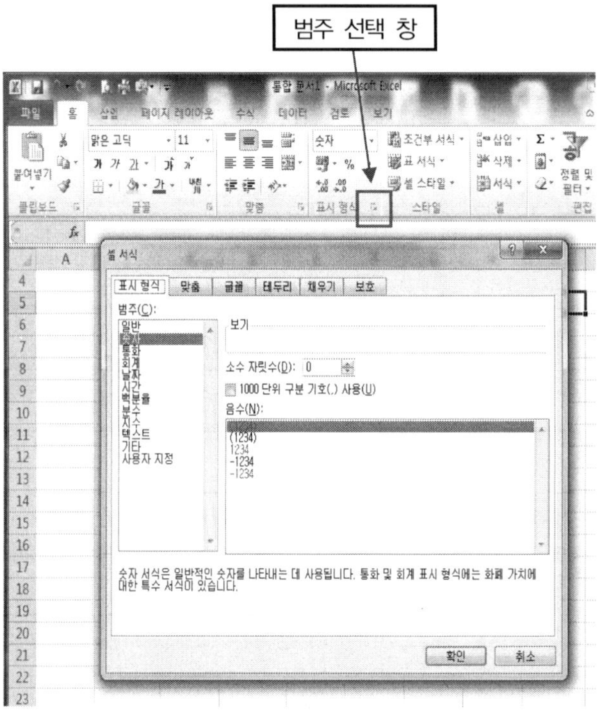

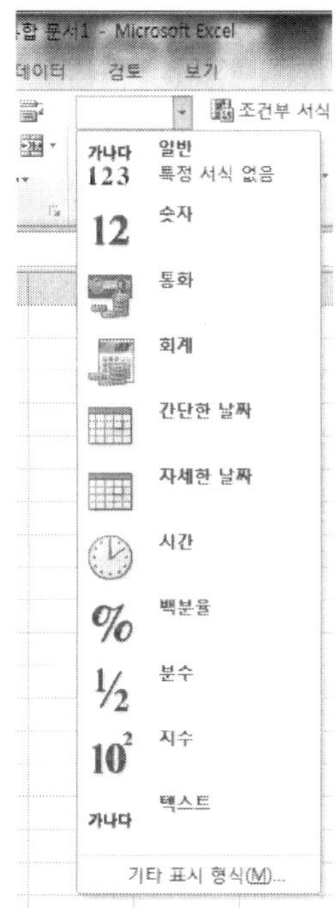

[숫자] – [자릿수 줄임] / [자릿수 늘임]

셀을 선택하고 범주를 [일반]에서 [숫자]로 바꾸고 자릿수 줄임 아이콘을 누른다. 다음의 오른쪽 그림은 자릿수 줄임을 3번 시행한 결과이다.

[백분율]

셀을 선택하고 범주를 일반에서 백분율로 바꾸거나 % 아이콘을 누른다.

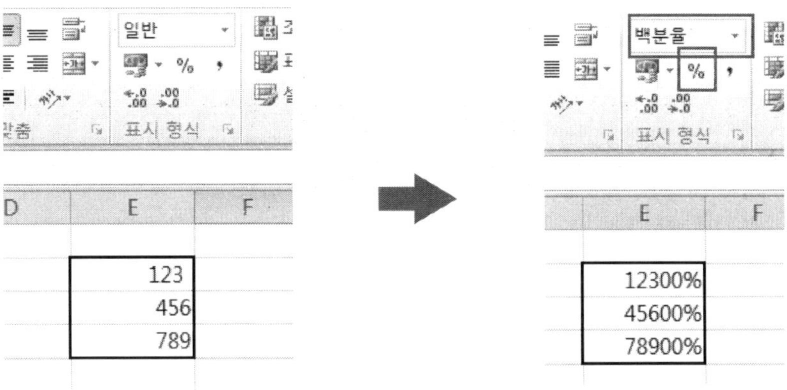

[분수]

셀에 입력된 데이터의 표시 형식을 분수로 나타내기 위해서, 셀을 선택하고 범주를 일반에서 분수로 바꾼다.

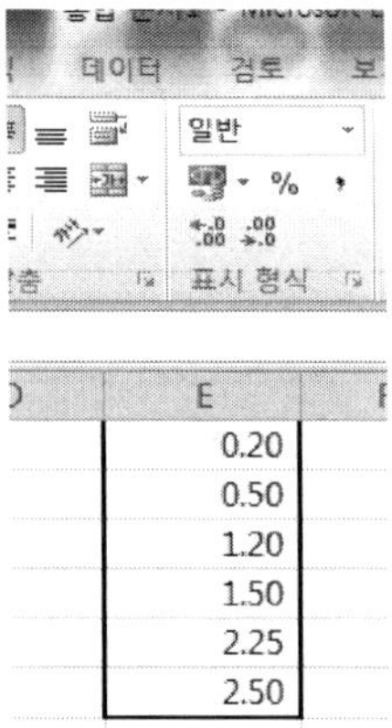

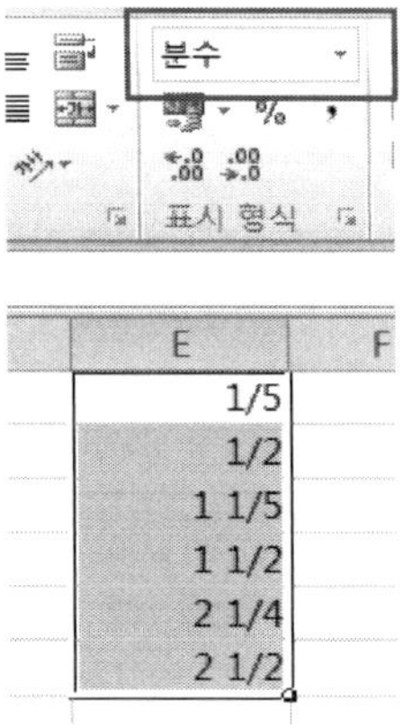

[날짜]

셀에 날짜를 입력할 때 셀의 표시형식을 지정하고, 필요에 따라 다른 형식으로 바꿀 수 있다. 셀을 선택하고 [셀 서식]-[표시 형식]-[날짜]를 차례로 선택하고 형식에서 원하는 형태를 선택하고 확인을 누르면 날짜의 형식이 변경된다.

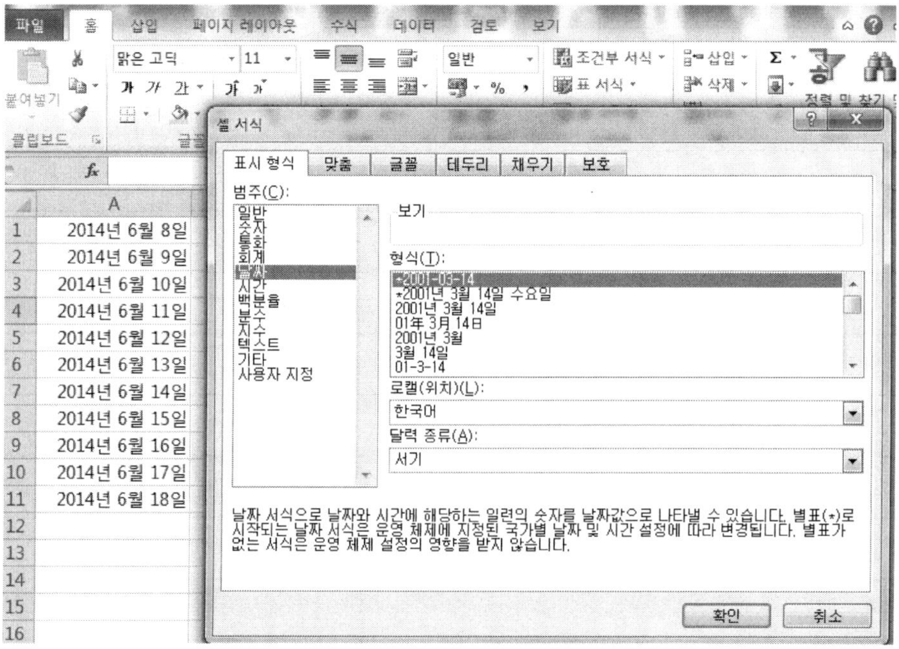

[지수]

입력 데이터가 큰 숫자이거나 너무 작은 숫자이면 다루기가 힘들고, 한 눈에 들어오지 않는 단점이 있다. 이때 데이터를 지수로 표현하면 자료를 일목요연하게 정리할 수 있다. 지수 표현 방법은 ‘10^3’은 ‘1.E+03'으로 ‘10^{-3}’은 ‘1.E−03'으로 표현된다. 지수로 표현할 셀을 선택하고 범주 창을 일반에서 지수로 변경한다. 이때, 지수 표현은 다음 그림과 같이 표현된다. 수학에서는 $123456 = 1.23456 \times 10^5$로 표기하지만 엑셀에서는 123456을 1.E+0.5, 1.2.E+0.5, 1.23.E+0.5, 1.234.E+0.5, 12345.E+0.5 또는 1.23456E+0.5로 표현할 수 있다.

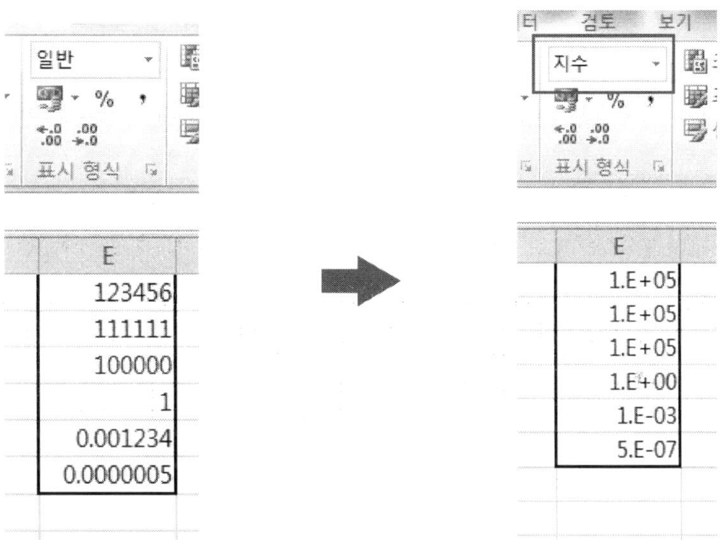

지수의 자릿수 표기를 다르게 하고 싶으면 셀을 선택하고, [셀 서식]-[지수]에서 소수 자릿수를 변경하면 된다. 다음 그림은 바로 위의 그림에서 소수 자릿수를 4로 변경한 결과다.

일반
표시 형식
D
E
1.2346E+05
1.1111E+05
1.0000E+05
1.0000E+00
1.2340E-03
5.0000E-07
셀 서식
표시 형식
맞춤
글꼴
테두리
채우기
보호
범주(C):
일반
숫자
통화
회계
날짜
시간
백분율
분수
지수
텍스트
기타
사용자 지정
보기
소수 자릿수(D): 4
확인
취소

다 》 작업 창 분할

워크시트의 크기가 큰 문서의 경우 한 화면에서 모든 셀을 볼 수 없어 이동을 하게 되는데, 서로 멀리 떨어진 셀들을 비교해야 하는 경우 이동하면서 비교해 보기에는 번거롭고 어려운 점이 있다. 이때 작업영역을 분할하면 편리하다.

작업영역 분할을 하려면 먼저 분할 줄이 생성되기를 원하는 행 또는 열의 셀을 선택한다. 예를 들어, C4셀을 선택하고, [수직 분할 줄]을 더블 클릭하면 B열과 C열 사이에 분할 줄이 생긴다. 또한, C4셀을 선택하고, [수평 분할 줄]을 더블 클릭하면 4행과 5행 사이에 분할 줄이 생긴다. [수직(또는 수평) 분할 줄] 아이콘을 클릭하고 끌어다 놓아도 된다.

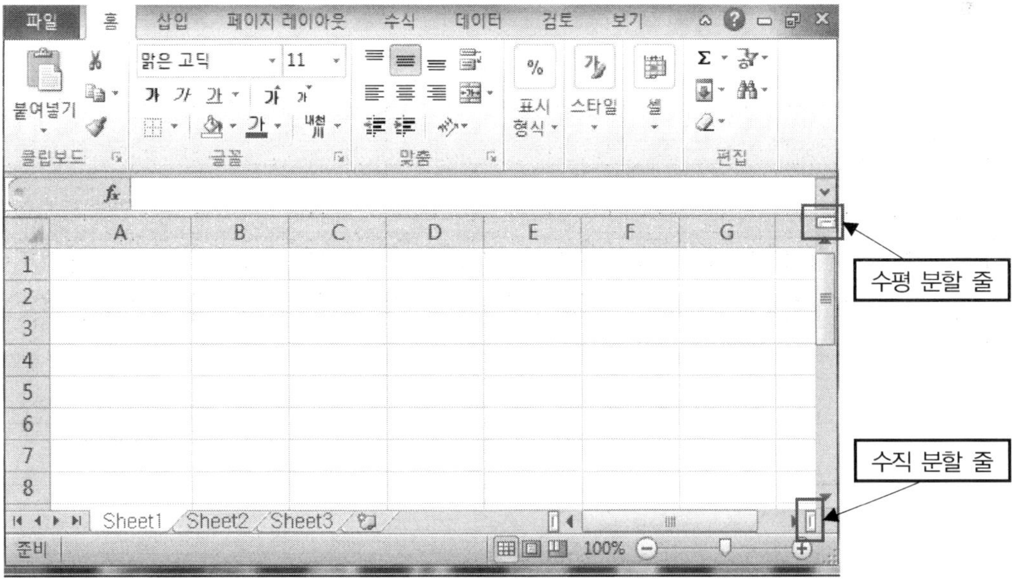

작업 창을 분할 한 다음 [수평 이동 표시줄]을 이용하여 행 또는 열을 이동시킨다.

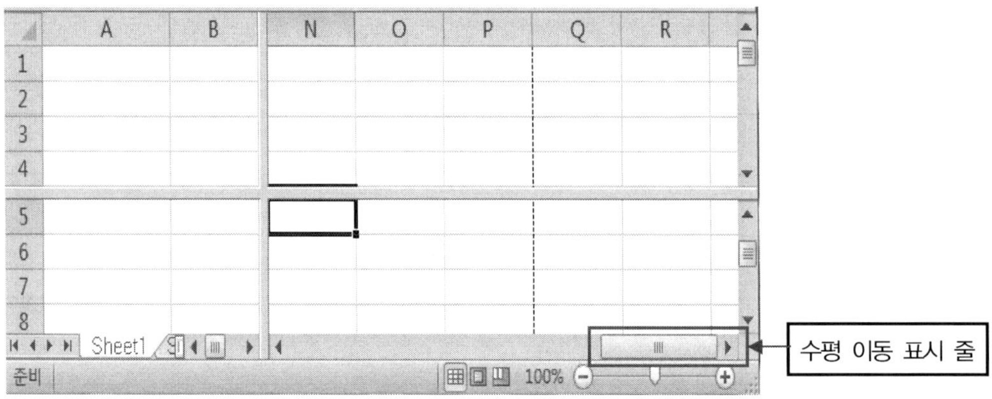

분할 줄을 클릭하면 양쪽 화살표( )가 생기고 분할 줄의 모양이 바뀌게 된다. 이때 원하는 곳으로 끌면 분할 줄이 이동한다. 분할 줄을 더블 클릭하면 분할 줄이 사라진다.

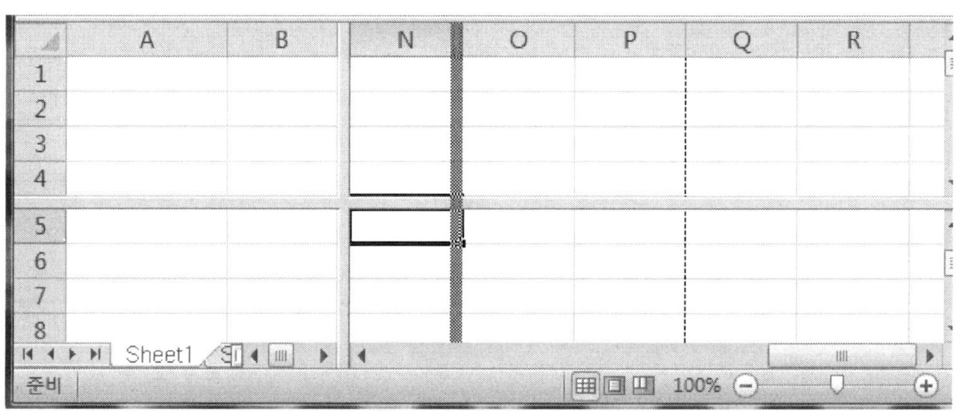

라 》 표 만들기

1) 〈동일한 수를 열 또는 행에 입력하기〉

- 셀을 선택하고 수를 입력하고 나서, 마우스를 오른쪽 모서리로 가져가면 십자가 모양의 핸들이 생긴다. 이것을 채우기 핸들이라고 부른다.
- 채우기 핸들을 드래그 하면 다음 그림처럼 숫자가 반복 된다.

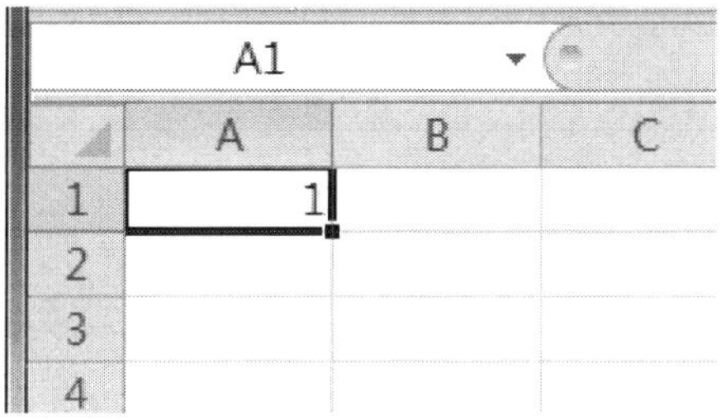

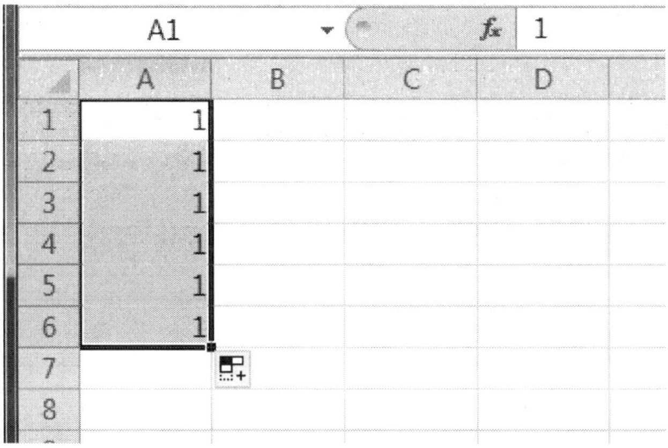

연 습 》 A1셀에 '수학사랑'이라고 입력하고 채우기 핸들을 아래로(또는 오른쪽으로) 끌어보자.

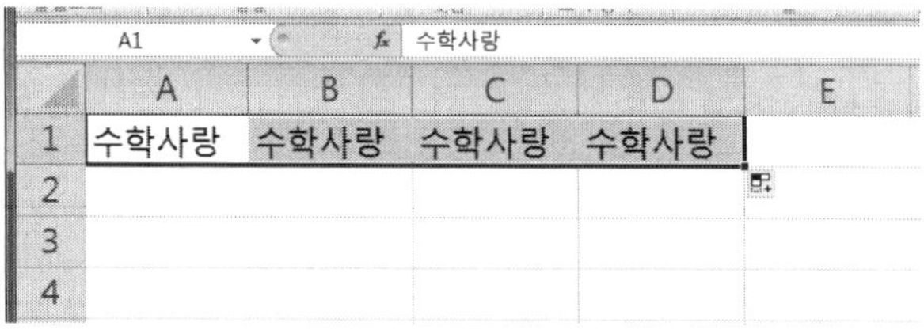

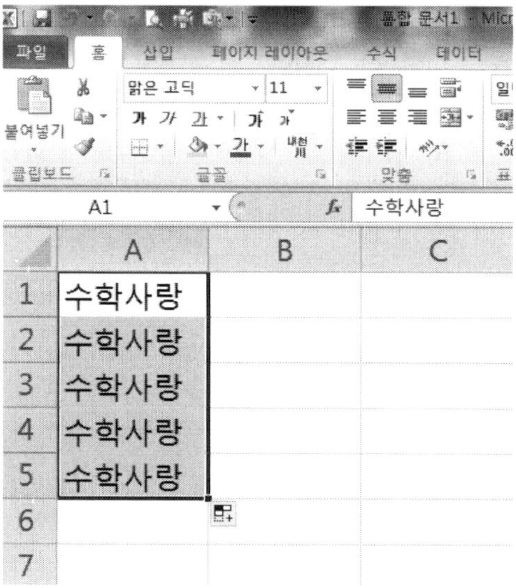

2) 〈일정한 규칙을 가진 열(또는 행)을 입력하기〉

● 홀수 열 만들기: 1, 3, 5, 7, 9, …

- A1, A2셀에 각각 1, 3을 입력하고 나서 두 셀을 동시에 선택하고 마우스를 오른쪽 끝에다 가져가면 십자모양의 채우기 핸들이 생긴다. 마우스 오른쪽 버튼을 누른 상태에서 아래로 드래그 하면 처음 두 수 사이의 차이(공차)가 유지되면서 홀수 열이 입력된다.

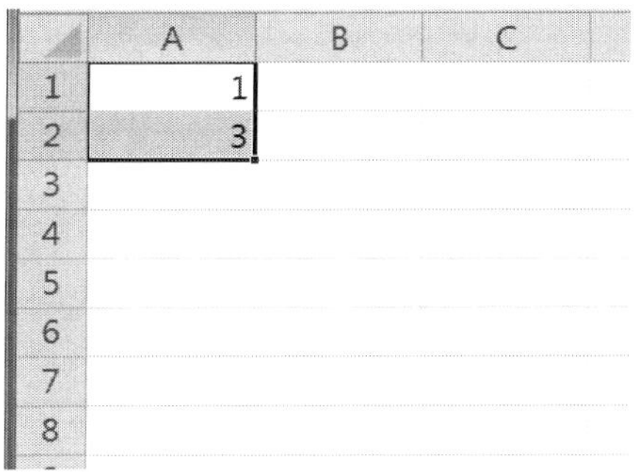

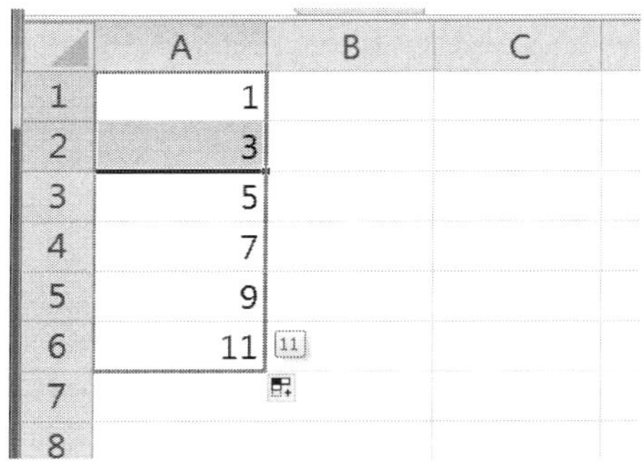

● **짝수 열 만들기: 2, 4, 6, 8, ⋯**

- A1, A2셀에 각각 2, 4를 입력하고 나서, 두 수를 동시에 선택하고 마우스를 오른쪽 끝에다 가져가면 십자모양의 채우기 핸들이 생긴다. 마우스 오른쪽 버튼을 누른 상태에서 아래로 드래그 하면 처음 두 수 사이의 차이(공차)가 유지되면서 짝수 열이 입력된다.

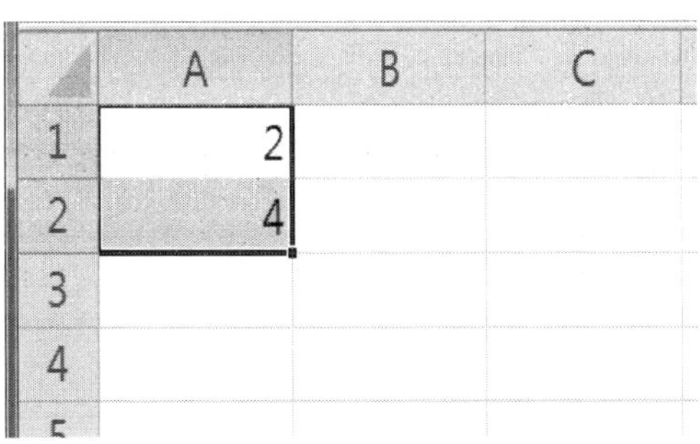

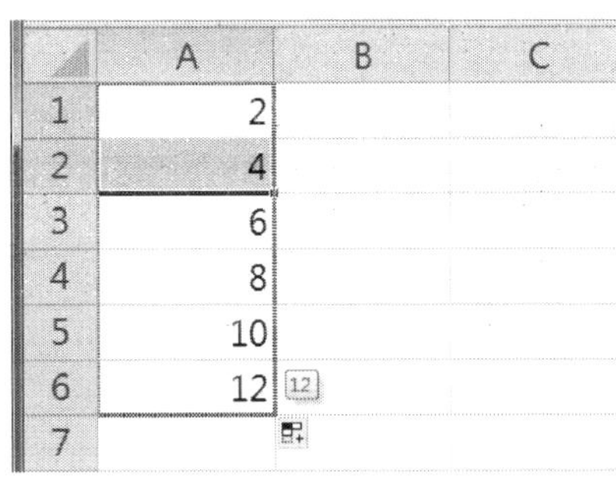

연 습 》 다음 수열을 표에 입력해보자.

(1) 2, 5, 8, 11, 14, ⋯

(2) 3, 6, 9, 12, 15, ⋯

3) 자동 채우기 옵션

A1, A2셀에 숫자를 입력하고 나서, 두 셀을 동시에 선택하고 마우스를 오른쪽 끝에다 가져가면 십자모양의 채우기 핸들이 생긴다. 마우스 오른쪽 버튼을 누른 상태에서 아래로 드래그 하면 처음 두 수 사이의 차이(공차)가 유지되면서 두 수의 규칙이 아래의 셀에도 계속 유지되면서 채워진다. 셀 채우기를 끝내고 자동 채우기 옵션을 선택하면 다음 그림처럼 [연속 데이터 채우기]가 선택되어 있다.

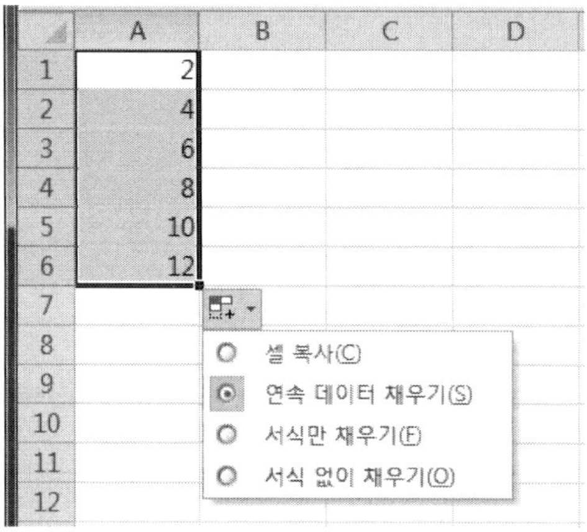

자동 채우기 옵션에서 [셀 복사]로 선택을 바꾸면 다음 그림처럼 처음 선택했던 셀들이 반복해서 복사된다.

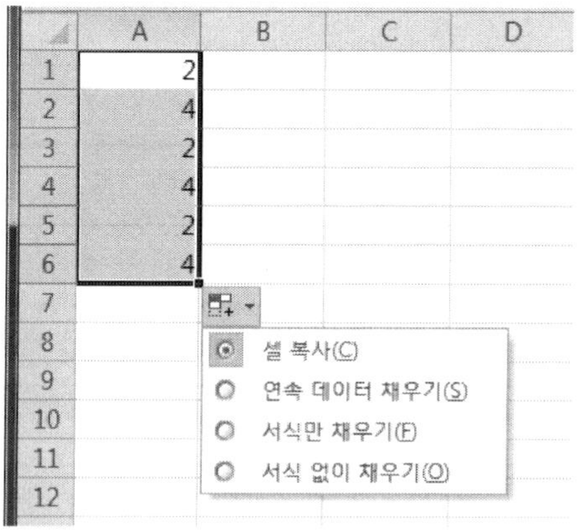

A1, A2셀에 숫자를 입력하고 나서, A1셀에만 [채우기 색( )]을 이용하여 셀을 노란색으로 채우자. 이제 A1, A2셀을 선택하고 아래로 끌어보자. 자동 채우기 옵션을 클릭하면 왼쪽 그림처럼 [연속 데이터 채우기]가 선택되어 있다. 이제 자동 채우기 옵션에서 [서식만 채우기]로 선택을 바꾸면 오른쪽 그림처럼 숫자는 입력되지 않고 셀 서식만 입력된다.

자동 채우기 옵션에서 [서식 없이 채우기]로 선택을 바꾸면 다음 그림처럼 숫자는 입력되지 않고 셀 서식만 입력된다.

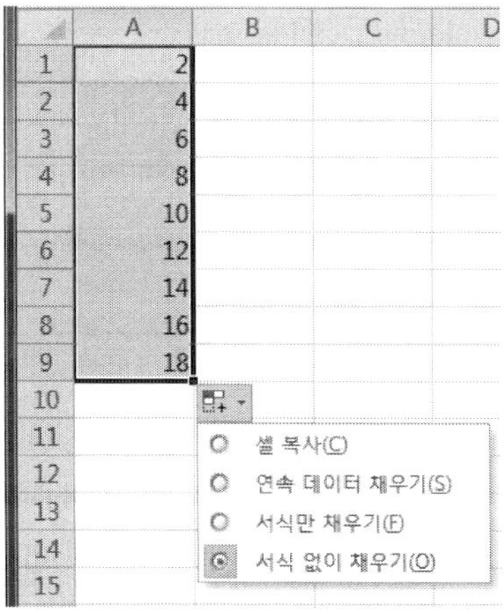

4) 다른 셀의 값을 불러와 자동 셀 채우기1

- 앞에서 배운 자동 셀 채우기 방법으로 A1:A10 영역을 1부터 10으로 채우자.
- B1셀에서 숫자를 식으로 입력하기 위해서 '='을 입력하고 원하는 셀 주소를 입력한다. 다음의 왼쪽 그림과 같이 '=A1'을 입력하자.
- 이제 B1셀을 선택하고 아래로 끌어 B10셀까지 자동 채우기를 실행하면, 오른쪽 그림과 같이 B1:B10 영역에 A1:A10 영역의 셀 값이 복사된다.

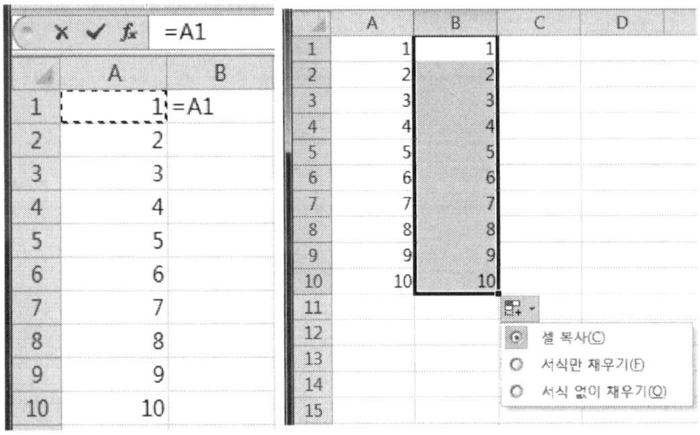

- B1:B10 영역의 셀을 임의로 클릭해보면 다음 그림처럼 B2셀에는 '=A2', B3셀에는 '=A3', B4셀에는 '=A4', …, B10셀에는 '=A10'이 차례로 입력되었음을 확인할 수 있다.

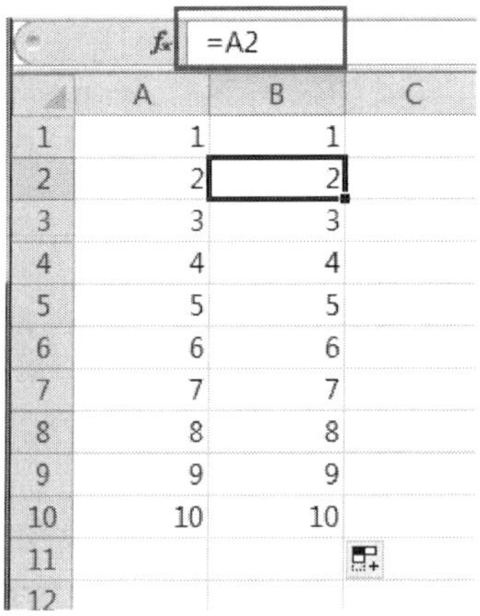

질 문 》 B1셀에서 '='을 입력하지 않고 'A1'을 입력하면 어떤 결과가 나올까?

5) 다른 셀의 값을 불러와 자동 셀 채우기2

과제 》1 A열의 값에 3을 더해서 B열을 만들어보자.

- 앞에서 배운 자동 셀 채우기 방법으로 A1:A10 영역에 원하는 숫자를 입력하자. 다음 그림은 1부터 10을 채운 것이다.
- B1셀에서 숫자를 식으로 입력하기 위해서 '='을 입력하고 원하는 셀 주소를 입력한다. 다음 그림과 같이 '= A1+3'을 입력하자.

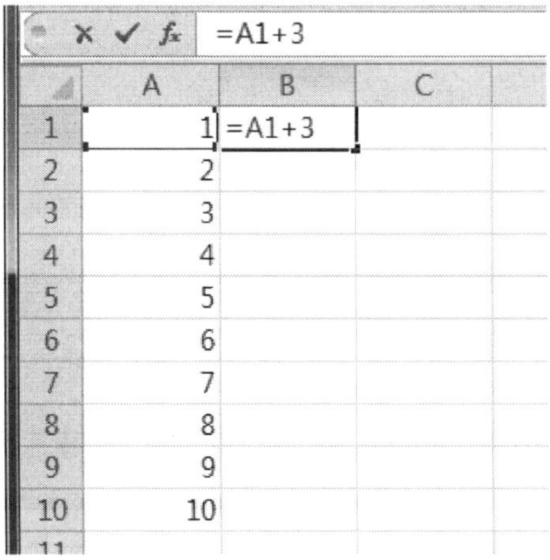

- 이제 B1셀을 선택하고 아래로 끌어 B10셀까지 자동 채우기를 실행하면, 다음 그림과 같이 A1:A10 영역의 셀 값에 3이 더해진 값이 B1:B10 영역에 복사된다.

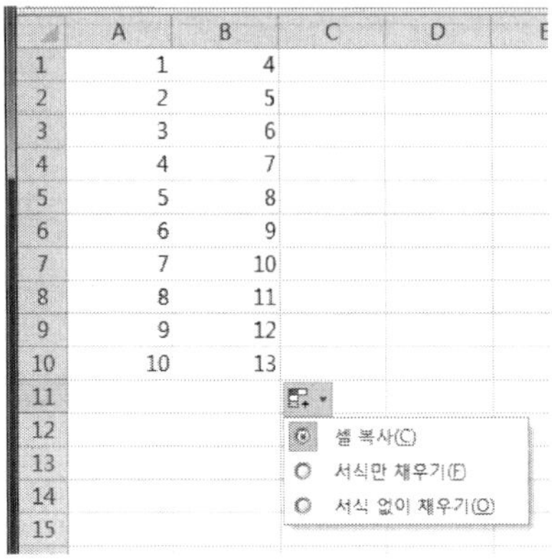

질 문 〉〉 우리 학급 학생의 중간고사 성적과 기말고사의 성적에 대한 자료가 주어졌다. 중간고사와 기말고사 성적을 E1:E40 영역에 입력하였다. 출석을 20점 만점으로 평가하기로 하였는데 결석자가 한 번도 없었다. F열 셀에 출석 점수를 입력하지 않고 G1:G40 영역에 총점을 입력하려면 어떻게 해야 할까?

	A	B	C	D	E	F	G
1	성명	학번	중간고사	기말고사	중간고사+기말고사	출석	총점
2	김**	****	27	25	52		
3	나**	****	23	30	53		
4	도**	****	24	21	45		
5	박**	****	11	17	28		

6) 테두리 표시

엑셀에서는 워크시트가 셀로 이루어져 있기 때문에 한글에서처럼 표 그리기를 따로 할 필요는 없고 테두리를 표시함으로써 표가 생성된다.

- 표를 그리고 싶은 셀을 마우스로 선택한다.

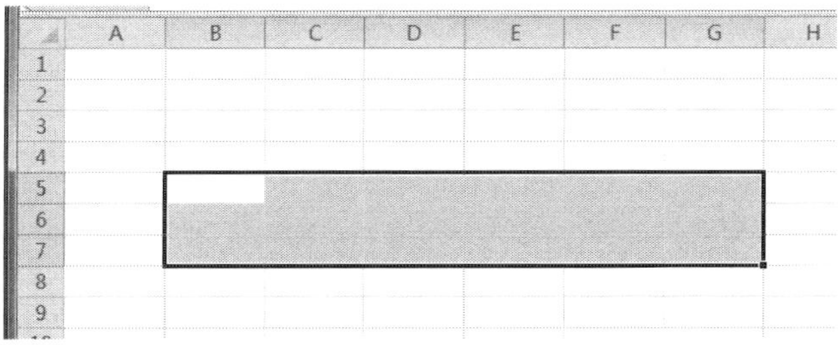

- [홈]-[테두리]를 선택하고 원하는 테두리 모양을 선택한다.

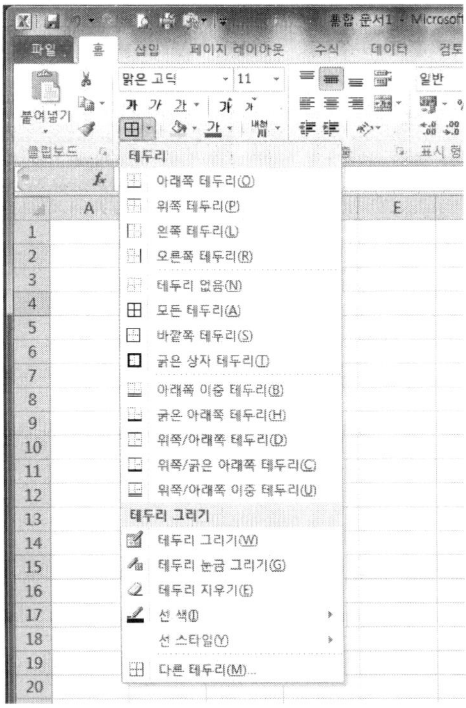

- [테두리]-[모든 테두리]를 선택하면 다음 그림처럼 셀의 좌우상하에 모두 테두리가 나타난다. 테두리의 선 스타일, 테두리의 종류, 셀의 내부 색 채우기 등 [셀 서식]은 메뉴바에서 글꼴 오른쪽 옆 하단의 화살표를 누르면 화면에 표시된다.

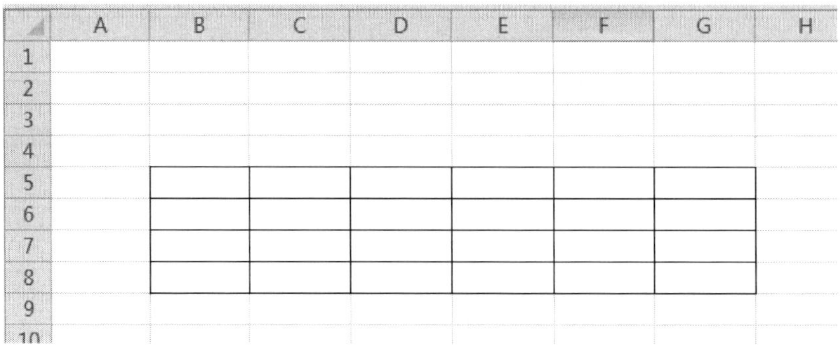

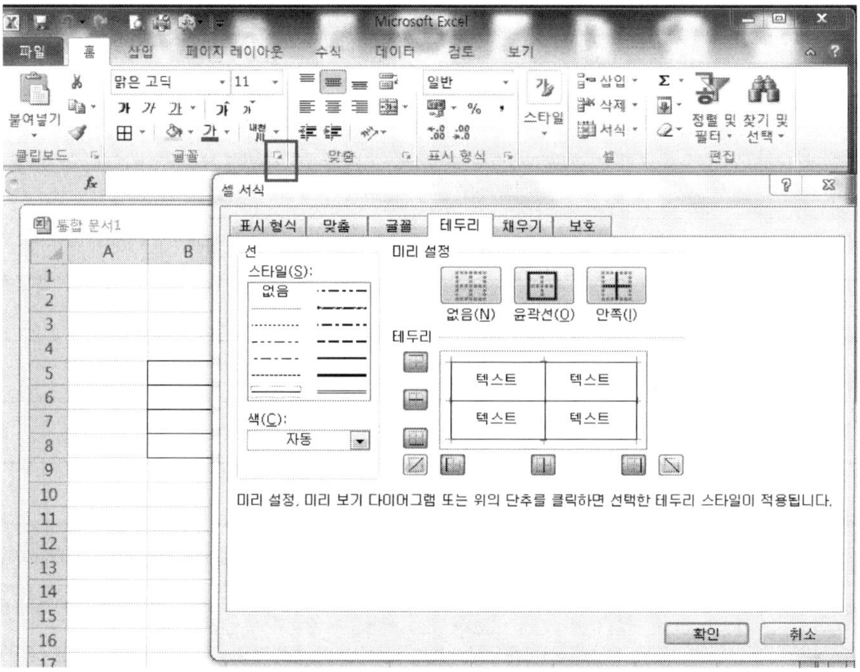

- 셀의 내부 색 채우기를 위해서는 [셀 서식] 또는 [채우기 색( )]을 이용한다.

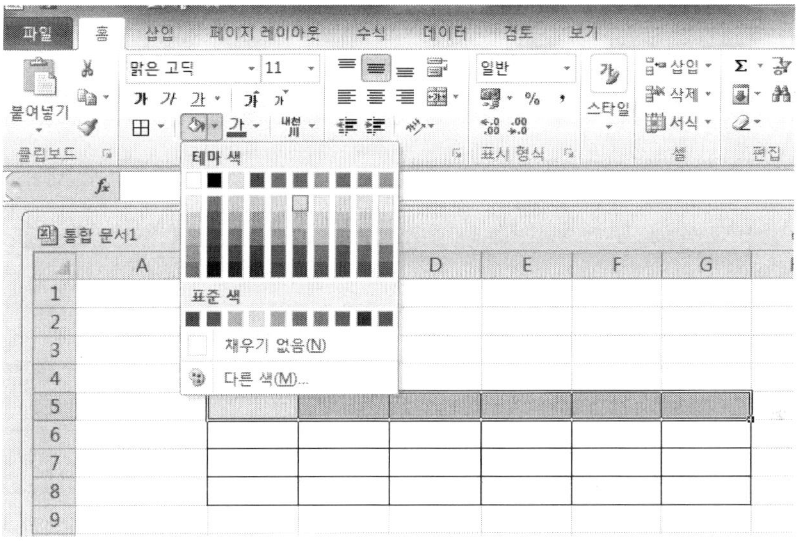

마 》 수식 입력

- 셀을 선택하고 메뉴 바에서 [삽입]-[수식]을 선택한다.

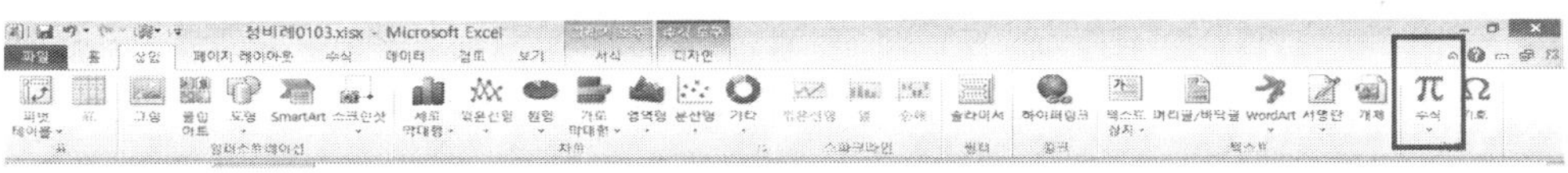

- '여기에 수식을 입력하십시오.'라는 입력창이 나타난다.

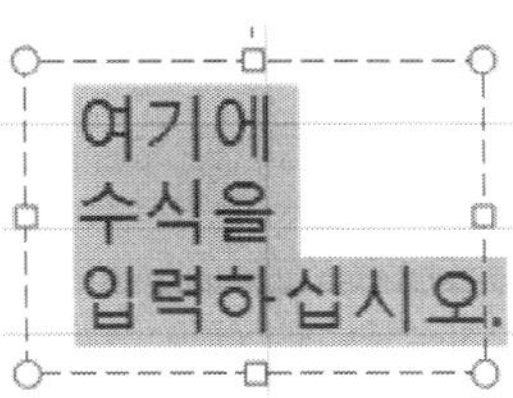

• 수식을 나타내는 기호(π 수식)를 더블클릭하면 수식도구 메뉴가 나타난다.

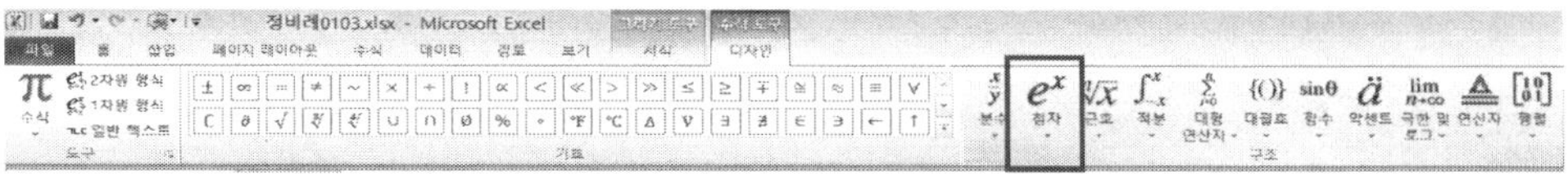

예를 들어, x^2을 입력하고 싶다면 첨자(e^x 첨자)를 선택한다. 첨자를 클릭하면, 아래 첨자와 위 첨자 입력 도구창이 나타난다. 위 첨자를 선택하고 x, 2를 차례로 입력하거나 또는 일반 아래 첨자 및 위 첨자에 있는 x^2을 선택한다. 수식이 입력되면 마우스로 원하는 곳에 수식을 끌어다 놓는다.

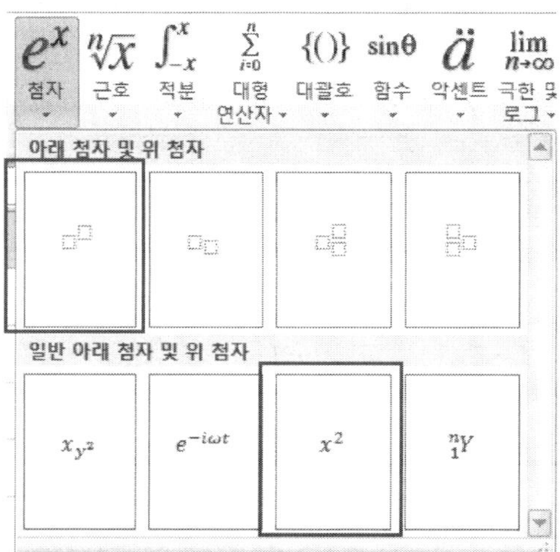

수식도구에는 분수, 첨자, 근호, 적분(미분), 대형연산자, 함수(삼각함수, 역함수, 역삼각함수), 극한 및 로그, 행렬 등이 있다. 기호를 클릭하면 수식 입력창이 팔레트처럼 나타난다. 원하는 형태를 선택하고 더블클릭한다. 다음은 수식 입력창이다.

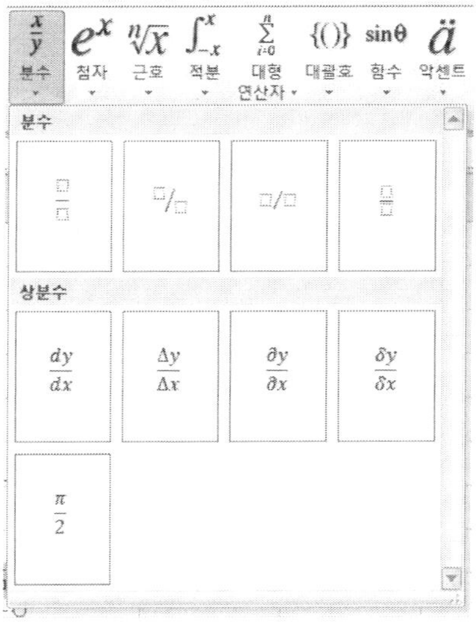

〈분수식 입력창〉

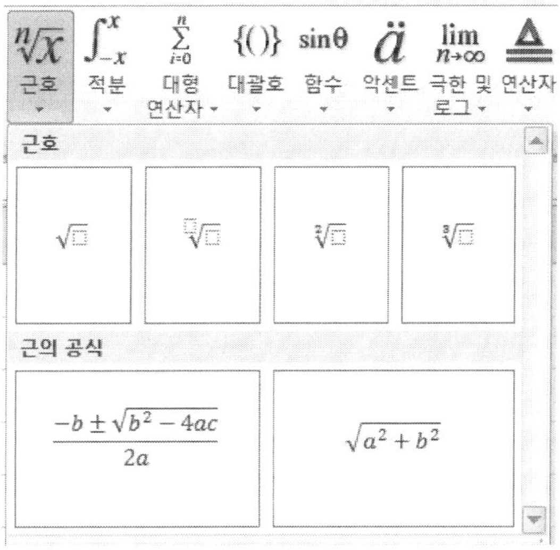

〈근호 입력창〉

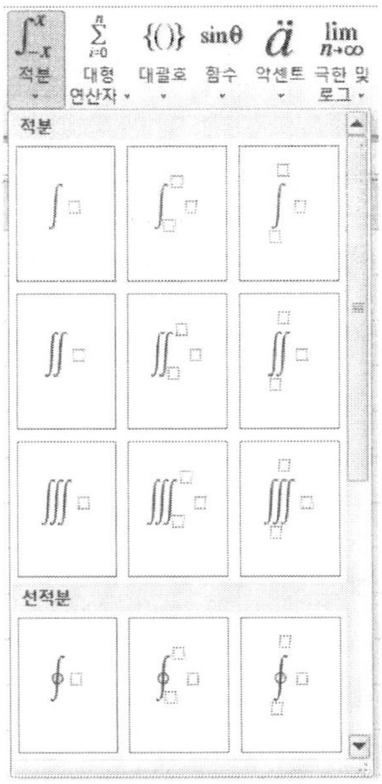

〈적분식 입력창〉

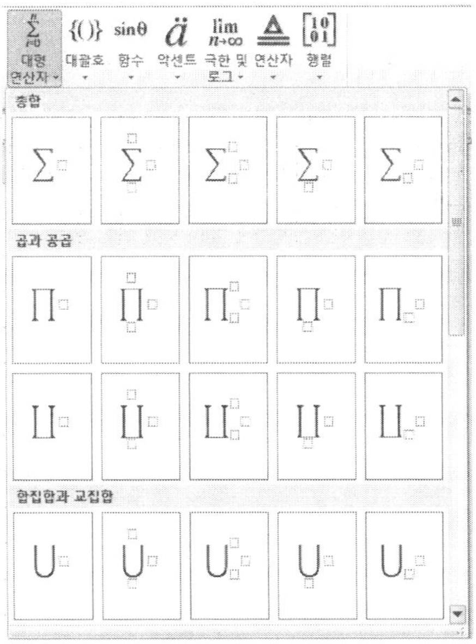

〈대형연산자 입력창〉

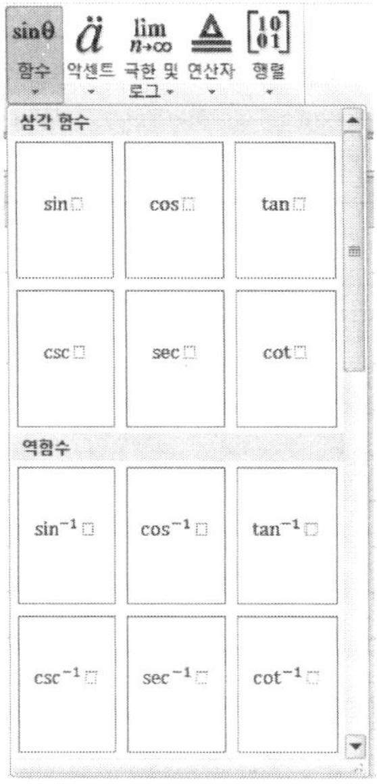

〈삼각함수 입력창〉

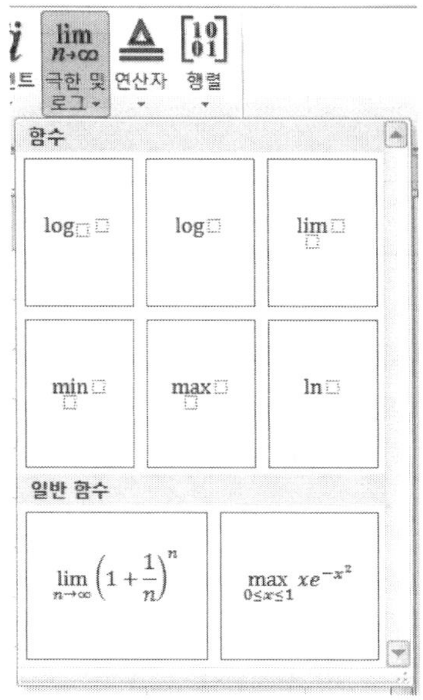

〈극한 및 로그 입력창〉

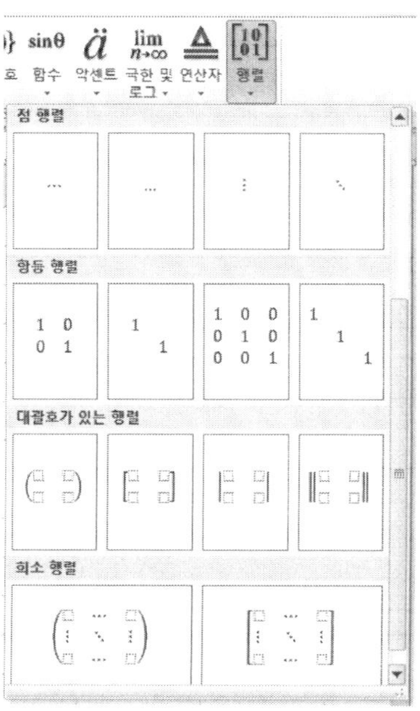

〈행렬 입력창〉

CHAPTER 2

함수의 그래프와 교육과정

가 》 중등교육과정과 함수의 그래프

학생들이 중등학교에서 처음 함수의 그래프를 접하는 시기는 중학교 1학년 때이다. 2009 교육과정의 중학교 수학 1~3학년 군에 따르면 함수 단원은 〈함수의 그래프〉, 〈일차함수의 그래프〉, 〈이차함수와 그래프〉의 순서로 지도하게 된다. 다음은 2009 개정 교육과정의 중학교 함수 단원이다(교육과학기술부, 2011).

1) 함수

[1] 함수와 그래프

① 다양한 상황을 표와 식으로 나타내고 함수의 개념을 이해한다.

② 순서쌍과 좌표를 이해한다.

③ 함수를 그래프로 나타낼 수 있다.

④ 함수를 활용하여 여러 가지 문제를 해결할 수 있다.

[2] 일차함수와 그래프

① 일차함수의 의미를 이해하고 그 그래프를 그릴 수 있다.

② 일차함수의 그래프의 성질을 이해한다.

③ 일차함수를 활용하여 여러 가지 문제를 해결할 수 있다.

[3] 일차함수와 일차방정식의 관계

① 일차함수와 미지수가 2개인 일차방정식의 관계를 이해한다.

② 두 일차함수의 그래프를 통하여 연립일차방정식의 해를 이해한다.

[4] 이차함수와 그래프

① 이차함수의 의미를 이해하고 그 그래프를 그릴 수 있다.

② 이차함수의 그래프의 성질을 이해한다.

[교수 · 학습상의 유의점]

① 함수를 도입할 때 정비례와 반비례 이외의 상황을 다룰 수 있다.
② 함수의 개념은 다양한 상황에서 한 양이 변함에 따라 다른 양이 하나씩 정해지는 두 양 사이의 대응관계를 이용하여 도입한다.
③ 다양한 상황을 표, 식, 그래프로 나타내고 설명하게 한다.
④ 다양한 상황을 이용하여 일차함수와 이차함수의 의미를 다룬다.
⑤ 이차함수에서 최댓값과 최솟값은 값의 범위가 실수 전체인 경우만 다룬다.
⑥ 공학적 도구를 활용하여 함수의 그래프를 그리고 다양한 상황을 해석할 수 있게 한다.

고등학교 일반선택과목 수학 1에서 함수의 그래프와 관련된 내용은 방정식과 부등식 단원에서 이차방정식 다음에 나오는 〈이차방정식과 이차함수〉, 〈여러 가지 방정식〉 단원이다. 다음은 2009 개정 교육과정 〈수학 1〉의 일부이다(교육과학기술부, 2011).

2) 방정식과부등식

[1] 복소수와 이차방정식

① 복소수의 뜻을 알고 그 성질을 이해하고 사칙계산을 할 수 있다.
② 이차방정식의 실근과 허근의 뜻을 안다.
③ 이차방정식에서 판별식의 의미를 이해하고 이를 설명할 수 있다.
④ 이차방정식에서 근과 계수의 관계를 이해한다.

[2] 이차방정식과 이차함수

① 이차함수와 이차방정식의 관계를 이해한다.
② 이차함수의 그래프와 직선의 위치관계를 이해한다.
③ 이차함수의 최대, 최소를 이해하고 이를 활용할 수 있다.

3 여러 가지 방정식

① 간단한 삼차방정식과 사차방정식을 풀 수 있다.

② 미지수가 3개인 연립일차방정식과 미지수가 2개인 연립이차방정식을 풀 수 있다.

고등학교 일반선택 수학 2에서 함수의 그래프와 관련된 내용은 〈함수〉와 〈유리함수와 무리함수〉 단원이다. 다음은 2009 개정 교육과정 〈수학 2〉의 일부이다(교육과학기술부, 2011).

3) 함수

1 함수

① 함수의 뜻을 알고 그 그래프를 이해한다.

② 함수의 합성을 이해하고 합성함수를 구할 수 있다.

③ 역함수의 뜻을 알고 주어진 함수의 역함수를 구할 수 있다.

2 유리함수와 무리함수

① 유리함수 $y=\dfrac{cx+d}{ax+b}$의 그래프를 그릴 수 있고, 그 그래프의 성질을 이해한다.

② 무리함수 $y=\sqrt{ax+b}+c$의 그래프를 그릴 수 있고, 그 그래프의 성질을 이해다.

나 》 교과서 속의 함수의 그래프

2009 중학교 교육과정이 학년 군으로 이루어져 1~3학년을 구별할 수 없지만, 일반적으로 학교에서 사용하는 교과서는 중학 1, 중학 2, 중학 3으로 나누어져 있으므로 그것에 준하여 서술한다. 중학 1 교과서 속에서의 함수의 그래프는 함수 $y=f(x)$에서 x의 값과 그 값에 따라 정해지는 y의 값의 순서쌍 $(x,\ y)$를 좌표로 하는 점을 좌표평면 위에 모두 나타내는 것으로 정의된다(우정호 외, 2011). 함수의 정의에 이어서 주어진 함수에 대해 대응표를 완성하고, 대응표를 좌표평면에 나타내는 활동을 한다. 대응표에서 x의 값 사이의 간격을 점점 작게 하여 좌표평면에 나타내고, 결국 x의 값의 범위가 실수일 때 함수의 그래프를 예상하여 실선으로 함수의 그래프를 그리는 활동을 한다(그림 8).

함수 $y=3x$에서 x의 값의 간격을 점점 더 작게 하여 이 함수의 그래프를 그리면 그 그래프는 점점 더 직선에 가까워진다. 이 과정을 계속하면 x의 값의 범위가 수 전체일 때, 함수 $y=3x$의 그래프는 [그림 4]와 같이 원점을 지나는 직선이 된다.

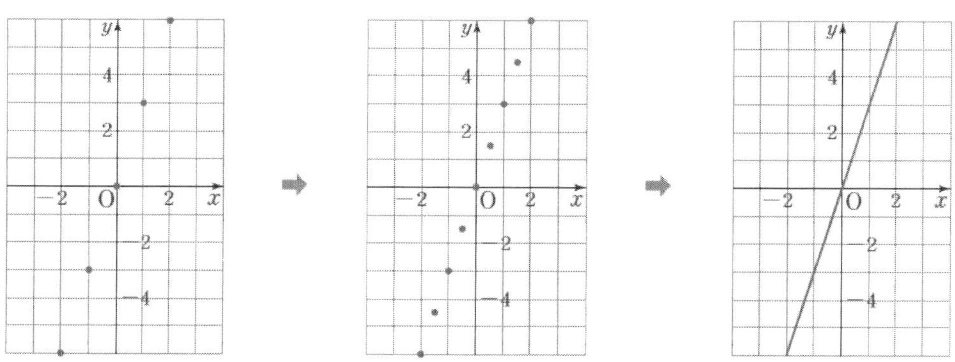

[그림 2] [그림 3] [그림 4]

[그림 8] 함수 $y=ax\,(a\neq 0)$의 그래프 그리는 과정(중학 수학 1, 우정호 외 16명, 2011)

딘즈[1]의 수학적 다양성의 원리[2]에 따라 함수 $y=ax\,(a\neq 0)$, $y=\dfrac{a}{x}\,(a\neq 0)$와 같

은 그래프에서 a값을 가능한 한 많이 변화시키면서 a값의 변화에 따른 그래프의 개형을 살펴보고 정리하는 활동을 한다.

"함수를 도입할 때 정비례와 반비례 이외의 상황을 다룰 수 있다"는 지도상의 유의점에 따라 중학교 1학년 수준에서 정비례와 반비례 이외의 상황을 나타내는 그래프를 읽고 해석하는 것도 다룬다.

추론 | 학교에 가려면?

오른쪽은 예지가 아침에 집에서 400m 떨어진 학교까지 걸어서 등교하는 데 걸린 시간과 걸은 거리 사이의 관계를 그래프로 나타낸 것이다. 이 그래프를 보고 예지가 집에서 학교까지 걸어간 과정을 시간대별로 설명하여라.

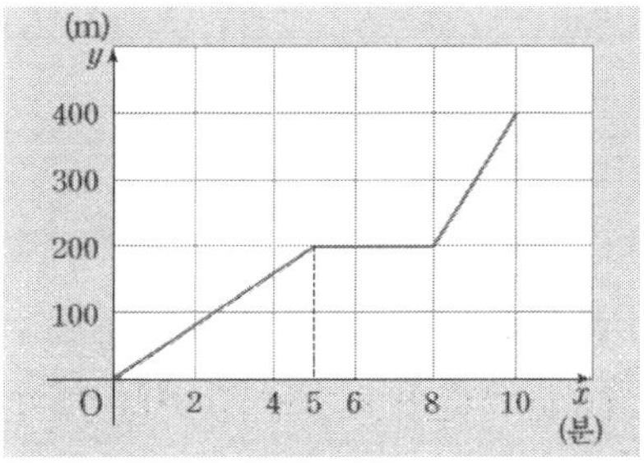

탐구하기

- 예지가 집에서 학교까지 걸어서 등교하는 데 걸린 시간은 얼마인가?
- 집에서 학교까지의 거리는 얼마인가?

[그림 9] 정비례와 반비례 이외의 상황을 나타내는 그래프(중학 수학 1, 우정호 외 16명, 2011)

---

1) Dienes가 주장한 것으로서 변수를 포함하는 개념은 가능한 한 많은 변수를 포함하는(변화시키는) 경험에 의해 학습되어야 한다는 것이다. 따라서 함수의 그래프를 그릴 때 수학적 다양성의 원리를 적용하면 상수 값을 다양하게 바꾸어 준다.

CHAPTER 3

엑셀을 이용한 함수의 그래프

가 》 움직이는 그래프 작도를 위한 엑셀 기초

1) 좌표를 그래프로 나타내기1

점 $(-10,\ -20)$, $(-5,\ -10)$, $(0,\ 0)$, $(5,\ 10)$, $(10,\ 20)$의 좌표를 셀에 입력하고 표를 만들자.

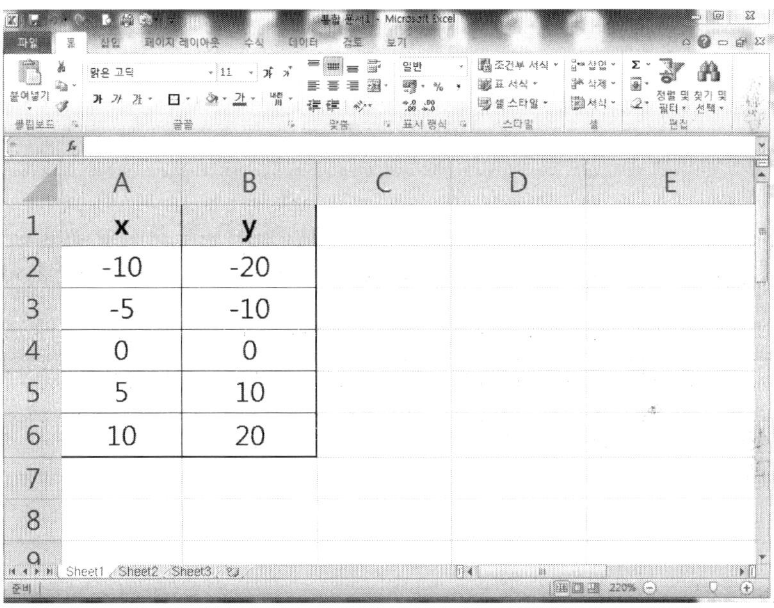

- [삽입]-[차트 도구]-[분산형]에서 [표식만 있는 분산형]을 선택한다.

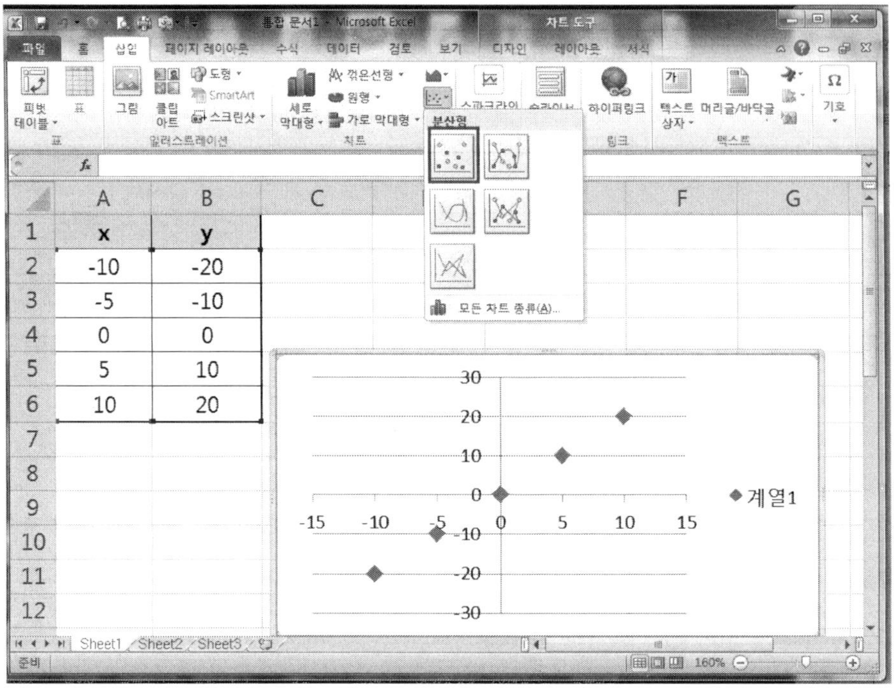

• 차트 위에 5개의 점이 표시된다. 5개의 점 중 하나를 클릭하면 5개의 점 모두가 선택되고, 마우스 오른쪽 버튼을 누르면 [추세선 추가] 옵션이 나타난다.

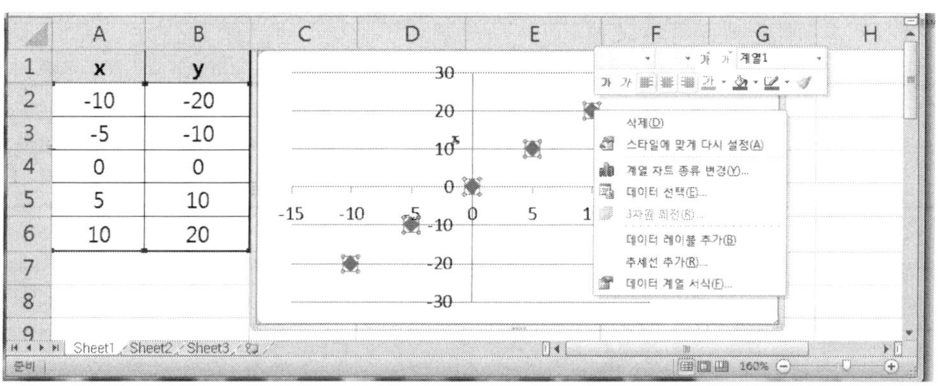

• [추세선 추가]를 선택하면 다음 그림과 같은 [추세선 서식]이 나타나고, 추세/회귀 유형에서 [선형]을 선택한다.

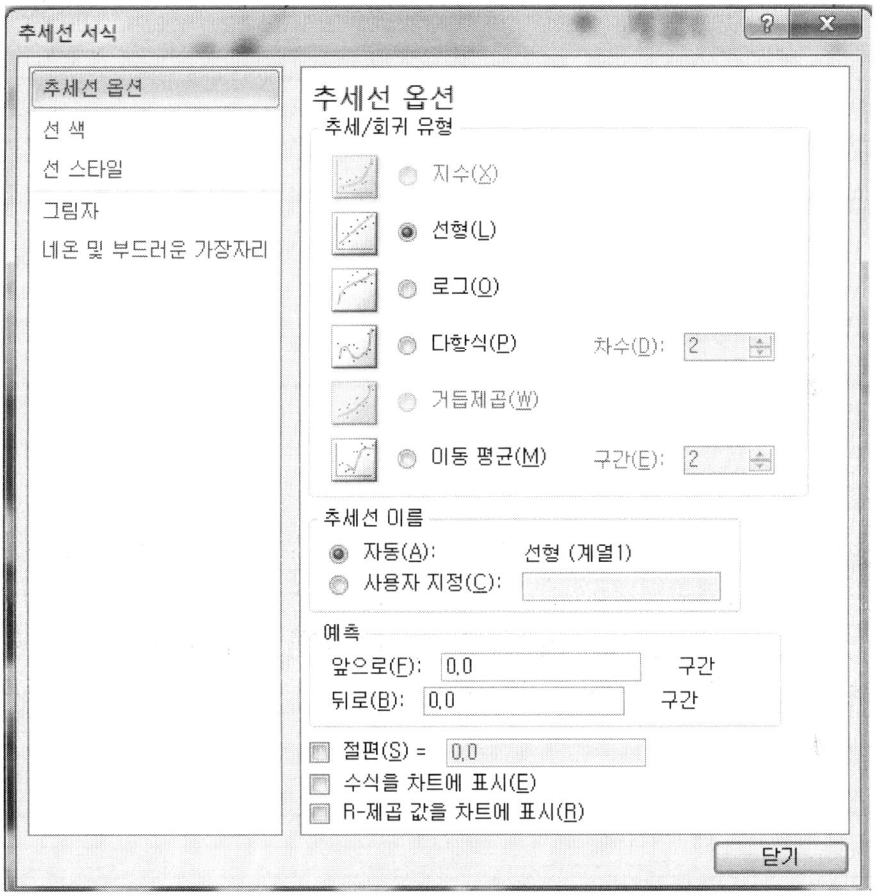

• 추세선 서식에서 [선 스타일]로 너비를 조절하고, [선 색]으로 색상을 바꾸는 등의 효과를 줄 수 있다

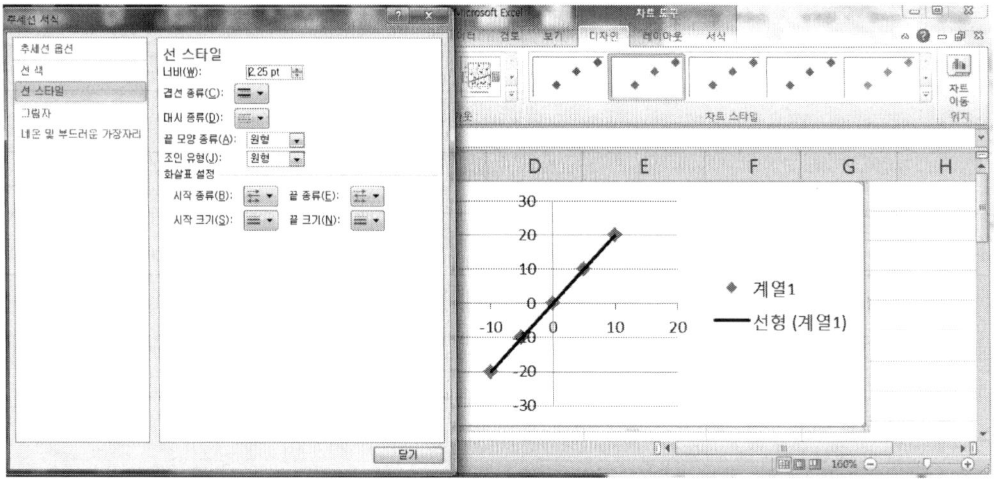

연 습 》 다음 표를 그래프로 나타내고 추세선을 그어보시오.

	A	B
1	**x**	**y**
2	-10	100
3	-5	25
4	0	0
5	5	25
6	10	100

표에서 A2:B6 영역에 해당하는 영역을 선택하고, [삽입]-[차트 도구]-[분산형]에서 [표식만 있는 분산형]을 선택한다. 차트 위의 점을 선택하고 마우스 오른쪽 버튼을 눌러 [추세선 추가]를 선택한다.

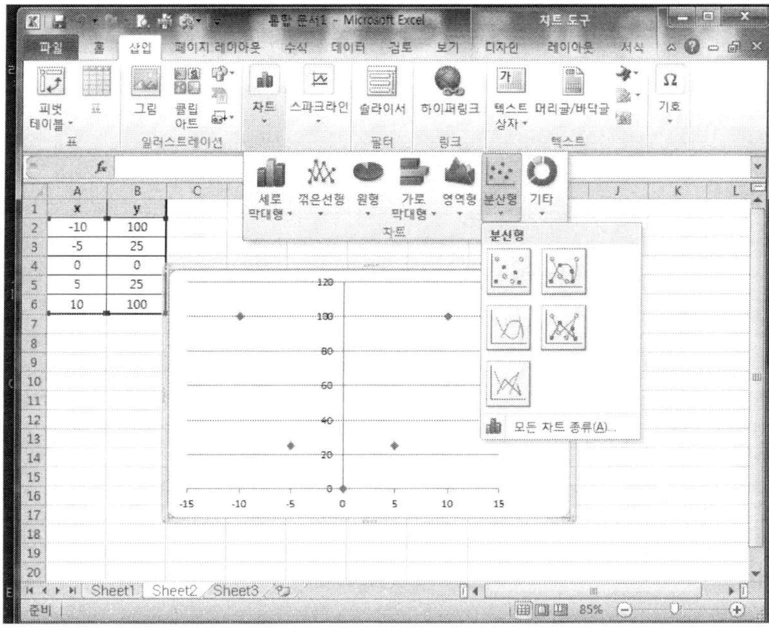

추세선 서식이 팝업 창으로 뜨는데, 이때 추세/회귀 유형을 '다항식', 차수 '2'로 선택하면 5개의 점이 이차 곡선으로 연결된다.

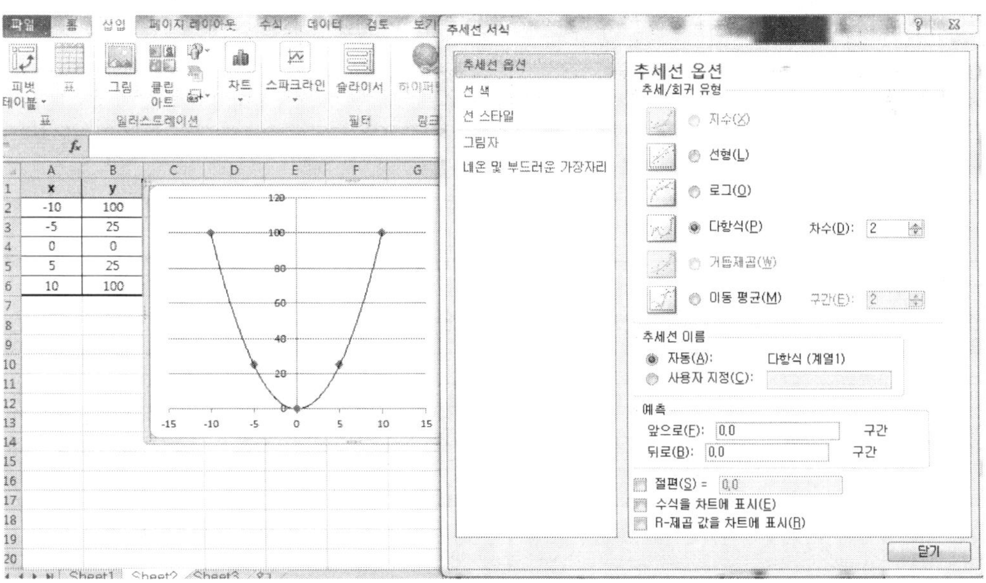

2) x 좌표의 간격을 촘촘하게 한 그래프로 나타내기2

x 좌표의 간격을 조절 할 수 있는 표 만들기

다음 그림과 같이 표 작성을 위한 테두리를 표시한다. B1셀에 x좌표 사이의 차이를 나타내는 값을 입력한다. A4셀에는 임의로 숫자를 입력하고 A5셀에는 '=A4+B1'을 입력한다. 이 식을 입력하면 A5셀에 −3이 입력된다. 이때 A5셀을 아래로 끌어 보자. A6, A7, ⋯ 셀을 클릭하면 A6셀에는 식 '=A5+B2', A7셀에는 식 '=A6+B3'이 입력되어 있는 것을 확인할 수 있다. 셀 A5를 마우스로 끌면 입력된 수식에서 셀의 주소가 규칙적으로 증가하는 것을 확인하였다.

그러나 우리가 만들려고 한 표는 다음 오른쪽 그림과 같이 일정한 값이 더해지도록 하는 것이었다. 이 경우 마우스를 아래로 끌 때 입력된 식의 셀 주소가 바뀌지 않게 하는 방법이 필요하다.

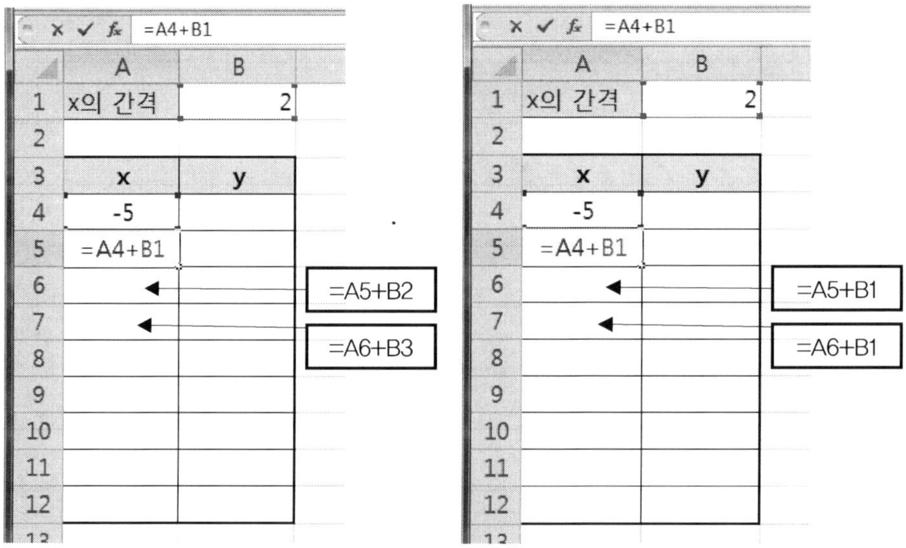

이제 마우스를 드래그 했을 때 셀 주소가 고정되게 하기 위해서 A5셀에 '=A4+B1'을 입력하는 대신 '=A4+$B$1'이라고 입력하자. 다음의 오른쪽 그림처럼 $ 표시가 있는 셀의 주소는 변하지 않고 $ 표시가 없는 셀의 주소만 바뀐 것을 볼 수 있다.

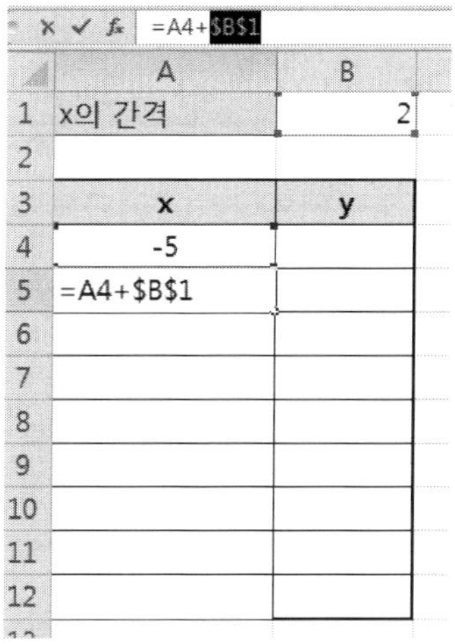

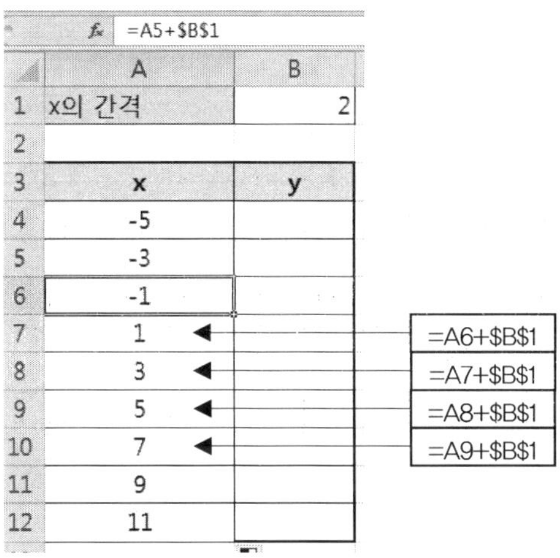

단축키 이용 $ 입력: 셀 주소에 마우스를 가져다 놓고 F4 키를 누른다.
예: B2에 마우스를 놓고 F4 키를 누르면 $B$2가 표시된다.

실습 1 (−10, −20), (−9, −18), (−8, −16), ⋯, (9, 18), (10, 20)의 좌표를 셀에 입력하여 표를 만들고, 그래프로 나타내내시오.

- B1셀에 1, A4셀에 −10, B4셀에 −20을 차례로 입력한다.
- A5셀에 식 '=A4+$B$1'을 입력하고, B5셀에는 식 '=2*B4'를 입력한다.

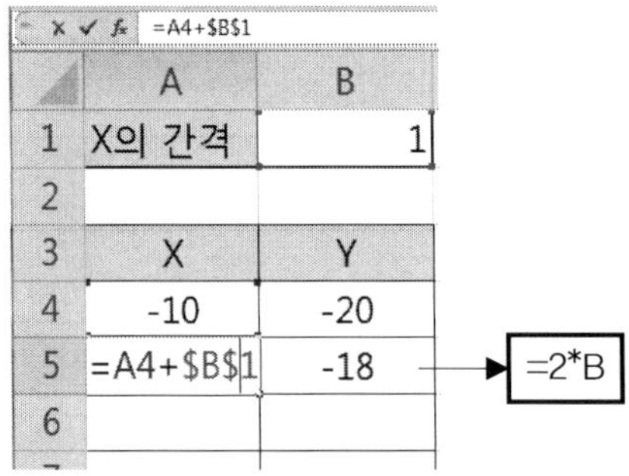

- A5셀과 B5셀을 각각 아래로 끌어 표를 완성한다.
- A3:B24의 영역을 선택하고 [삽입]-[차트 도구]-[분산형]에서 [표식만 있는 분산형]을 선택한다.

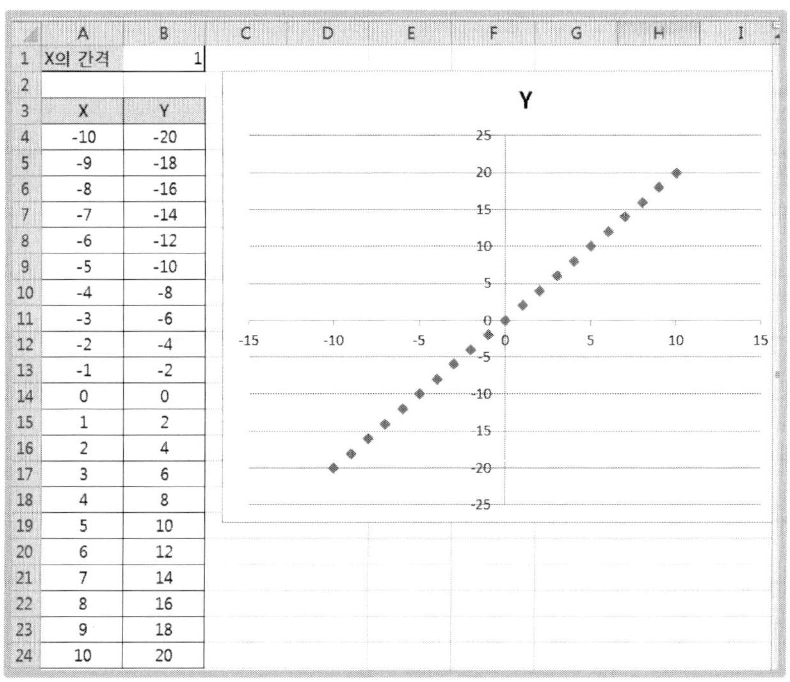

실습 2 위의 워크시트를 이용하여 정의역의 개수를 늘려보시오. B2셀의 값을 0.5, 0.2, 0.1로 차례로 바꾸어 보자. A열에서 10이란 숫자가 나타날 때까지 셀을 아래로 늘여 표를 완성한다. 표를 선택하고, [삽입]-[차트 도구]-[분산형]에서 [표식만 있는 분산형]을 선택하여 그래프를 그려보자. 그래프 개형 간의 특징을 말해보시오.

3) 메뉴에 컨트롤 삽입 아이콘 추가

메뉴에 [컨트롤 삽입] 아이콘( )이 없는 경우 다음 순서에 따라 컨트롤 삽입 아이콘을 추가한다. 메뉴 바의 [빠른 실행 도구 모음 사용자 지정]-[기타 명령]을 선택한다.

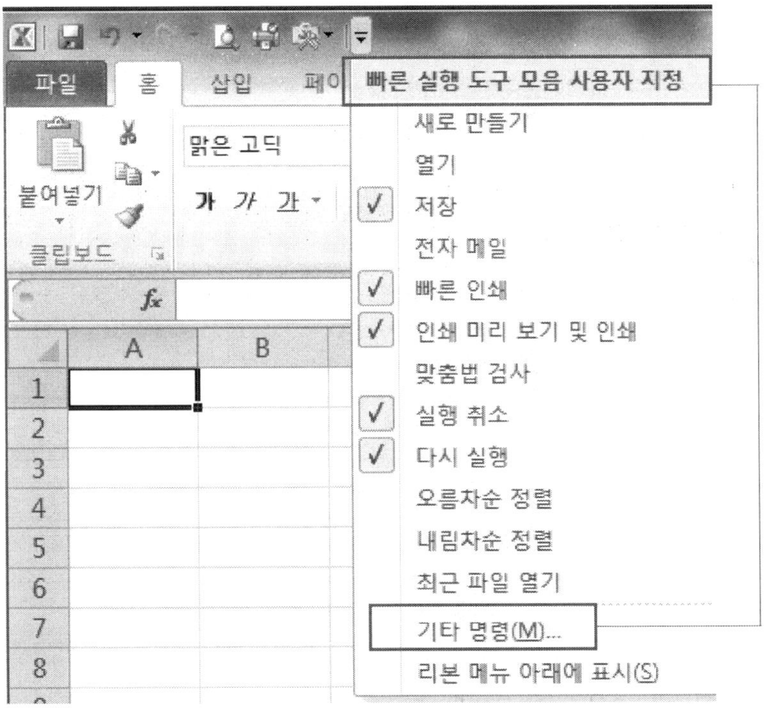

다음 그림과 같이 엑셀 옵션 팝업창이 뜨면 [다음에서 명령 선택]에서 [개발 도구 탭]을 선택한다. 다음 메뉴 창에서 [컨트롤 삽입]을 선택하고 추가 버튼을 누르면 오른쪽 창 [빠른 실행 도구 모음 사용자 지정]에 컨트롤 삽입 아이콘이 추가된다. [확인]을 선택한다. 그러면 다음 두 번째 그림처럼 메뉴에 컨트롤 삽입 아이콘이 표시된다.

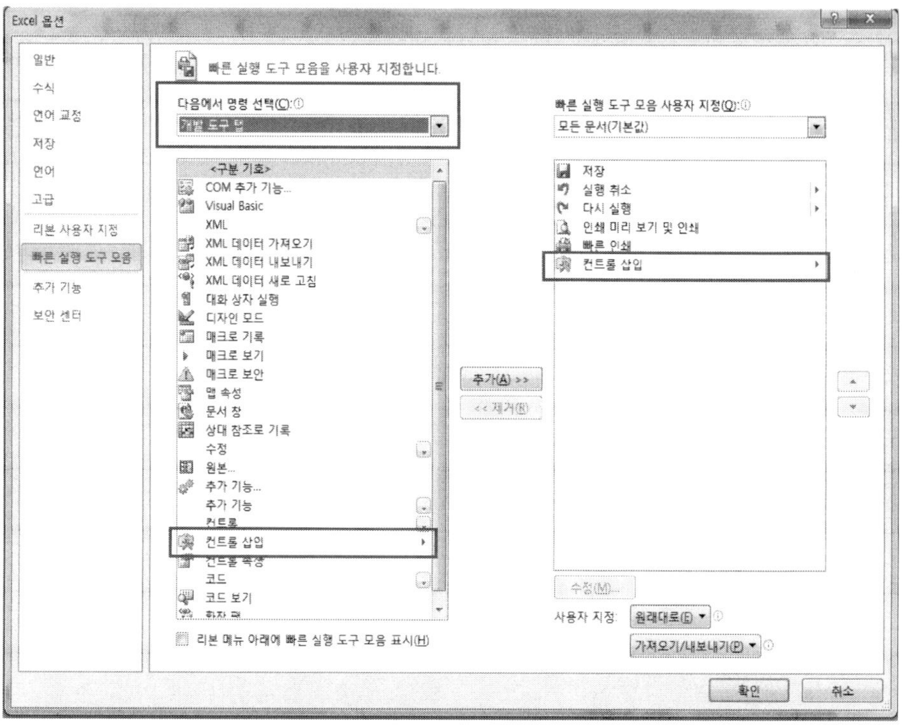

컨트롤 삽입 아이콘의 화살표를 클릭하면 다음 그림처럼 문서에 삽입할 수 있는 컨트롤 목록이 표시된다. 양식 컨트롤의 스핀단추 또는 스크롤 막대를 선택한다. 스핀단추는 화살표 버튼을 누를 때마다 증분만큼 변화시킬 수 있다. 예를 들어, 최솟값 0, 최댓값 100, 증분 1로 정하면 100인 경우를 알아보기 위해서 화살표를 100번 눌러야 하고, 최솟값 0, 최댓값 100, 증분 2인 경우는 화살표를 50번을 눌러야 하는 번거로움이 생긴다. 그러나 최댓값 최솟값의 차가 크지 않은 경우에는 편리하게 사용할 수 있다. 반대로, 스크롤 막대는 막대 양끝의 화살표를 누를 때는 스핀단추와 같이 증분만큼만 변경시킬 수 있지만, 중간의 막대를 움직여서 빠르게 값을 바꿀 수 있다.

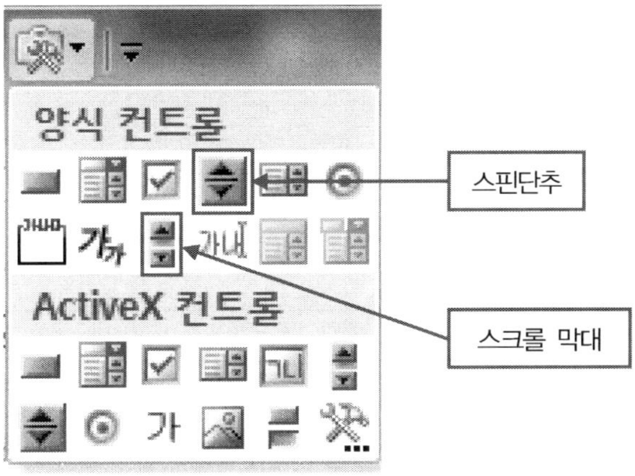

4) 스크롤 막대를 이용하여 변수 값 변화시키기

[양식 컨트롤]에서 스크롤 막대를 선택하고 문서에서 마우스 왼쪽을 누른 채 끌어준다.

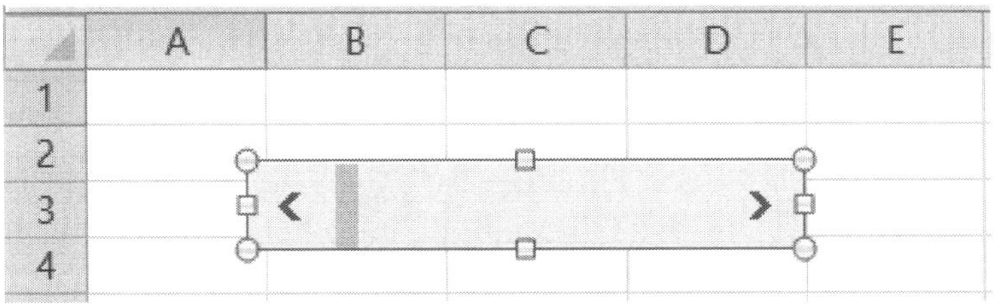

스크롤 막대에 마우스 커서를 놓고 오른쪽 버튼을 누르면, 다음 첫 번째 그림이 뜬다. 컨트롤 서식을 선택하면 두 번째 그림처럼 팝업 되고, 현재값, 최솟값, 최댓값 증분변경, 페이지 변경, 셀 연결에 원하는 값을 입력하면 된다.

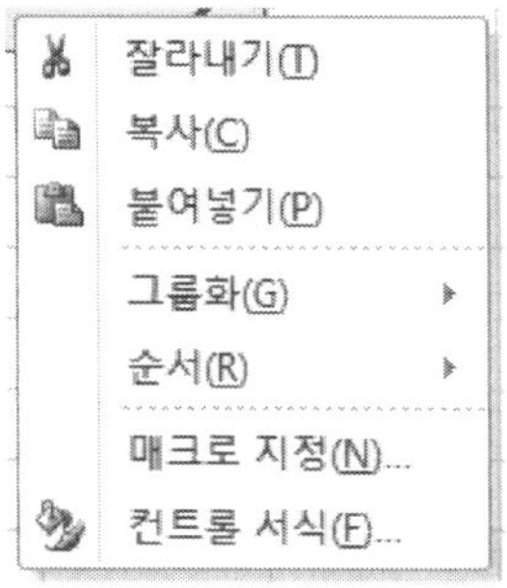

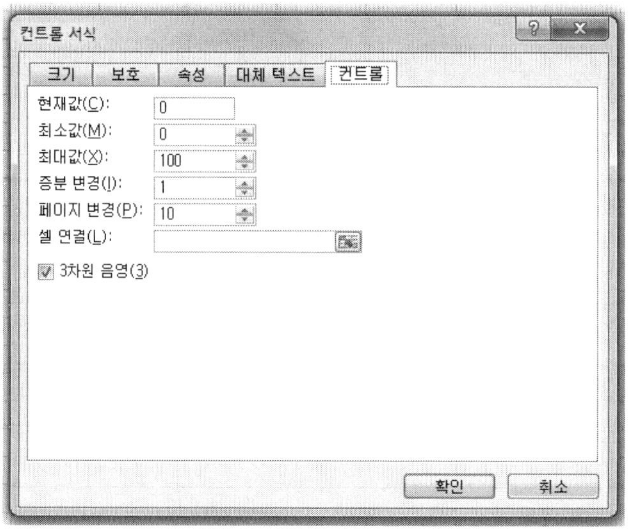

셀 연결 입력창을 마우스로 클릭하고 나서 셀 주소를 직접 입력하거나 원하는 셀을 클릭하면 다음 그림처럼 셀이 선택되고 셀 연결 입력창에 셀 주소가 입력된다. 확인을 누른다. 그러면 B2셀에 컨트롤 서식에서 [현재값]에 해당하는 숫자가 나타난다. 이제 중간의 스크롤 막대를 움직여 보자. 그러면, 최솟값 0에서 최댓값 100이 차례로 B2셀에 나타날 것이다. 이제 스크롤 막대 끝의 삼각형 화살표를 계속해서 눌러보자. 값이 1만큼씩 증가될 것이다.

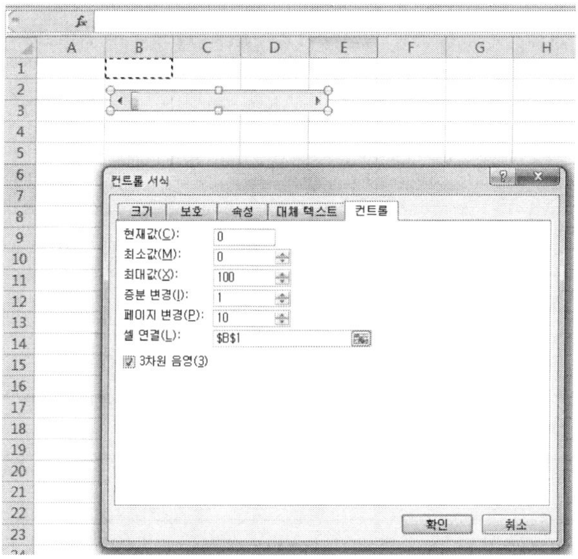

이제 스크롤 막대를 선택하고 마우스 오른쪽을 눌러서 [컨트롤 서식]-[증분 변경]을 3으로 바꾸어 보자. 스크롤 막대 끝의 화살표를 움직여 보자. B2셀의 값이 0, 3, 6, …, 24, 27, …, 99, 100으로 바뀌는 것을 볼 수 있다.

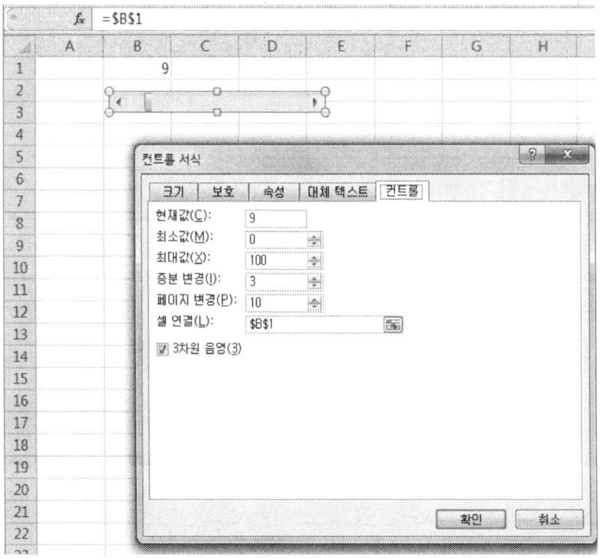

나 》 정비례의 그래프: y=ax(a≠0)의 그래프

$a>0$일 때, 함수 $y=ax$ 그래프

1단계: $a>0$일 때, 함수 $y=ax$그래프

(1) 정의역이 실수 전체의 집합일 때 $y=x$의 그래프를 그려보시오.

(2) 정의역이 실수 전체의 집합일 때 $y=ax(a>0)$의 그래프를 그려보시오.

〈파일 제작 절차〉

① 양식 컨트롤에서 스크롤 막대를 선택하여 삽입한다. 컨트롤 서식에서 최솟값에 '1'[1])을 입력하고, 셀 연결에 '$B$1'을 입력한다.

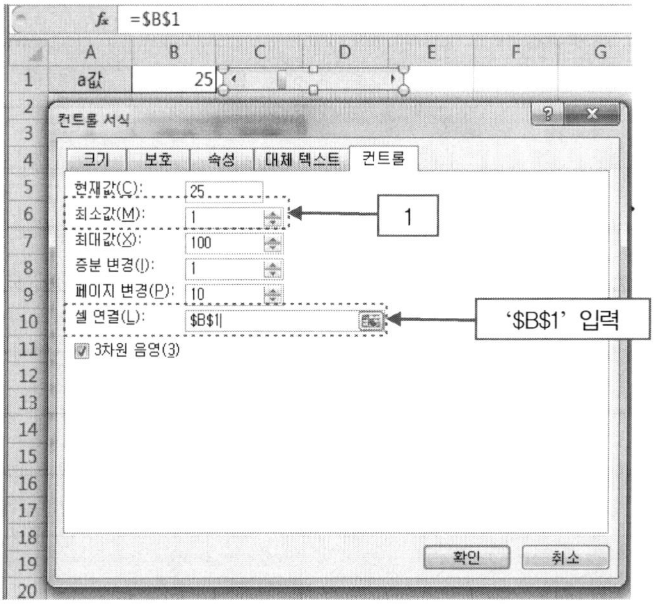

---

1) $a \neq 0$이므로 0이 아닌 수를 최솟값으로 정해야 된다.

② {−5, −4, −3, −2, −1, 0, 1, 2, 3, 4, 5}를 정의역으로 하는 함수의 그래프를 그리기 위해 먼저 대응표를 만든다.

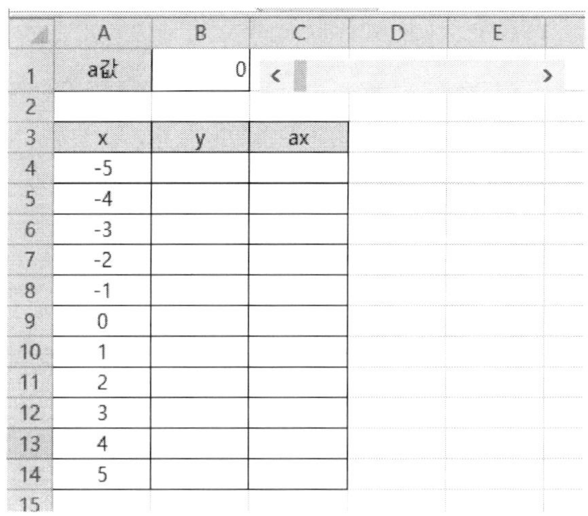

③ B4셀에는 '=A4'를 입력하고 아래로 끈다.

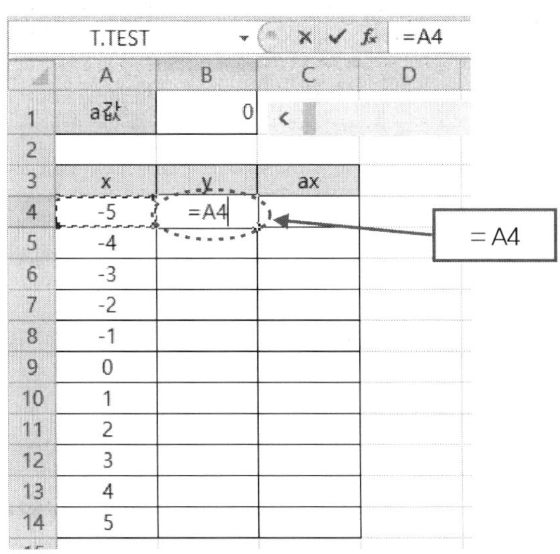

④ C4셀에 '=$B$1*A4'를 입력하고 아래로 끈다.

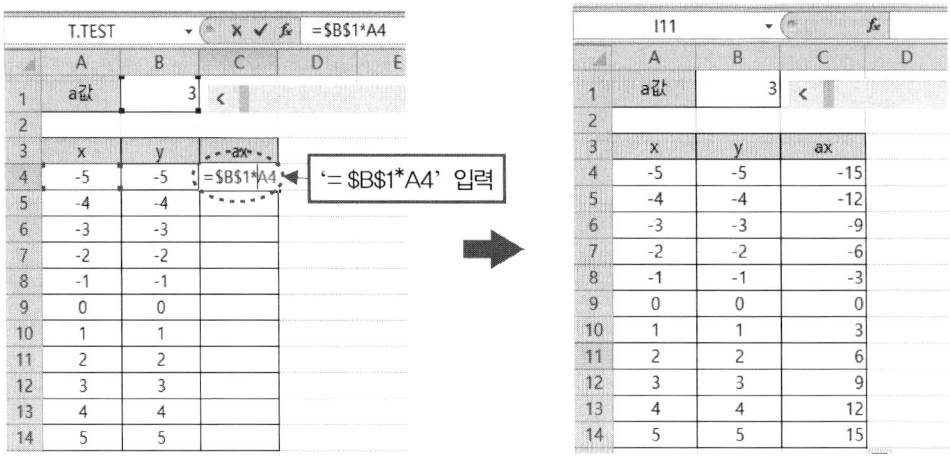

⑤ 영역 A3:C14를 선택한다.

⑥ [삽입]-[분산형]을 선택하면 다음 그림처럼 다섯 가지 유형이 제시된다. 그 중에서 어느 것을 선택해도 무방하지만, 여기서는 세 번째 [곡선이 있는 분산형]을 선택한다. 그러면 화면에 다음과 같이 $y=x$, $y=ax$의 그래프가 표시된다.

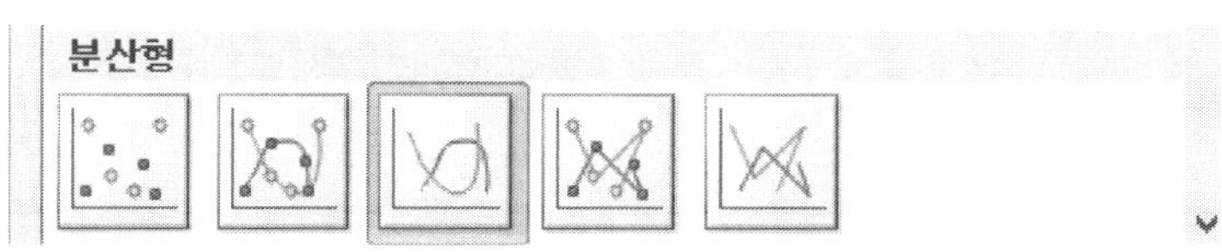

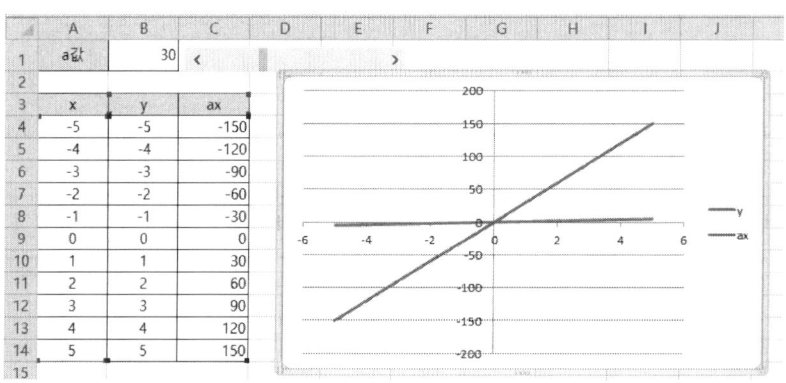

주 의 첫째, 화면에 표시된 그래프는 모니터와 설정에 따라서 다르겠지만, 대개 가로와 세로의 눈금의 크기가 다른 경우가 많다. 이 경우 직관적으로 학생들에게 직선의 기울어진 정도에 대한 잘못된 개념을 유발할 수 있으므로 가로와 세로의 비를 조정해 줄 필요가 있다. 둘째, 스크롤 막대를 움직일 때 그래프의 좌표축이 움직이면 a값의 변화에 따른 $y=ax$ 그래프의 변화를 판단하기 어렵다. 이것은 축을 고정하여 해결할 수 있다.

⑦ 축 고정: y축을 선택하고 마우스 오른쪽을 누르면 다음 그림과 같은 메뉴가 나타난다. 메뉴에서 [축 서식]을 선택한다.

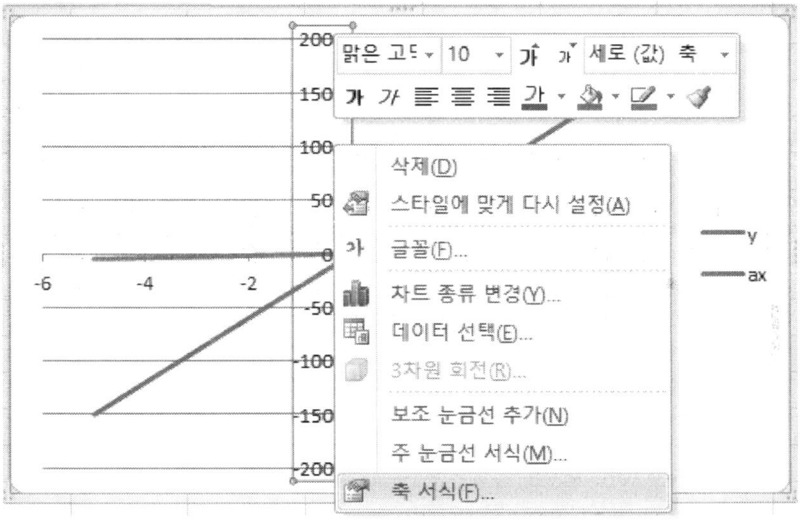

⑧ [축 서식]-[축 옵션]에서 최댓값과 최솟값을 자동에서 고정으로 선택을 바꾼다. [닫기]를 하고 나와서 스크롤 막대를 움직여서 그래프의 축이 바뀌는지 확인해보자.

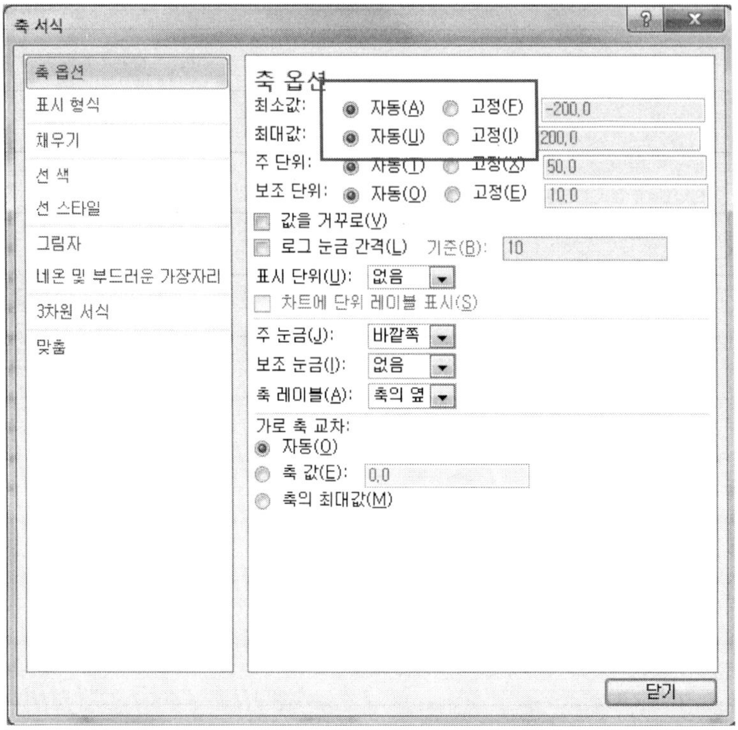

⑨ 그래프의 범례에 파란색 실선, 빨간색 실선이 각각 $y = x$, $y = ax$를 나타내도록 표시하려면 표의 B3셀을 $y = x$, C3셀을 $y = ax$로 바꾸어 준다.

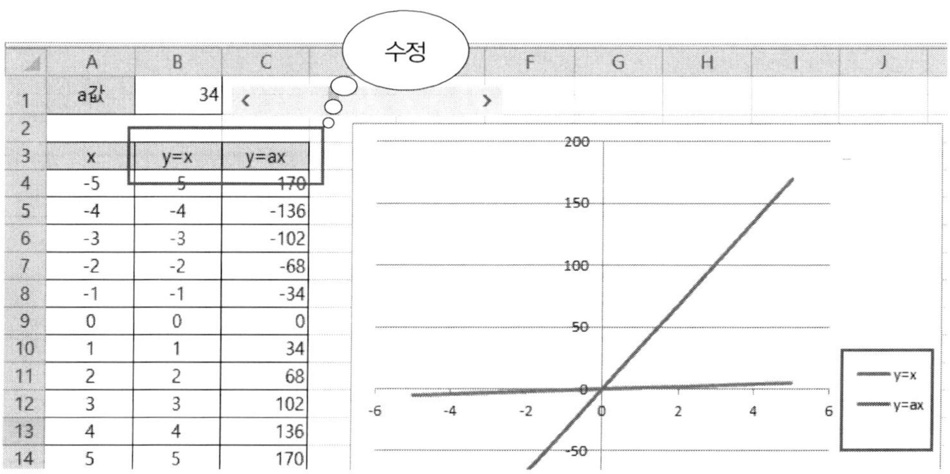

예비교사 활동지

1. 다음 표를 완성하시오.

	A	B	C	D	E	F
1	x	y=x	y=2x	y=3x	y=4x	y=5x
2	-5	-5	-10	-15	-20	-25
3	-4					
4	-3					
5	-2					
6	-1					
7	0					
8	1					
9	2					
10	3					
11	4					
12	5					

2. 위 표에서 A1:F12 영역을 선택하고 [삽입]-[차트]-[분산형]으로 그래프를 그려보시오.

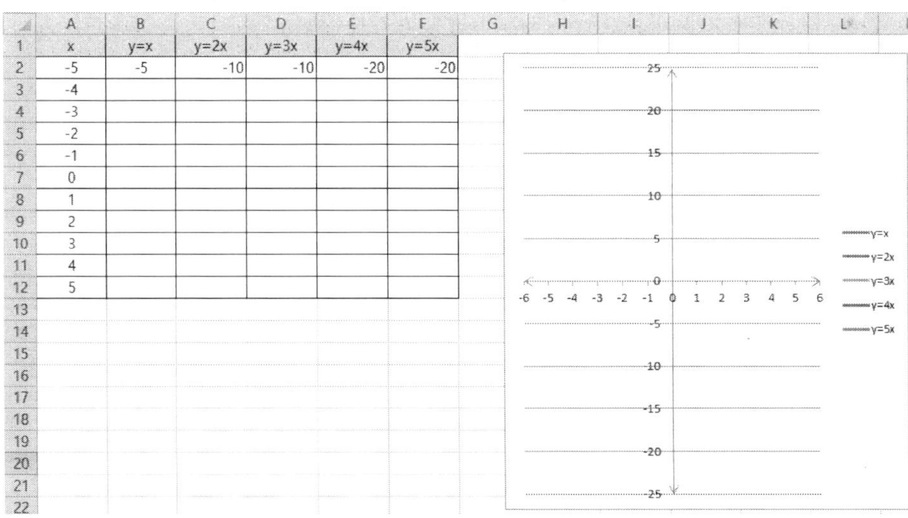

3. 2번 문제의 결과를 정리해보시오. $y = ax\,(a > 0)$ 그래프의 특징을 적어보시오.

4. 다음 표를 완성하고 표에서 A1:F12 영역을 선택하고 [삽입]-[차트]-[분산형]으로 그래프를 그려보시오.

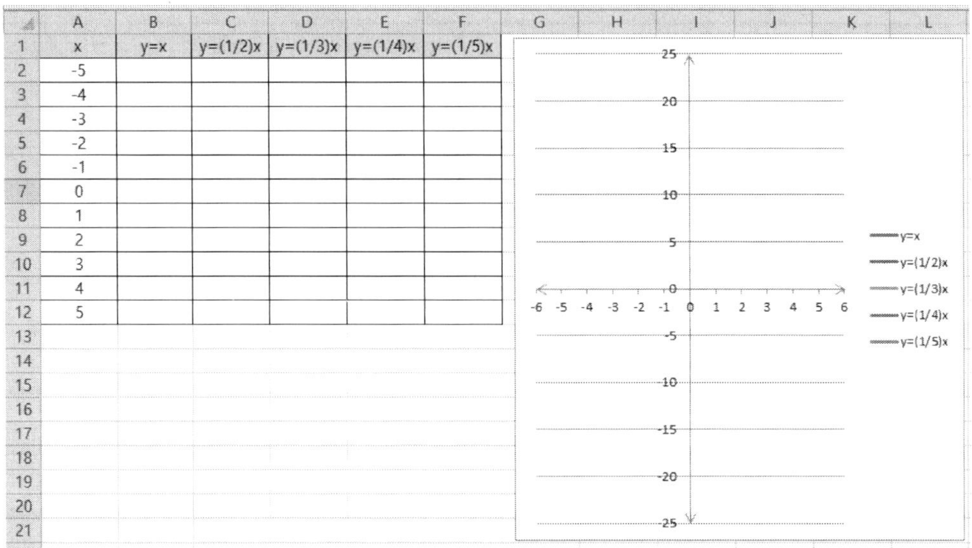

	A	B	C	D	E	F
1	x	y=x	y=(1/2)x	y=(1/3)x	y=(1/4)x	y=(1/5)x
2	-5					
3	-4					
4	-3					
5	-2					
6	-1					
7	0					
8	1					
9	2					
10	3					
11	4					
12	5					

5. 4번 문제의 결과를 정리해보고, 2번과 4번의 결과를 통하여 $y = ax\,(a > 0)$ 그래프의 특징을 적어보시오.

학생 활동지

1. 스크롤 막대를 움직여 a값을 1, 2, 3, 4, ⋯로 바꾸어 보며 그래프를 관찰하시오.

2. 1번에서 관찰한 그래프를 함수의 식과 함께 활동지에 적어보시오.

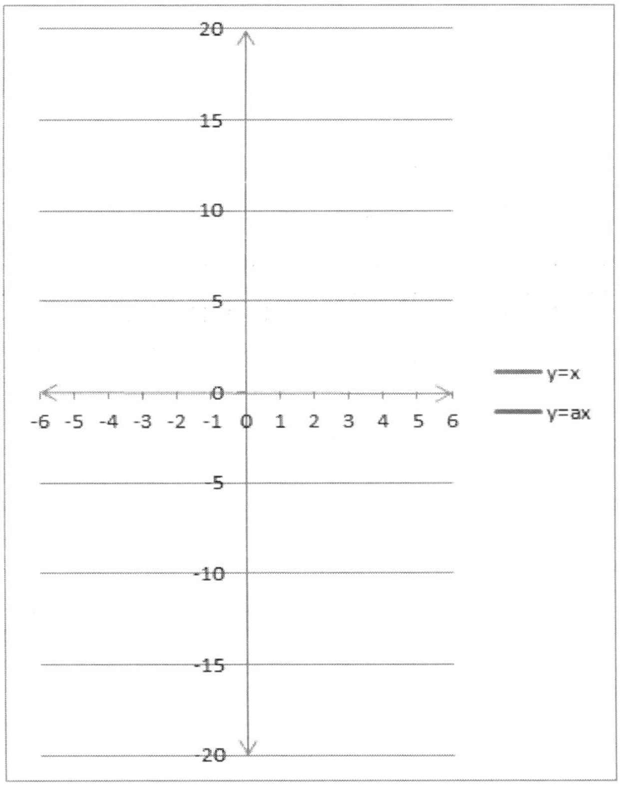

3. 2번의 결과를 관찰하여, $y = ax\,(a > 0)$ 그래프의 특징을 적어보시오.

4. $y = \frac{1}{2}x$, $y = \frac{1}{3}x$, $\cdots$, $y = \frac{1}{100}x$의 그래프는 어떤 모양일지 추측해 보시오.

5. 4번의 결과를 정리하여, $y = \frac{1}{a}x\,(a > 0)$ 그래프의 특징을 적어보시오.

$a < 0$일 때, 함수 $y = ax$ 그래프

(1) 정의역이 실수 전체의 집합일 때 $y = -x$의 그래프를 그려보시오.

(2) 정의역이 실수 전체의 집합일 때 $y = ax(a < 0)$의 그래프를 그려보시오.

〈파일 제작 절차〉

① 양식 컨트롤에서 스크롤 막대를 선택하여 삽입한다.

② a값의 범위를 -100, -99, $\cdots$, -2, -1로 하자. 컨트롤 서식에서 최솟값을 '0', 최댓값을 '99'로 하고, 셀 연결에 '$C$1'을 입력한다.

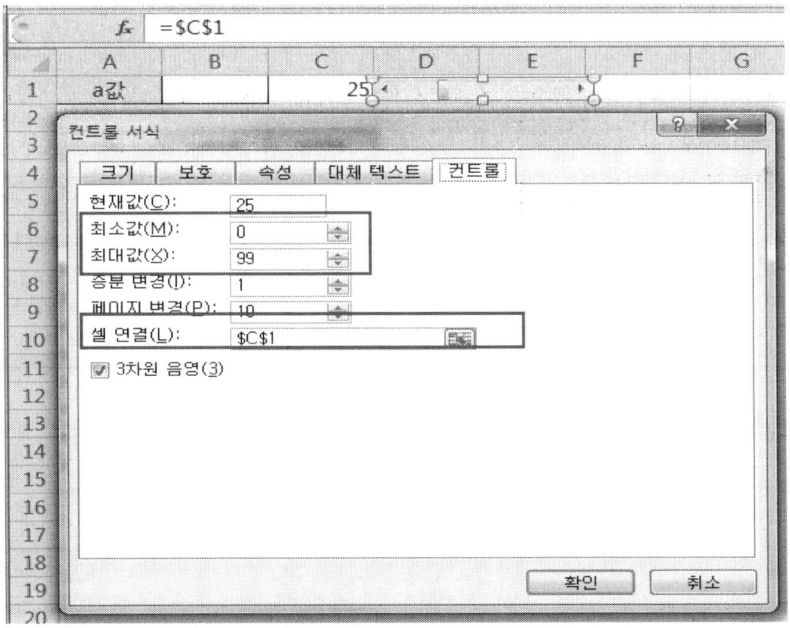

③ B1셀에 식 ‘=C1-100’을 입력한다.

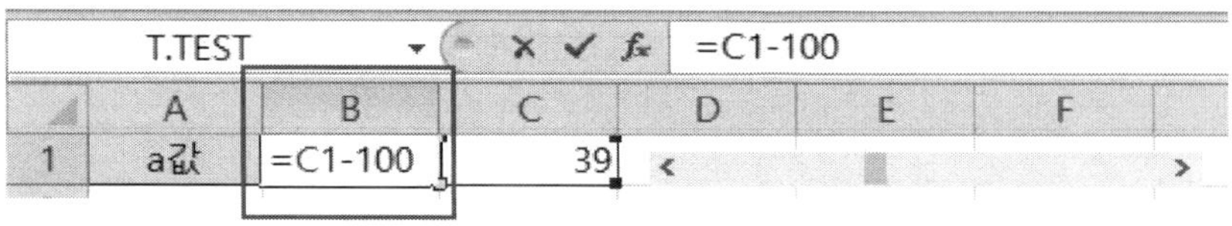

④ 스크롤 막대를 움직여 보자. B1, C1셀을 관찰하자. C1셀은 0에서 99까지 B1셀은 −100에서 −1까지 값이 바뀌는 것을 알 수 있다.

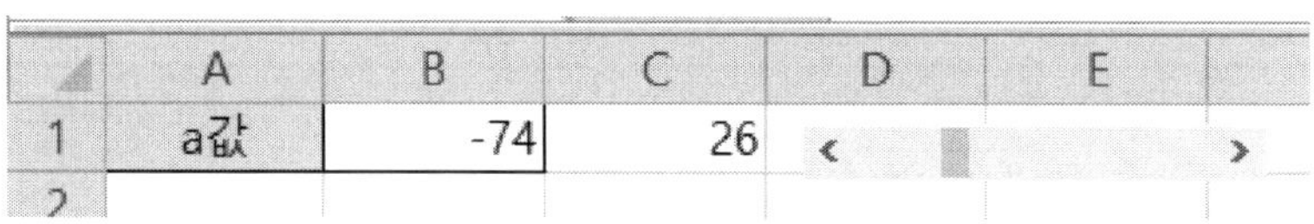

⑤ C1, B1셀의 값이 동시에 보이면 혼란을 줄 수 있으므로 C1셀의 값이 보이지 않게 하자. 스크롤 막대를 움직여 C1셀 위에 놓자. 다른 방법으로는 바탕색과 C1셀의 글자색을 같게 하자. C1셀의 글자를 선택하고 메뉴 [셀 서식]-[글꼴]-[색]을 선택하고 흰색으로 글자색을 바꾼다. C1셀의 글자가 흰색으로 바뀌어 보이지 않지만 셀을 선택하면 입력칸에 글자가 표시되는 것을 볼 수 있다.

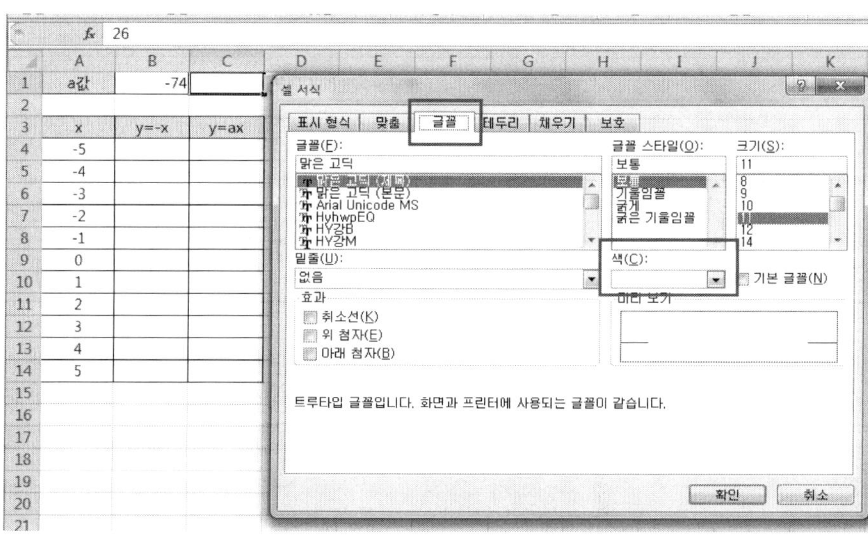

스크롤 막대를 움직이면 B1셀의 값이 -100에서 -1까지 바뀌는 것을 확인할 수 있다.

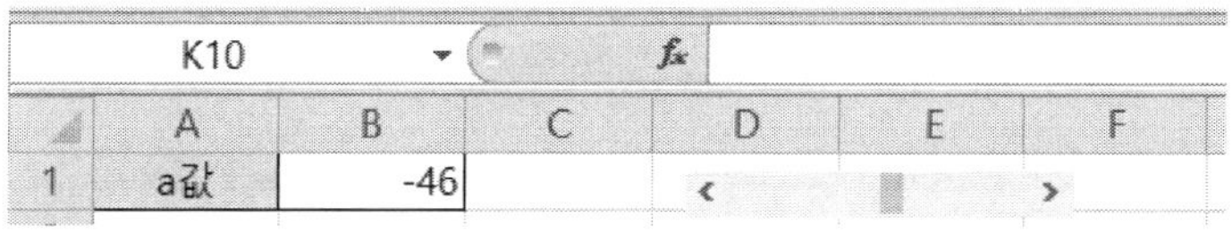

⑥ $\{-5, -4, -3, -2, -1, 0, 1, 2, 3, 4, 5\}$을 정의역으로 하는 함수의 그래프를 그리기 위해 먼저 대응표를 만든다.

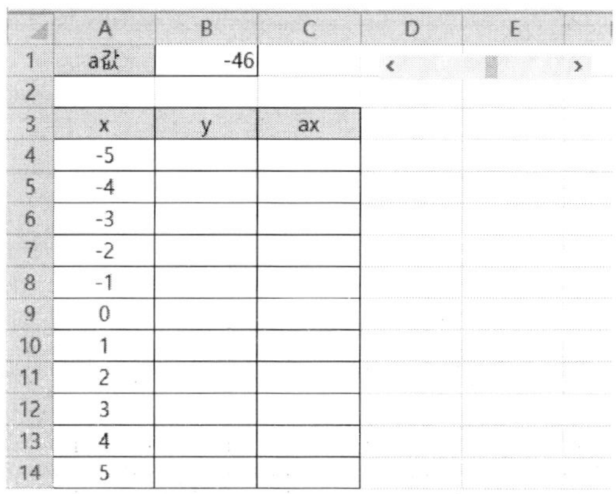

⑦ B4셀에는 '$=-1$*A4'를 입력하고 아래로 끈다.

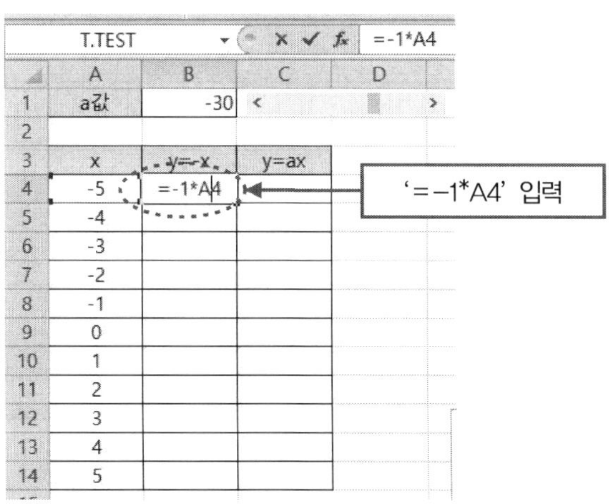

⑧ C4셀에 '=$B$1*A4'를 입력하고 아래로 끈다.

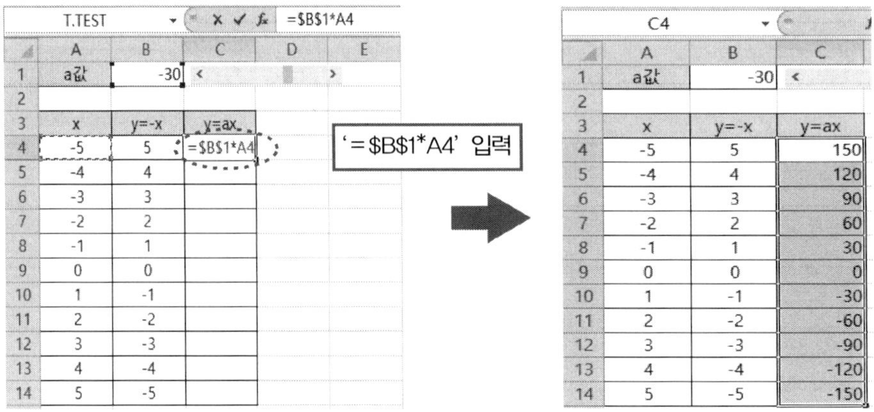

⑨ 영역 A3:C14를 선택한다.

⑩ [삽입]-[분산형]-[곡선이 있는 분산형]을 선택한다. 화면에 다음과 같이 $y=-x$, $y=ax$의 그래프가 표시된다.

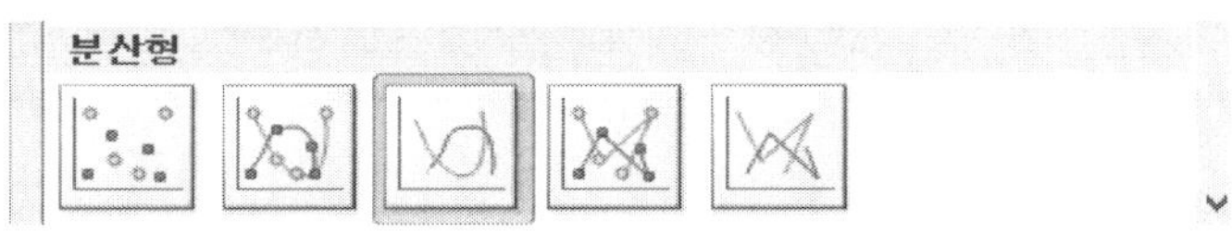

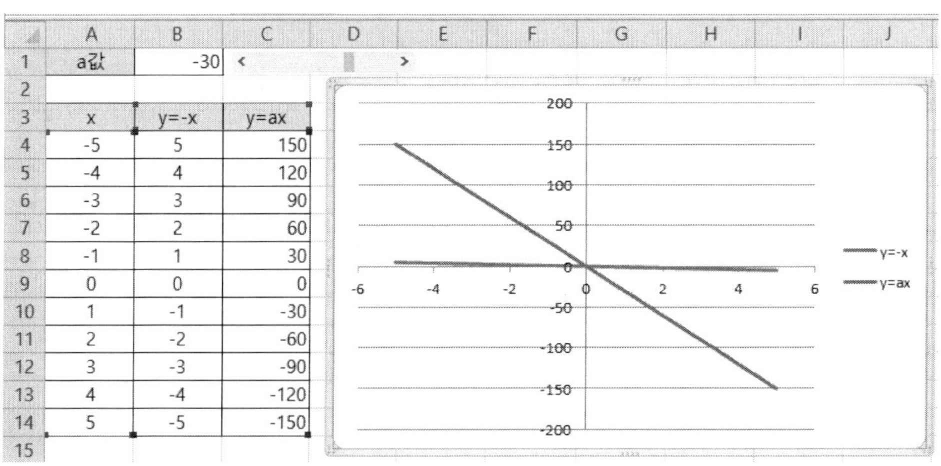

주 의 첫째, 화면에 표시된 그래프는 모니터와 설정에 따라서 다르겠지만, 대개 가로와 세로의 눈금의 크기가 다른 경우가 많다. 이 경우 직관적으로 학생들에게 직선의 기울어진 정도에 대한 잘못된 개념을 유발할 수 있으므로 가로와 세로의 비를 조정해 줄 필요가 있다. 둘째, 스크롤 막대를 움직일 때 다음 그림과 같이 그래프의 좌표축이 움직이면 a값의 변화에 따른 $y=ax$ 그래프의 변화를 판단하기 어렵다. 이것은 축을 고정하여 해결할 수 있다.

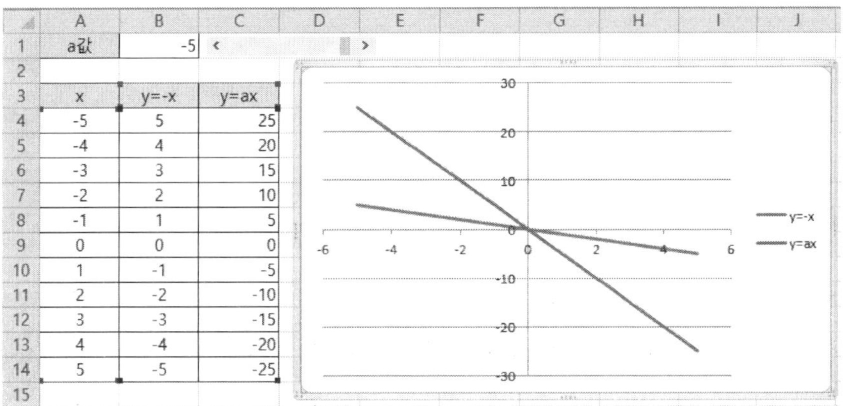

[그림 67] $a=-5$인 경우

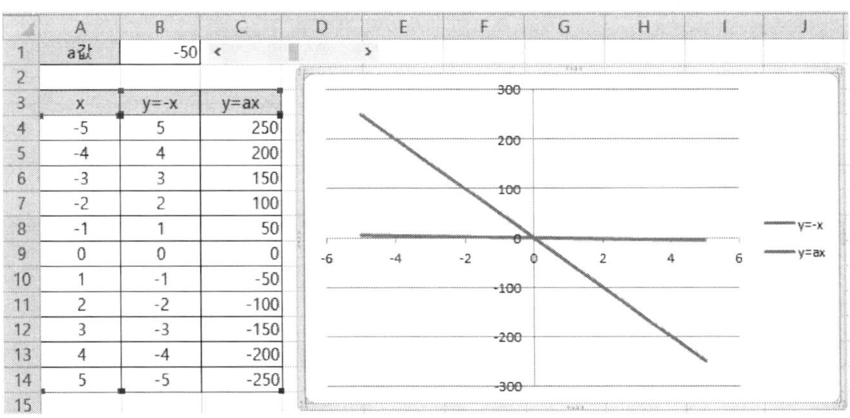

[그림 68] $a=-50$인 경우

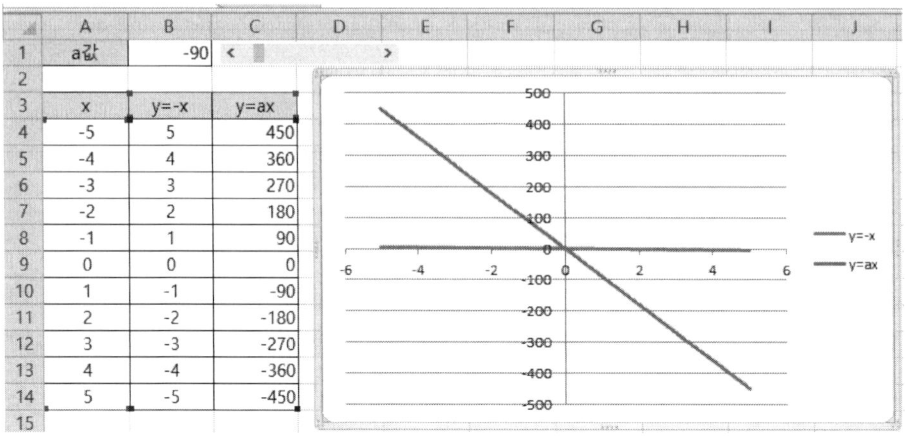

[그림 69] $a=90$인 경우

⑪ 축 고정: y축의 값을 선택하고 마우스 오른쪽 버튼을 누르면 다음 그림과 같은 메뉴가 나타난다. 메뉴에서 [축 서식]을 선택한다.

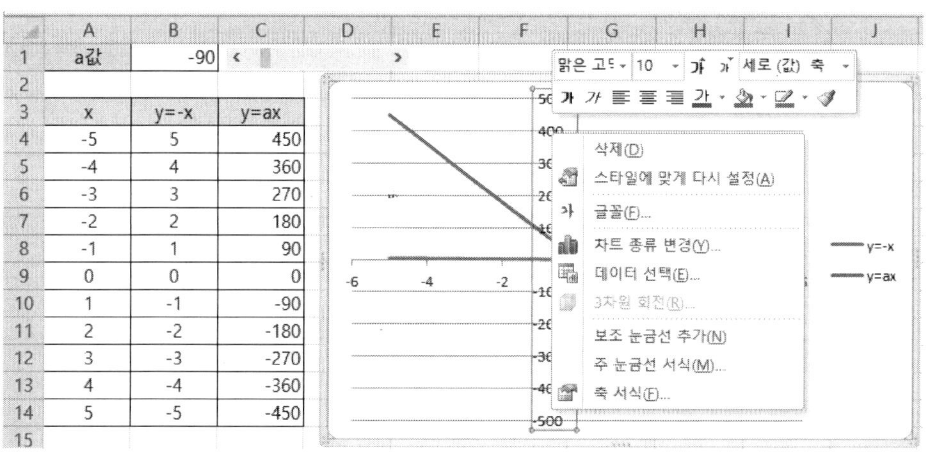

⑫ [축 서식]-[축 옵션]에서 최댓값과 최솟값을 자동에서 고정으로 선택을 바꾼다. [닫기]를 하고 나와서 스크롤 막대를 움직여 그래프의 축이 바뀌는지 확인해보자.

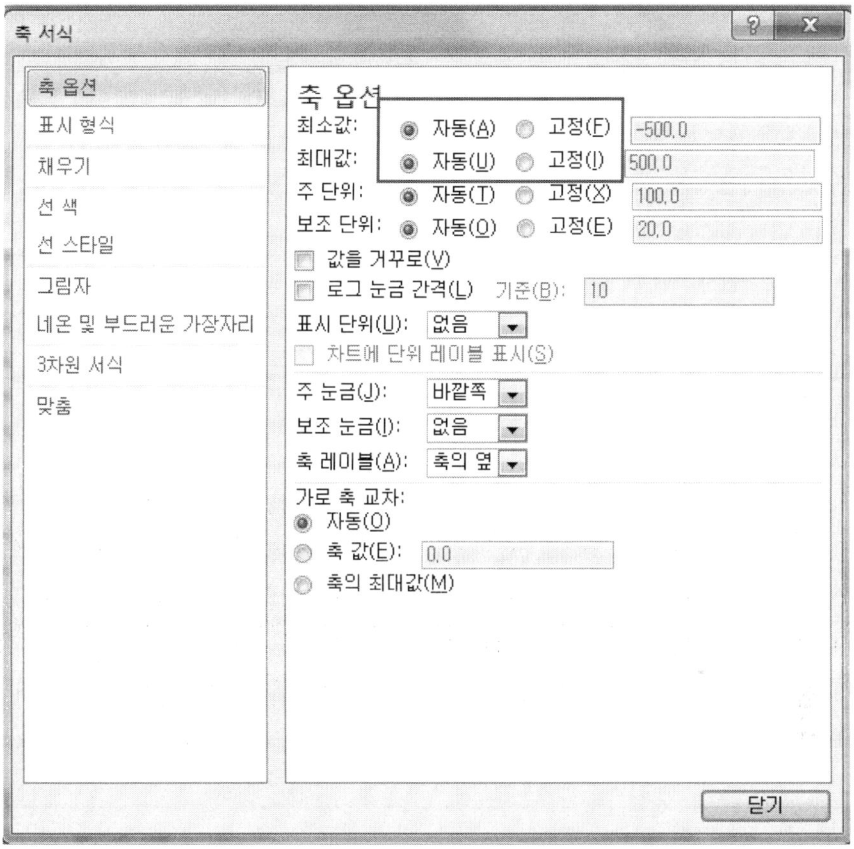

예비교사 활동지

1. 다음 표를 완성하시오.

	A	B	C	D	E	F
1	x	y=-x	y=-2x	y=-3x	y=-4x	y=-5x
2	-5					
3	-4					
4	-3					
5	-2					
6	-1					
7	0					
8	1					
9	2					
10	3					
11	4					
12	5					

2. 위의 표에서 A1:F12 영역을 선택하고 [삽입]-[차트]-[분산형]으로 그래프를 그려보시오.

	A	B	C	D	E	F
1	x	y=-x	y=-2x	y=-3x	y=-4x	y=-5x
2	-5					
3	-4					
4	-3					
5	-2					
6	-1					
7	0					
8	1					
9	2					
10	3					
11	4					
12	5					
13						
14						
15						
16						
17						
18						
19						
20						
21						

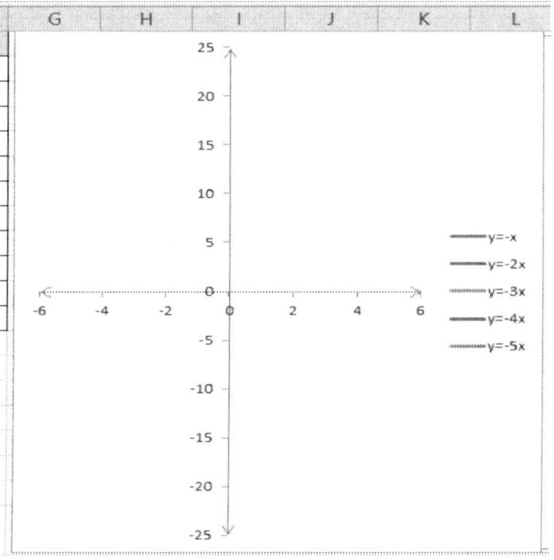

3. 2번 문제의 결과를 정리해서, $y = ax\,(a < 0)$ 그래프의 특징을 적어보시오.

4. 스크롤 막대를 이용해서 $y = ax\,(a < 0)$ 그래프를 그려보시오. 스크롤 막대를 움직여 3번의 예측을 확인해보시오.

5. 다음 표를 완성하시오.

	A	B	C	D	E	F
1	x	y=-x	y=-0.5x	y=-0.3x	y=-0.2x	y=-0.1x
2	-5					
3	-4					
4	-3					
5	-2					
6	-1					
7	0					
8	1					
9	2					
10	3					
11	4					
12	5					

6. 5번에서 작성한 표의 A1:F12 영역을 선택하고 [삽입]-[차트]-[분산형]으로 그래프를 그려보시오.

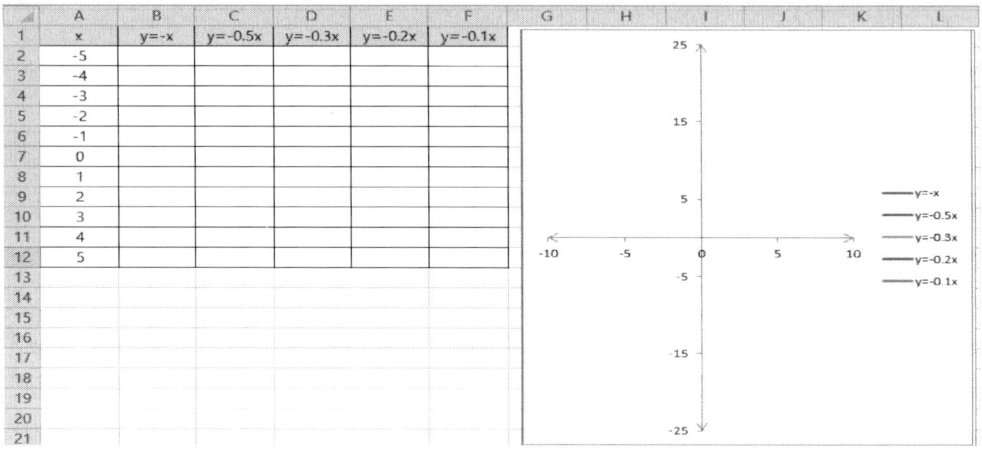

7. 위의 결과를 바탕으로 $y = ax\,(a < 0)$ 그래프의 특징을 적어보시오.

학생 활동지

1. 스크롤 막대를 움직여 a값을 -1, -2, -3, -4, -5, …로 바꾸어 보며, 그래프를 관찰하시오.

2. 1번에서 관찰한 그래프를 함수의 식과 함께 활동지에 적어보시오.

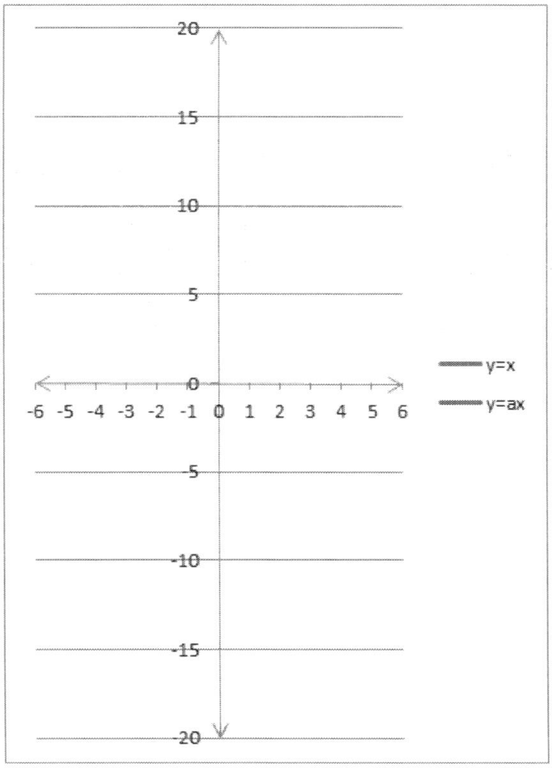

3. $y=-\frac{1}{2}x$, $y=-\frac{1}{3}x$, …, $y=-\frac{1}{100}x$의 그래프는 어떤 모양일지 추측해보시오.

4. 3번의 결과를 관찰하여, $y=ax\,(a<0)$ 그래프의 특징을 적어보시오.

다 》 일차함수의 그래프: y=ax+b(a≠0) 그래프

* $y=x-2$, $y=x-1$, $y=x$, $y=x+1$, $y=x+2$의 그래프를 그려보시오.

〈파일 제작 절차〉

① 양식 컨트롤에서 스크롤 막대를 선택하여 삽입한다.

② b값의 범위를 -2, -1, 0, 1, 2로 하자. 컨트롤 서식에서 최솟값을 '0', 최댓값을 '4'로 하고, 셀 연결에 '$C$1'을 입력한다.

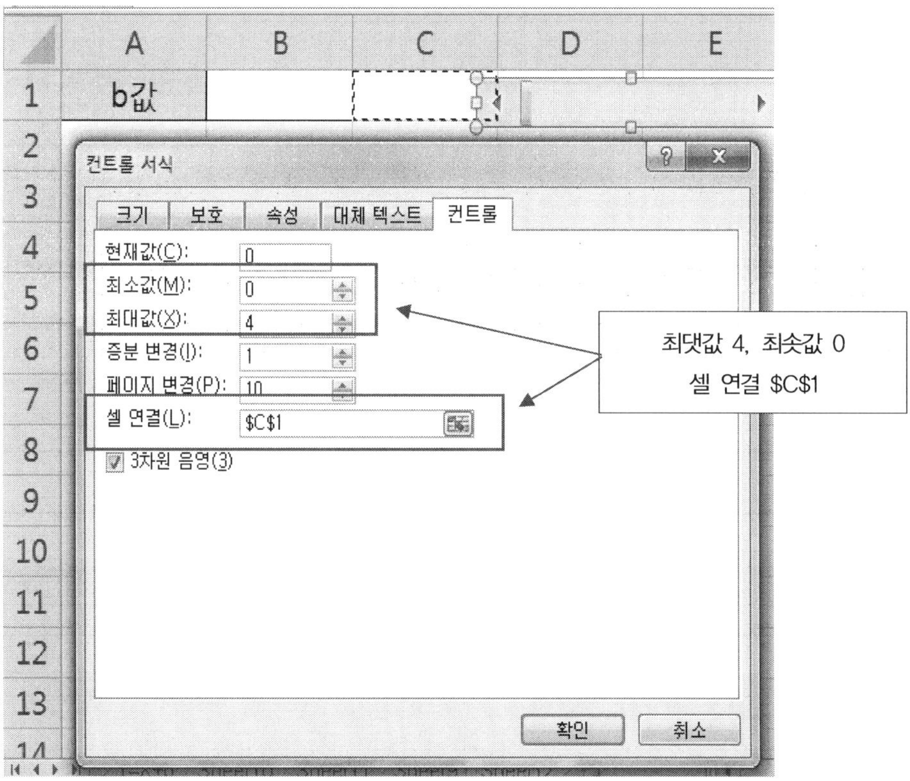

③ B1셀에 식 '=C1-2'를 입력한다.

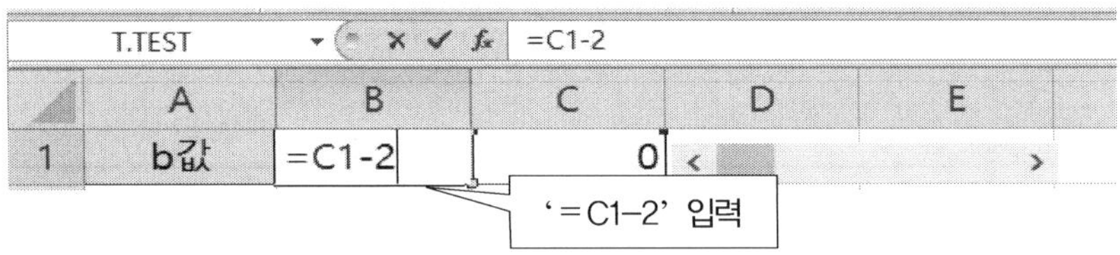

④ 스크롤 막대를 움직여 보며 B1, C1셀을 관찰하자. C1셀은 0에서 4까지 B1셀은 −2에서 2까지 값이 바뀌는 것을 알 수 있다.

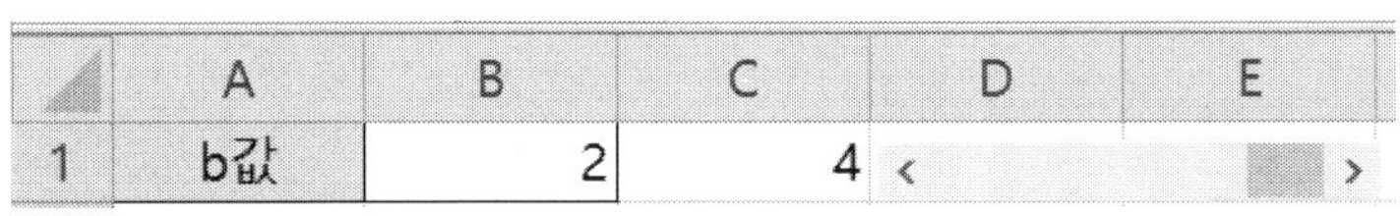

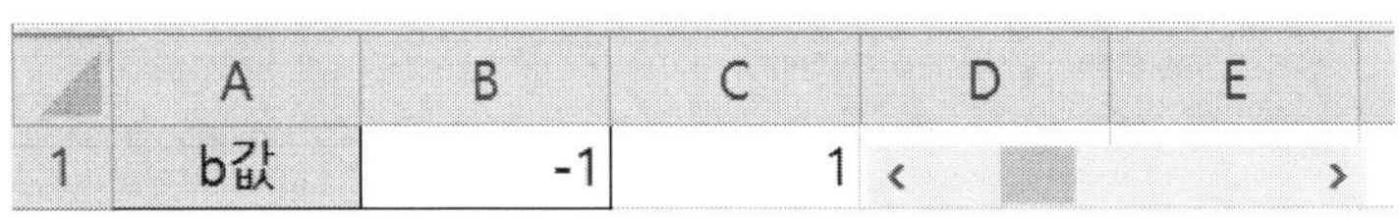

⑤ C1, B1셀의 값이 동시에 보이면 혼돈을 줄 수 있으므로 C1셀의 값이 보이지 않게 하자. 스크롤 막대를 움직여 C1셀 위에 놓자. 다른 방법으로는 바탕색과 C1셀의 글자색을 같게 하자. C1셀의 글자를 선택하고 메뉴 [셀 서식]-[글꼴]-[색]을 선택하고 흰색으로 글자색을 바꾼다. C1셀의 글자가 흰색으로 바뀌어 보이지 않지만 셀을 선택하면 입력칸에 글자가 표시되는 것을 볼 수 있다.

⑥ B4셀에 '=A4'를 입력하자. Enter↵ 키를 누르고 셀의 오른쪽 모서리를 아래로 끌면 자동 채우기가 된다.

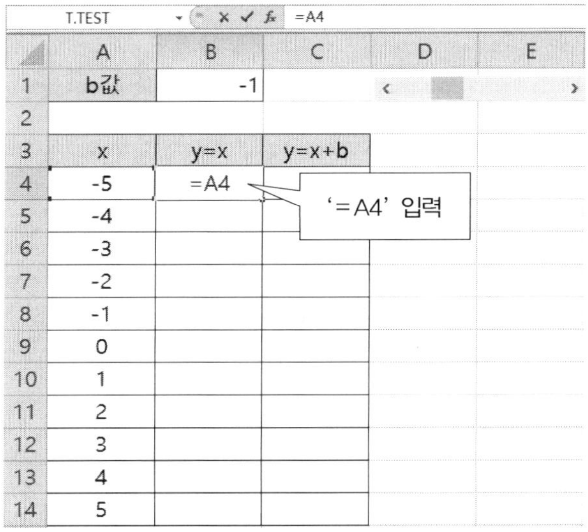

T.TEST | =A4

	A	B	C	D	E
1	b값	-1			
2					
3	x	y=x	y=x+b		
4	-5	=A4			
5	-4				
6	-3				
7	-2				
8	-1				
9	0				
10	1				
11	2				
12	3				
13	4				
14	5				

⑦ C4셀에 '=A4+$B$1'를 입력하자. [Enter↵] 키를 누르고 셀의 오른쪽 모서리를 아래로 끌면 자동 채우기가 된다.

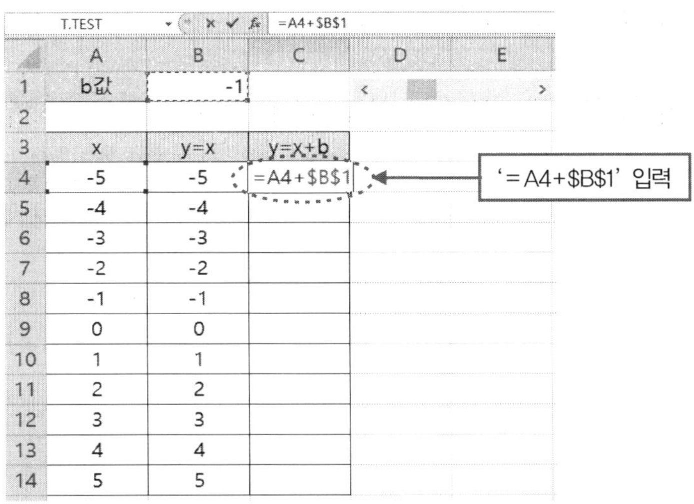

T.TEST | =A4+$B$1

	A	B	C	D	E
1	b값	-1			
2					
3	x	y=x	y=x+b		
4	-5	-5	=A4+$B$1		
5	-4	-4			
6	-3	-3			
7	-2	-2			
8	-1	-1			
9	0	0			
10	1	1			
11	2	2			
12	3	3			
13	4	4			
14	5	5			

⑧ 영역 A3:C14를 선택한다.

⑨ [삽입]-[분산형]-[곡선이 있는 분산형]을 선택한다. 다음 그림과 같이 $y=x$, $y=x+b$의 그래프가 표시된다.

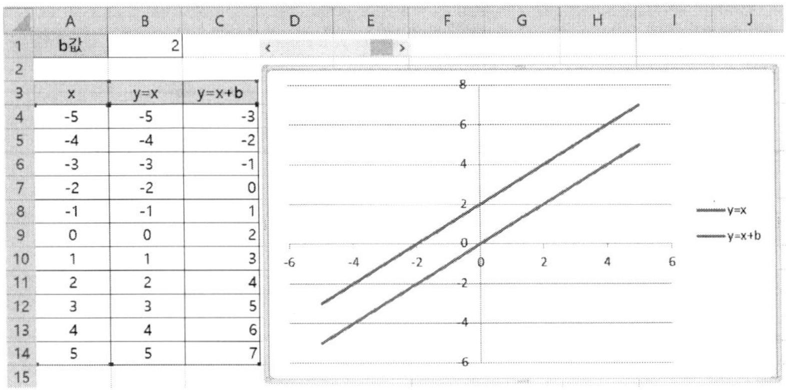

⑩ 축 고정을 위해서 y축의 값을 선택하고 마우스 오른쪽 버튼을 누른다. 메뉴에서 축 서식을 선택하고, 다음과 같이 최댓값을 '8', 최솟값을 '−8', 주 단위를 '1'로 하고 자동을 고정으로 바꾼다.

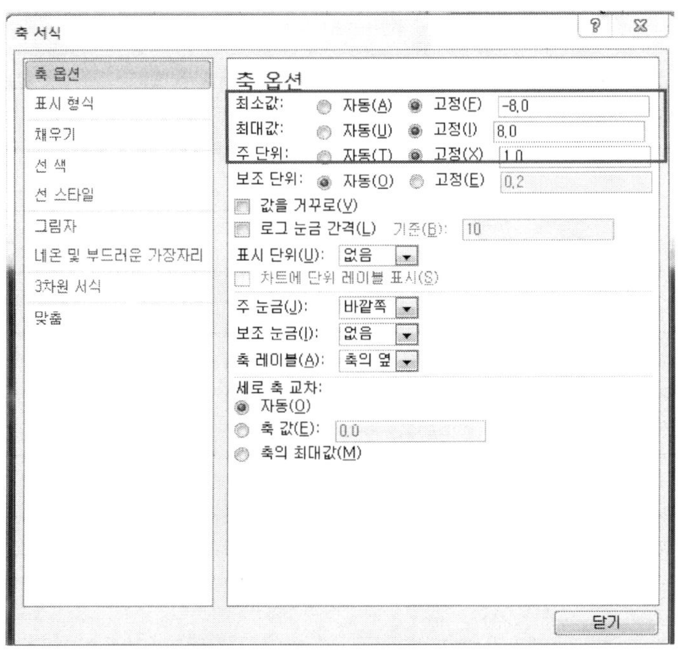

⑪ 그래프의 모양을 교과서와 일치시키기 위해 [축 서식]-[선 스타일]-[시작 종류]에서 화살표 모양을 선택하고, [끝 종류]에서 화살표 모양을 다시 한 번 선택한다.

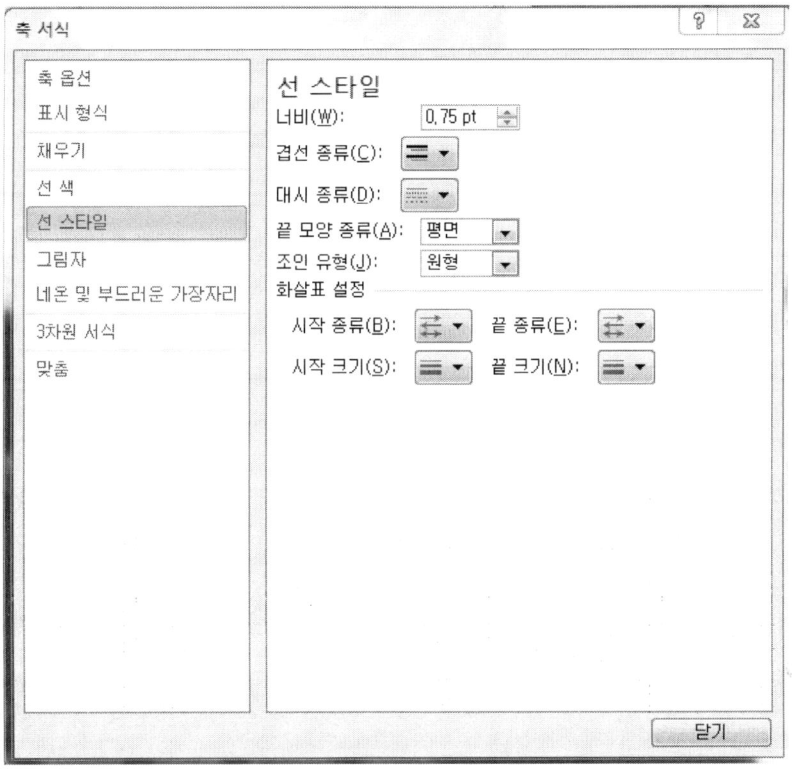

⑫ 그래프에서 [축 주 눈금선]을 선택하고 마우스 오른쪽 버튼을 누른다. 메뉴에서 [삭제]버튼을 누른다.

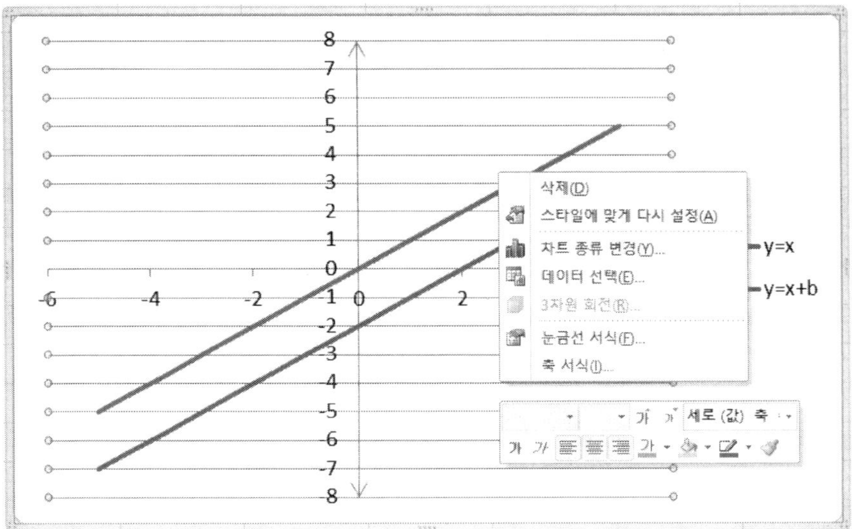

⑬ 그래프를 선택하고 가로, 세로 비율을 조절한다.

	A	B	C
1	b값	-2	
2			
3	x	y=x	y=x+b
4	-5	-5	-7
5	-4	-4	-6
6	-3	-3	-5
7	-2	-2	-4
8	-1	-1	-3
9	0	0	-2
10	1	1	-1
11	2	2	0
12	3	3	1
13	4	4	2
14	5	5	3
15			

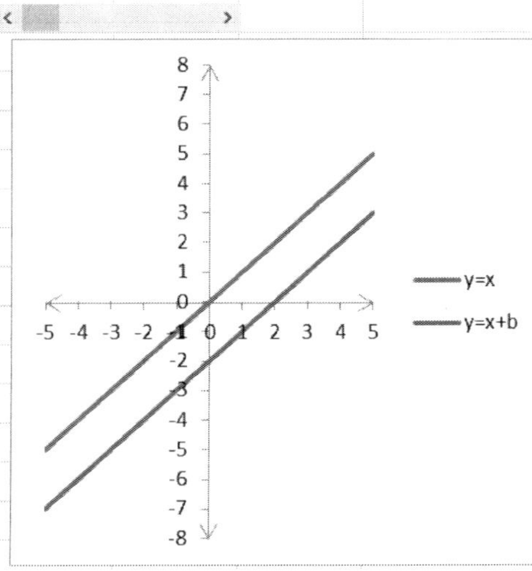

⑭ ⑬에서 스크롤 막대를 움직임에 따라 식 $y=x+b$에서 b의 값이 함께 변하도록 만들자. C3셀에 '="y=x+("&B1&")"'을 입력한다. C3셀의 값과 그래프의 범례가 동시에 바뀌는 것을 확인해보자.

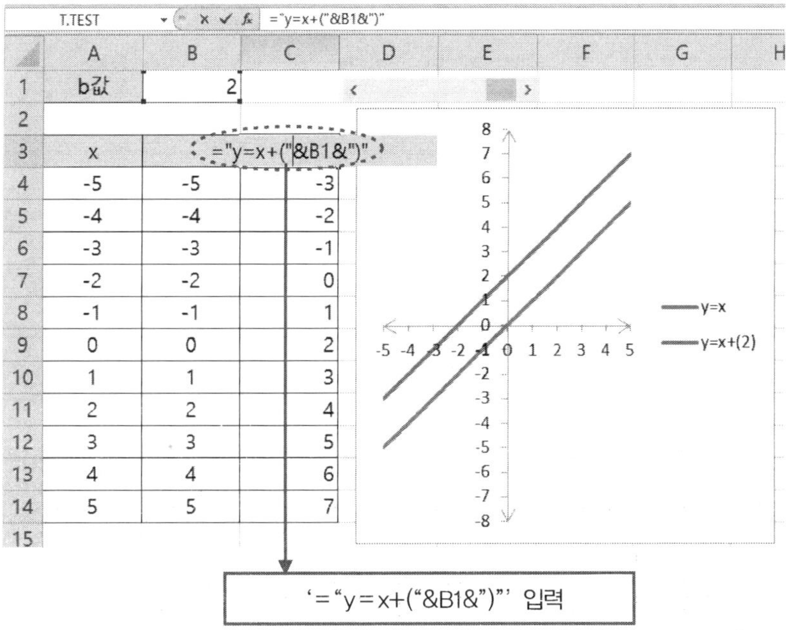

⑮ $y=ax+b$의 그래프:

ⅰ. ⑬에서 만든 워크시트의 영역을 선택하여 한 줄 아래로 내린다.

ⅱ. A1셀에 a값이라고 적고 스크롤 막대를 하나 더 삽입한다. (또는 워크시트 내의 스크롤 막대를 선택하고 복사한다.)

ⅲ. 스크롤 막대를 선택하고 컨트롤 서식에서 원하는 대로 최댓값, 최솟값을 정하고, 셀 연결에는 '$C$1'을 적는다.

ⅳ. B1셀에는 위에서 정한 최댓값 최솟값에 따라 정해줘야 한다. 예를 들어, 최댓값이 50, 최솟값이 0인 경우 B1셀에 '=C1-25'를 입력하면 B1셀의 값이 -25에서 25까지 바뀐다. 이 경우 0이 포함됨에 주의해야 한다.

ⅴ. B5셀에는 '=A5', C5셀에는 '=$B$1*A5+$B$2'를 입력한다.

vi. 영역 A4:C15를 선택하고 [삽입]-[분산형]-[곡선이 있는 분산형]을 선택한다. 화면에 다음과 같이 $y=x$, $y=ax+b$의 그래프가 표시된다.

vii. 축 고정을 위해서 y축의 값을 선택하고 마우스 오른쪽 버튼을 누른다. 메뉴에서 축 서식을 선택하고, 다음과 같이 최댓값, 최솟값 주 단위를 정한 뒤에 자동을 고정으로 바꾼다.

viii. 그래프의 모양을 교과서와 일치시키기 위해 [축 서식]-[선 스타일]-[시작 종류]에서 화살표 모양을 선택하고, [끝 종류]에서 화살표 모양을 다시 한 번 선택한다.

ix. 그래프에서 [축 주 눈금선]을 선택하고 마우스 오른쪽 버튼을 누른다. 메뉴에서 [삭제]를 누른다.

x. 그래프를 선택하고 가로, 세로 비율을 조절한다.

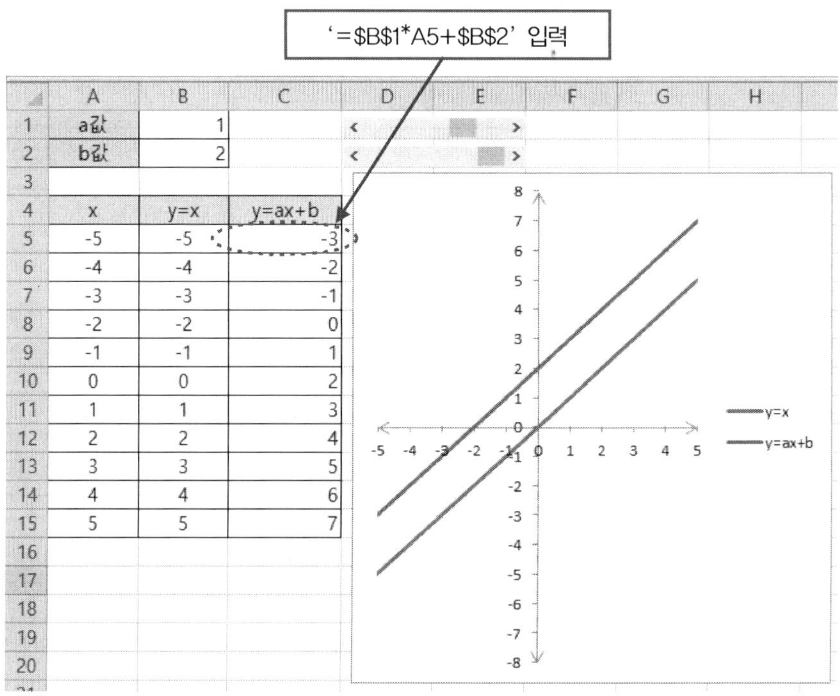

예비교사 활동지

1. 앞의 ⑬ 또는 ⑭에서 완성한 파일에서 스크롤 막대를 움직여서 생긴 그래프를 그리고, 그래프의 식을 적어보시오.

2. $y=x+b$에서 b의 값이 30, 50일 때 그래프의 모양을 추측하시오.

3. 위의 $y=x+b$에서 b의 역할을 기술하시오.

4. $y=2x$, $y=2x+b$의 그래프를 그려보시오. 다음 그림과 같이 스크롤 막대를 이용하여 $y=2x+b$의 그래프를 그려보시오.

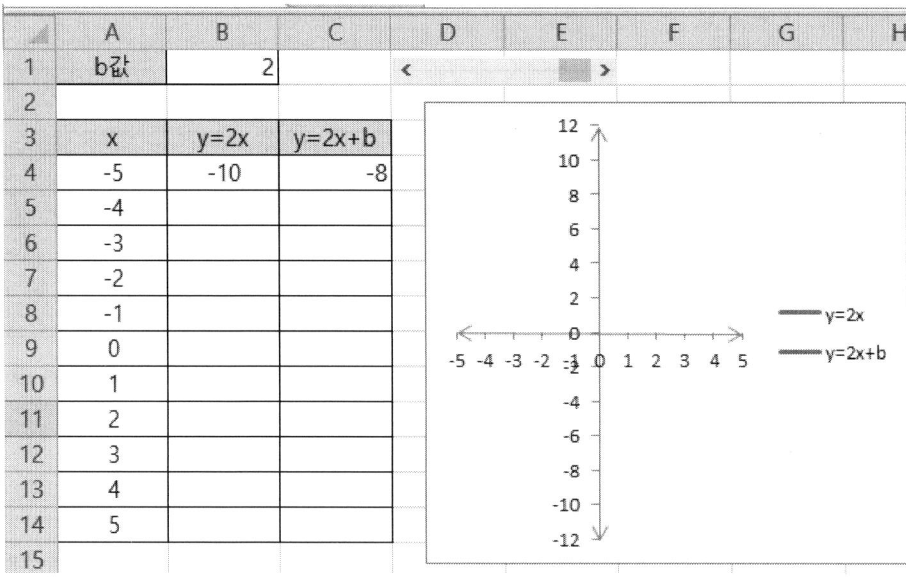

	A	B	C
1	b값	2	
2			
3	x	y=2x	y=2x+b
4	-5	-10	-8
5	-4		
6	-3		
7	-2		
8	-1		
9	0		
10	1		
11	2		
12	3		
13	4		
14	5		
15			

5. 4번의 $y=2x+b$의 그래프를 관찰하고, 그래프에서 b의 역할을 기술하시오.

6. ⑮에서 만든 일차함수 $y = ax + b \ (a \neq 0)$의 그래프에서 스크롤 막대를 움직이며 그래프를 관찰하시오. 그리고 관찰한 그래프를 기록하시오.

	A	B	C
1	a값	2	
2	b값	2	
3			
4	x	y=x	y=ax+b
5	-5	-5	
6	-4	-4	
7	-3	-3	
8	-2	-2	
9	-1	-1	
10	0	0	
11	1	1	
12	2	2	
13	3	3	
14	4	4	
15	5	5	
16			
17			

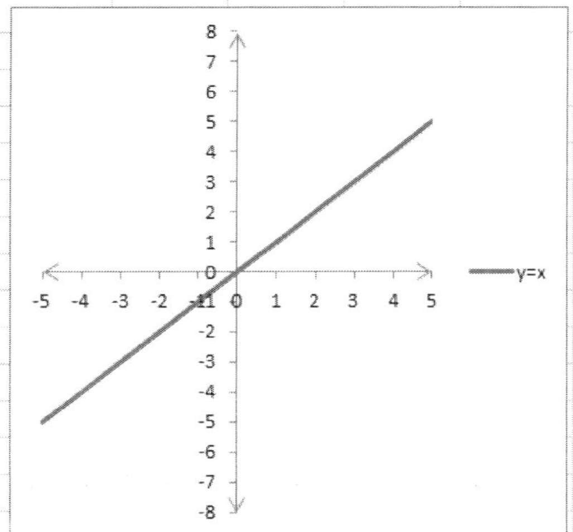

7. 일차함수 $y = ax + b \ (a \neq 0)$의 그래프에서 a, b의 역할을 기술하시오.

학생 활동지

1. 앞의 ⑬ 또는 ⑭에서 만든 파일에서 스크롤 막대를 움직여 b값을 $-2, -1, 0, 1, 2$로 바꾸어 보며, 그래프를 관찰하시오.

2. 1번에서 관찰한 그래프를 함수의 식과 함께 활동지에 적어보시오.

3. $y=x+10$, $y=x+20$, $y=x+30$의 그래프는 어떤 모양일지 추측해보시오.

4. 위의 결과를 관찰하여, $y=x+b$ 그래프의 특징을 적어보시오.

※ ⑮에서 만든 $y = ax + b\,(a \neq 0)$의 그래프를 이용하여 다음 물음에 답하시오 (5-8).

5. $a = -2$로 고정하고 b값 스크롤 막대를 움직여서 그래프의 모양을 관찰하고, 그래프의 특징을 설명하시오.

6. $a = -1$로 고정하고 b값 스크롤 막대를 움직여서 그래프의 모양을 관찰하고, 그래프의 특징을 설명하시오.

7. $a = 2$로 고정하고 b값 스크롤 막대를 움직여서 그래프의 모양을 관찰하고, 그래프의 특징을 설명하시오.

8. 지금까지의 결과를 종합하여, 일차함수 $y = ax + b$ $(a \neq 0)$의 그래프에서 a, b의 역할을 기술하시오.

라 》 이차함수의 그래프 1: $y=ax^2(a\neq0)$ 그래프

(1) 정의역이 실수 전체의 집합일 때 $y=x^2$의 그래프를 그려보시오.

(2) 정의역이 실수 전체의 집합일 때 $y=ax^2(a\neq0)$의 그래프를 그려보시오.

〈파일 제작 절차〉

① 양식 컨트롤에서 스크롤 막대를 선택하여 삽입한다. 컨트롤 서식에서 최솟값을 '1'[2]로 하고, 셀 연결에 '$C$1'을 입력한다.

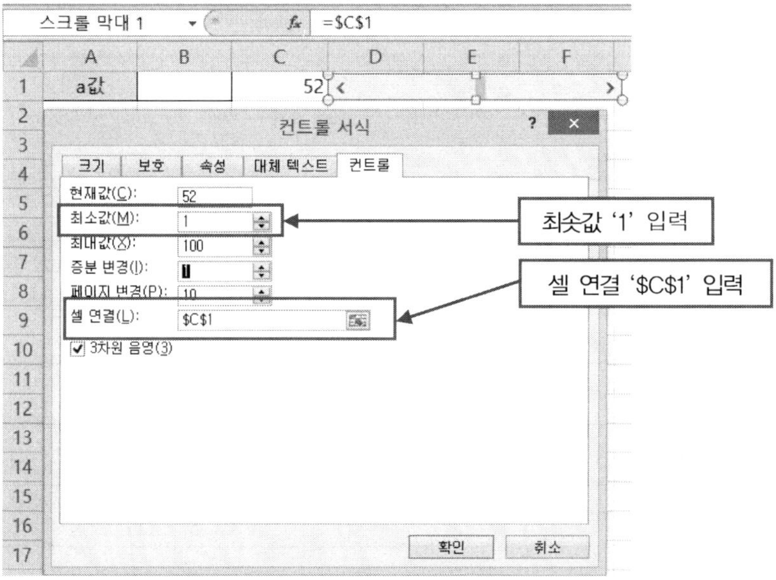

② 엑셀에서 스크롤 막대는 최솟값을 0 또는 자연수로만 설정할 수 있다. x^2의 계수 a가 음수와 양수 값을 취하도록 하기 위해서 (최댓값)-(최솟값)의 절반에 해당하는 값을 C1셀에 나타난 값에서 빼주면 스크롤 막대를 움직일 때 음수와 양수가 나타난다. B1셀에 '=C1-50'을 입력한다.

2) $a\neq0$이므로 0이 아닌 수를 최솟값으로 정해야 된다.

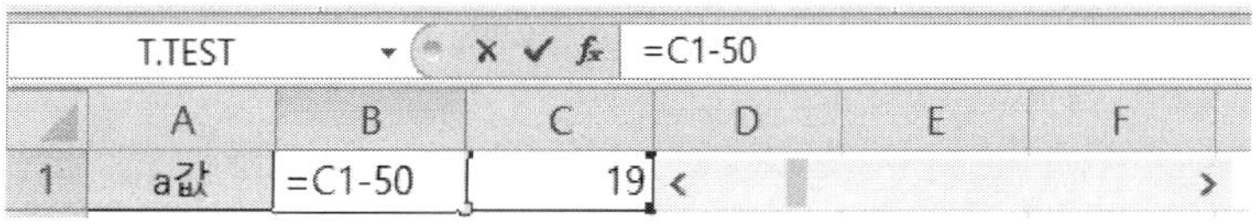

①번의 컨트롤 서식 상태에서 위와 같이 B1셀에 '=C1-50'를 입력하면, 스크롤 막대를 움직일 때 C1셀에는 1부터 100까지의 정수, B1셀에는 −49부터 50까지의 정수가 나타난다. 그런데 이렇게 설정을 해주면 0이 포함되어 a값이 0이 아니라는 정의에 위배되는 모순이 발생한다. 이때 스크롤 막대를 움직일 때 0이 나타나지 않도록 하기 위해서는 '증분 변경'을 바꾸어서 해결할 수 있다. 예를 들어, 증분 변경을 '3'으로 바꾸면 다음 그림처럼 B1셀에 0이 나타나지 않게 된다.

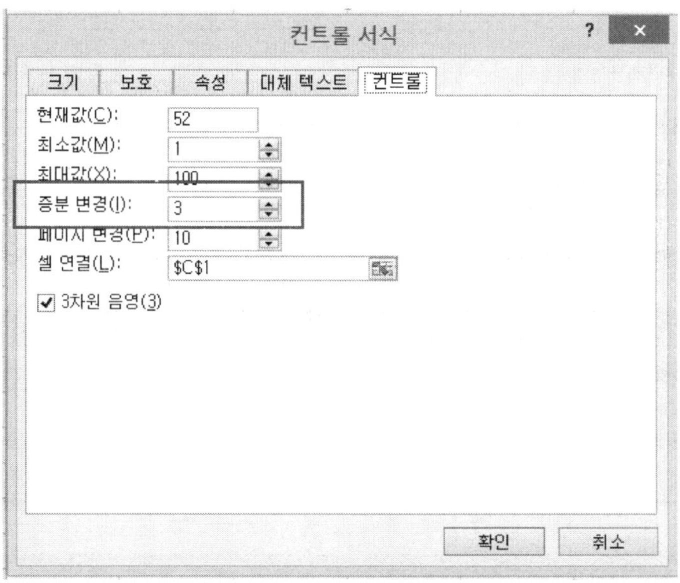

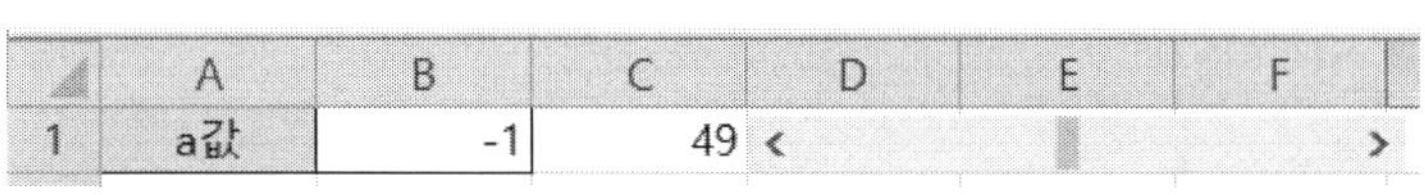

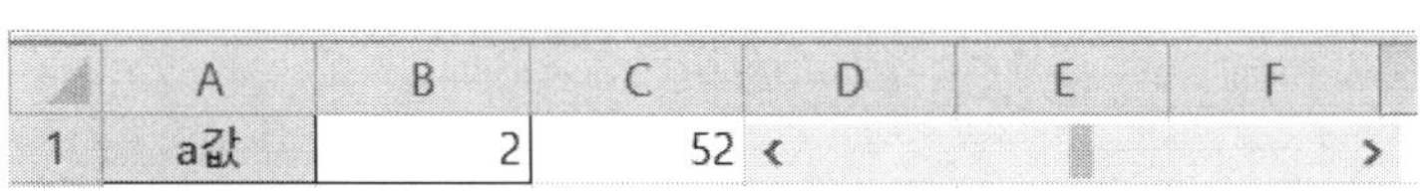

③ 바로 앞의 그림에서 스크롤 막대를 움직일 때마다 B1셀과 C1셀의 값이 동시에 움직이는 것을 볼 수 있다. 우리가 지금 만드는 파일에서는 C1셀의 값은 감추고 B1셀의 값만 보이도록 하는 것이 혼동을 막을 수 있다. C1셀의 값이 보이지 않게 하기 위해서 스크롤 막대를 이동하여 C1셀 위에 놓는다.

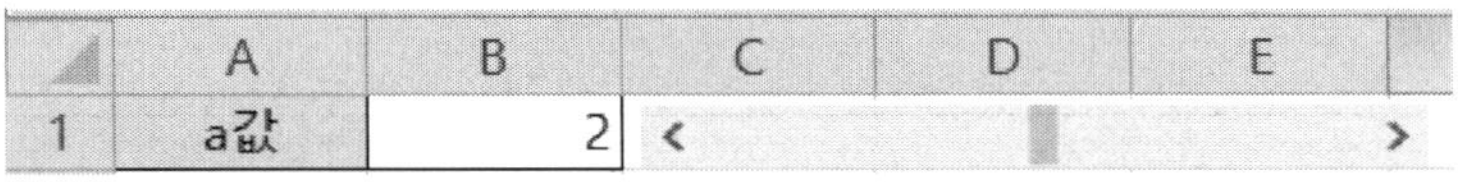

또, 다른 방법으로는 C1셀의 값을 선택하고 글자색을 바탕색과 같게 하는 것이다. 여기서는 바탕색이 흰색이므로 글자색을 흰색으로 바꾸어서 보이지 않게 하는 방법을 쓸 수 있다.

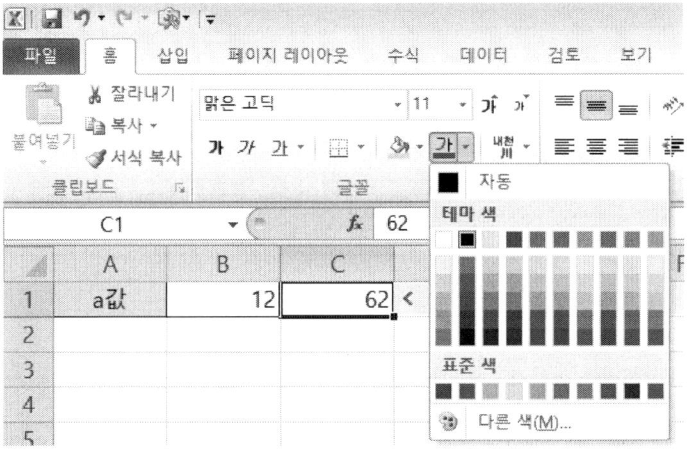

④ $\{-5, -4, -3, -2, -1, 0, 2, 3, 4, 5\}$를 정의역으로 하는 함수의 그래프를 그리기 위해 먼저 대응표를 만든다.

⑤ B3셀에 '$y = x^2$'을 입력하자. 입력방법으로는 셀에 'y=x2'을 입력하고나서 마우스로 2를 선택하고 마우스 오른쪽 버튼을 누르거나 메뉴 바에서 글꼴의 오른쪽 모서리의 화살표를 누르면 '셀 서식'이 나타난다. 효과에서 '위 첨자'를 선택한다.

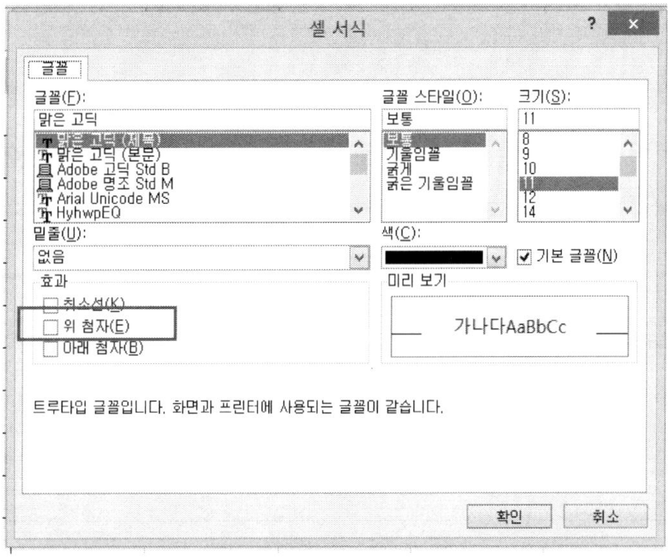

⑥ 같은 방법으로 C3셀에 'y=ax2'을 입력하고 대응표를 만들자.

	A	B	C	D
1	a값	-16	< >	
2				
3	x	$y=x^2$	$y=ax^2$	
4	-5			
5	-4			
6	-3			
7	-2			
8	-1			
9	0			
10	1			
11	2			
12	3			
13	4			
14	5			

⑦ B4셀에 '=A4*A4'를 입력하고 Enter↵ 키를 누른다. 셀의 오른쪽 모서리를 아래로 끌어 자동 채우기를 한다.

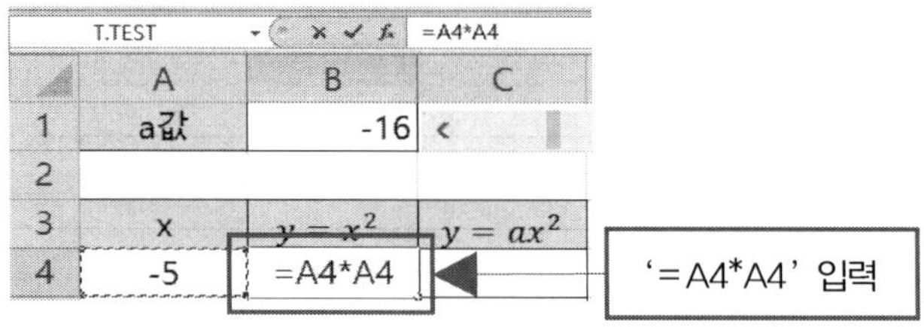

⑧ C4셀에 '=B1*A4*A4'를 입력하고 Enter↵를 누른다. 셀의 오른쪽 모서리를 아래로 끌어 자동 채우기를 한다.

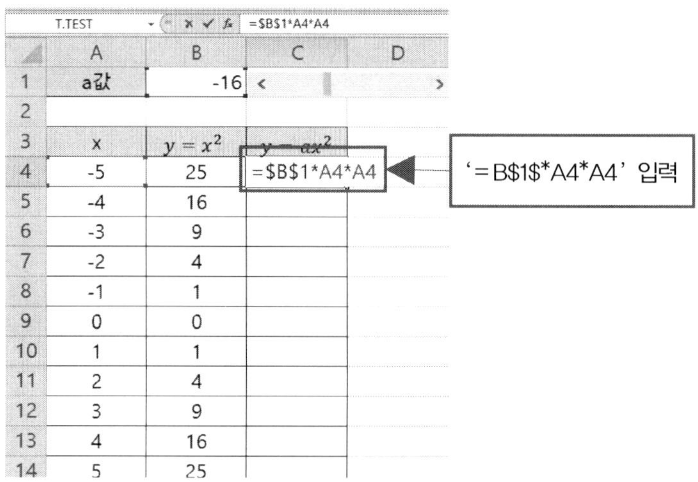

⑨ 영역 A3:C14를 선택한다. [삽입]-[분산형]을 선택하면 다음 그림처럼 5가지 유형이 제시된다. 그 중에서 어느 것을 선택해도 무방하지만, 여기서는 세 번째 [곡선이 있는 분산형]을 선택한다.

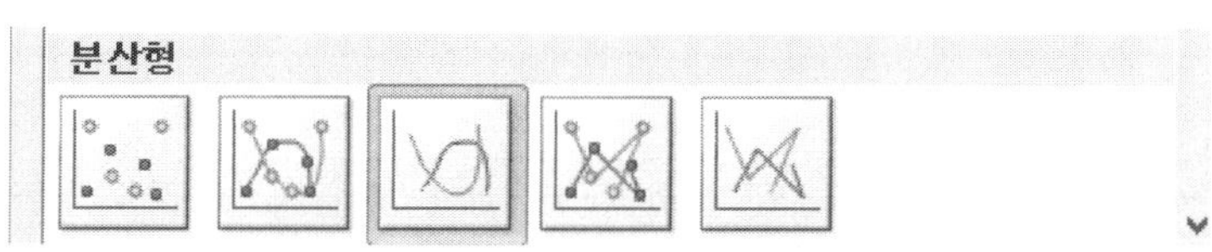

⑩ 다음 그림과 같이 $y=x^2$, $y=ax^2$의 그래프가 표시된다. 스크롤 막대를 움직여서 $y=-4x^2$, $y=-x^2$, $y=2x^2$의 그래프를 그려보자. 다음에 그려진 세 그래프를 비교하자.

a값	-4

x	y=x²	y=ax²
-5	25	-100
-4	16	-64
-3	9	-36
-2	4	-16
-1	1	-4
0	0	0
1	1	-4
2	4	-16
3	9	-36
4	16	-64
5	25	-100

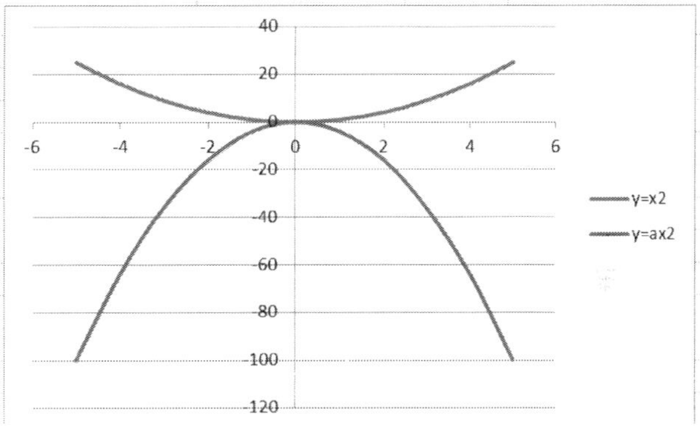

a값	-1

x	y=x²	y=ax²
-5	25	-25
-4	16	-16
-3	9	-9
-2	4	-4
-1	1	-1
0	0	0
1	1	-1
2	4	-4
3	9	-9
4	16	-16
5	25	-25

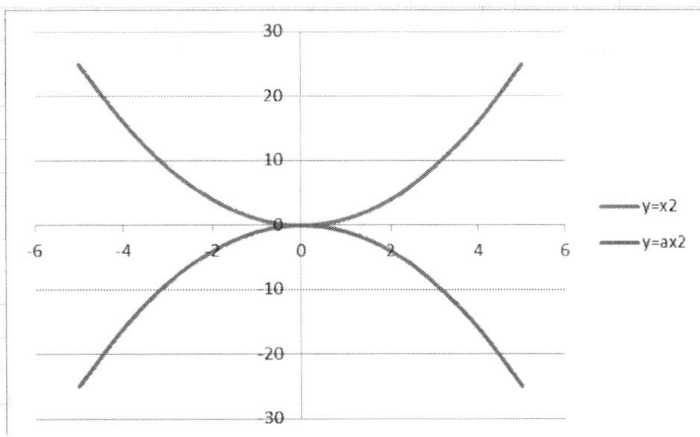

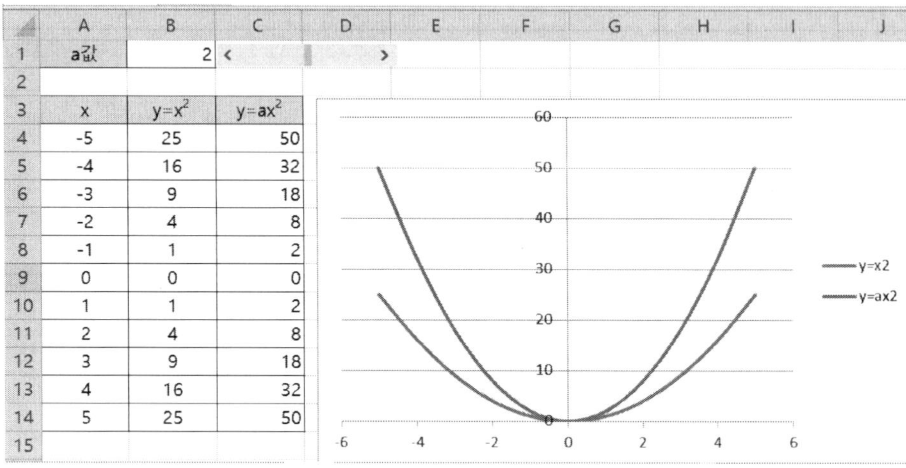

⑪ 위에서 스크롤 막대를 움직일 때마다 좌표축의 범위가 동시에 바뀌어서 그래프의 모양을 비교하기 힘들다. 이러한 문제를 해결하기 위해서 축을 고정하자. y축 위의 눈금을 선택하고 마우스 오른쪽 버튼을 누른다. 메뉴가 나타나고 메뉴의 [축 서식]을 선택한다. y축 위의 글자를 더블 클릭해도 [축 서식]이 나타난다.

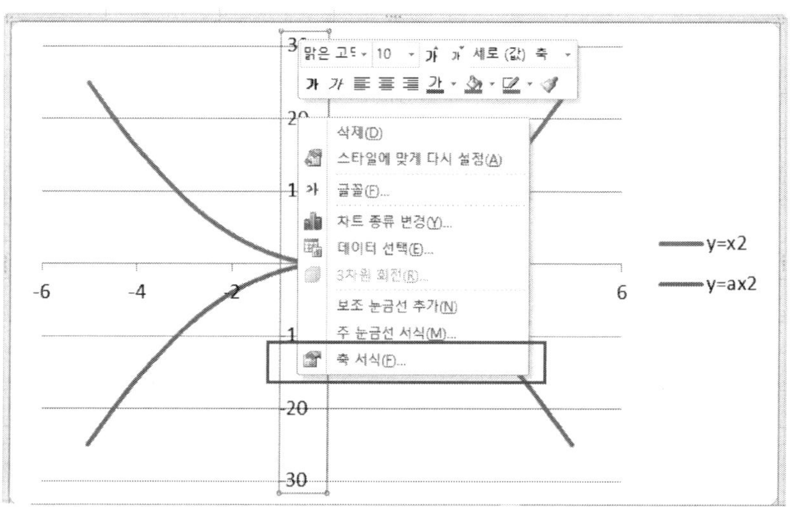

⑫ 최댓값과 최솟값을 자동에서 고정으로 바꾸고 나서, 원하는 숫자를 입력한다.

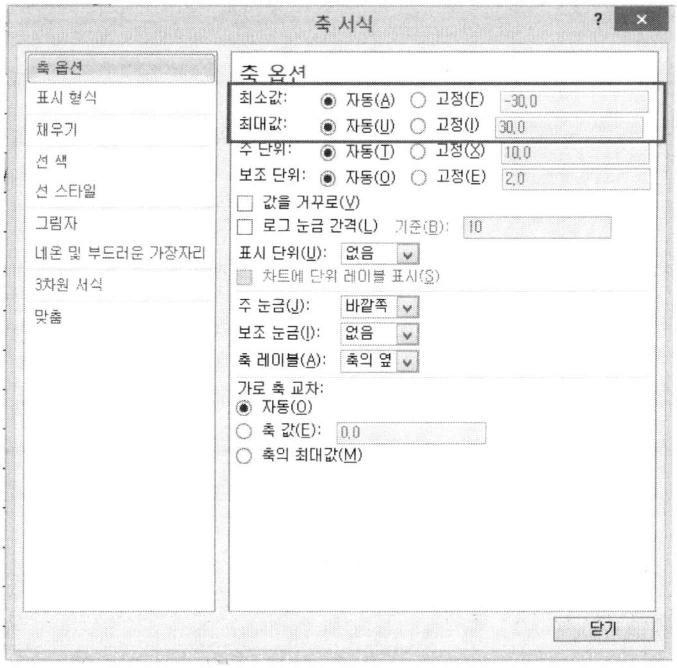

⑬ 스크롤 막대를 움직일 때 축이 고정되어 그래프 개형을 비교하기 쉽다.

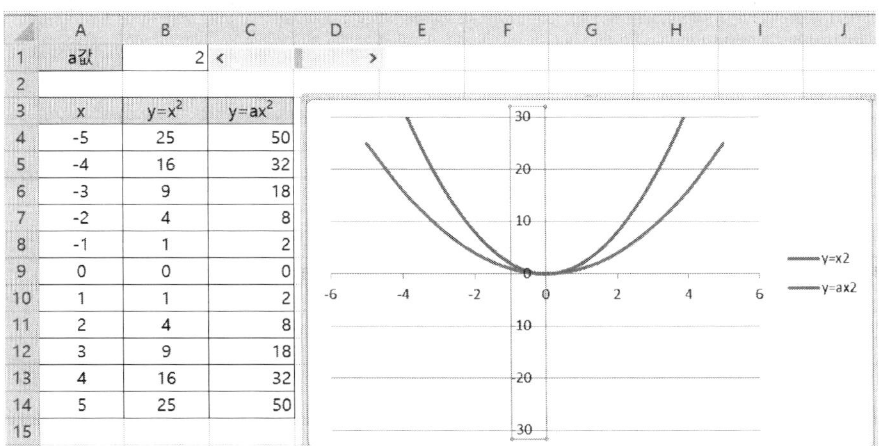

	A	B	C
1	a값	2	
2			
3	x	$y=x^2$	$y=ax^2$
4	-5	25	50
5	-4	16	32
6	-3	9	18
7	-2	4	8
8	-1	1	2
9	0	0	0
10	1	1	2
11	2	4	8
12	3	9	18
13	4	16	32
14	5	25	50
15			

	A	B	C	D
1	a값	-1	<	>
2				
3	x	$y=x^2$	$y=ax^2$	
4	-5	25	-25	
5	-4	16	-16	
6	-3	9	-9	
7	-2	4	-4	
8	-1	1	-1	
9	0	0	0	
10	1	1	-1	
11	2	4	-4	
12	3	9	-9	
13	4	16	-16	
14	5	25	-25	
15				

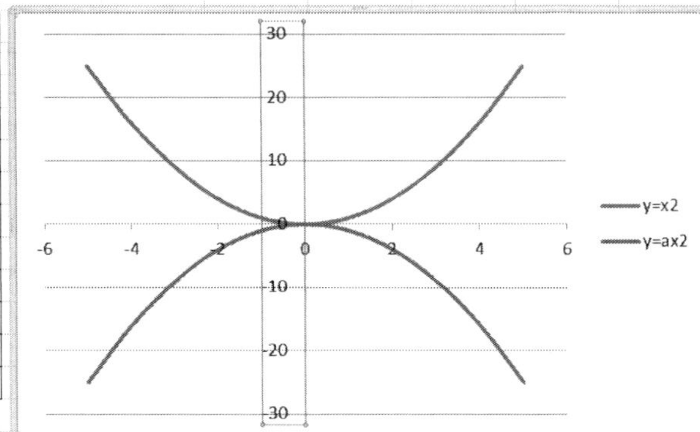

예비교사 활동지

1. 앞의 ⑬에서 완성한 파일에서 스크롤 막대를 움직여서 생긴 그래프를 그리고, 그래프의 식을 적어보시오.

2. $y=ax^2$에서 a의 값이 100, -100일 때 그래프의 모양을 추측해보시오.

3. 위의 $y=ax^2$에서 a의 역할을 기술하시오.

4. 다음 그림의 그래프는 $y=x^2$, $y=x^2-5$이다. 다음 그림과 같이 $y=x^2+b$ 파일을 만들어서 스크롤 막대를 움직여가며 $y=x^2+b$의 그래프를 관찰하시오. 관찰한 $y=x^2+b$의 그래프를 그리고, 함수식도 함께 적어보시오.

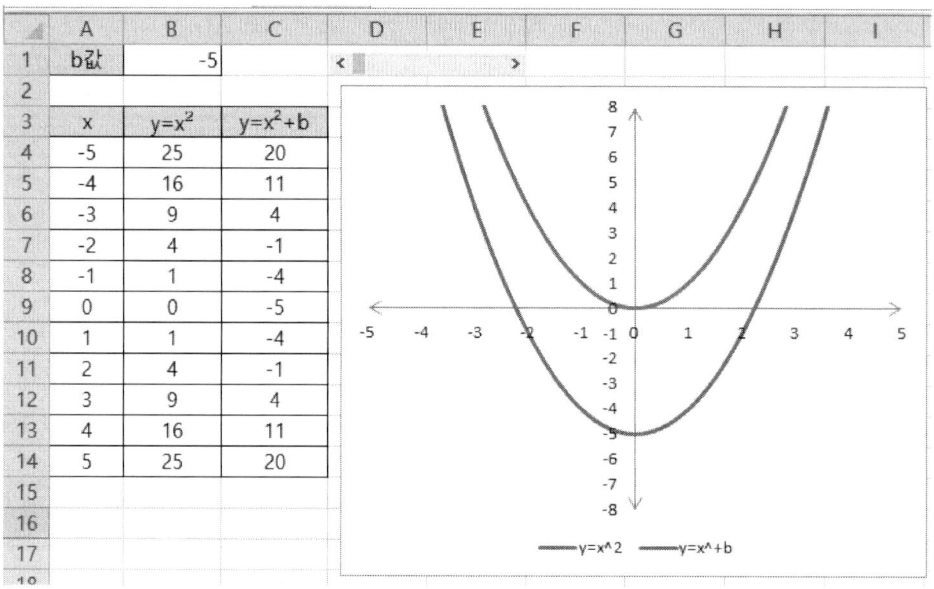

b값	-5	
x	y=x²	y=x²+b
-5	25	20
-4	16	11
-3	9	4
-2	4	-1
-1	1	-4
0	0	-5
1	1	-4
2	4	-1
3	9	4
4	16	11
5	25	20

5. 4번의 $y=x^2+b$의 그래프를 관찰하자. 그래프에서 b의 역할을 기술하시오.

6. 4번에서 만든 이차함수 $y = x^2 + b$의 파일을 수정하거나 ⑬에서 만든 $y = ax^2$ $(a \neq 0)$ 파일을 수정하여 $y = ax^2 + b\,(a \neq 0)$의 그래프 파일을 만드시오.

A	B	C
a값	5	
b값	7	
x	y=x²	y=ax²+b
-5	25	132
-4	16	87
-3	9	52
-2	4	27
-1	1	12
0	0	7
1	1	12
2	4	27
3	9	52
4	16	87
5	25	132

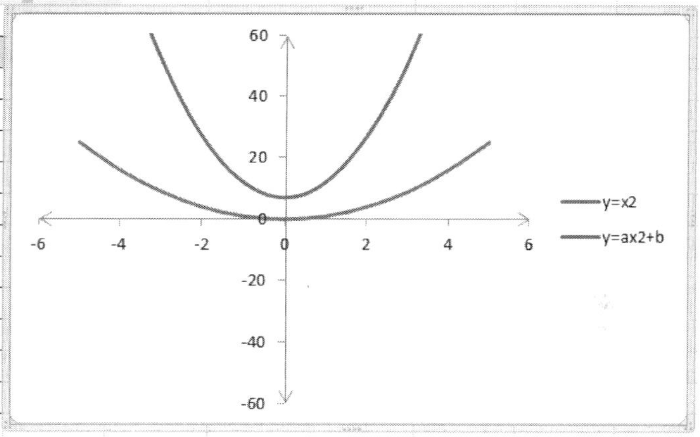

7. 6에서 만든 $y = ax^2 + b\,(a \neq 0)$의 그래프 파일의 스크롤 막대를 움직이며 그래프를 관찰하시오. 그리고 관찰한 그래프를 기록하시오.

8. 이차함수 $y = ax^2 + b\,(a \neq 0)$의 그래프에서 a, b의 역할을 기술하시오.

학생 활동지

1. 앞의 ⑬에서 만든 파일에서 스크롤 막대를 움직여 b값을 -7, -4, -1, 2, 5, 8로 바꾸어 보며, 그래프를 관찰하시오.

2. 1번에서 관찰한 그래프를 함수의 식과 함께 활동지에 적어보시오.

3. $y=100x^2$, $y=200x^2$, $y=-100x^2$, $y=-200x^2$의 그래프는 어떤 모양일지 추측해보시오.

4. 위의 결과를 관찰하여, $y=ax^2$ 그래프의 특징을 적어보시오.

※ (⑬을 수정하여 파일 제공) $y=ax^2+b(a \neq 0)$의 그래프 파일을 이용하여 다음 물음에 답하시오(5-8).

5. $a=-4$로 고정하고 b값 스크롤 막대를 움직여서 그래프의 모양을 관찰하고, 그래프의 특징을 설명하시오.

6. $a=-1$로 고정하고 b값 스크롤 막대를 움직여서 그래프의 모양을 관찰하고, 그래프의 특징을 설명하시오.

7. $a=2$로 고정하고 b값 스크롤 막대를 움직여서 그래프의 모양을 관찰하고, 그래프의 특징을 설명하시오.

8. 지금까지의 결과를 종합하여, 이차함수 $y=ax^2+b(a \neq 0)$의 그래프에서 a, b의 역할을 기술하시오.

마 》 이차함수의 그래프 2: $y=a(x-p)^2+q(a\neq 0)$ 그래프

(1) 정의역이 실수 전체의 집합일 때 $y=ax^2\,(a\neq 0)$의 그래프를 그려보시오.

(2) 정의역이 실수 전체의 집합일 때 $y=a(x-p)^2+q\;(a\neq 0)$의 그래프를 그리시오.

〈파일 제작 절차〉

① 이차함수의 그래프 1의 파일제작 절차 ①~③을 실행하여 a값을 조절하는 스크롤 막대를 만든다.

② ①의 A1:C1 영역과 스크롤 막대를 모두 선택하고 복사(Ctrl+C)와 붙여넣기(Ctrl+V)를 2번 반복한다.

	A	B	C	D
1	a값	8	<	>
2	a값	8	<	>
3	a값	8	<	>

③ A2셀은 'p값', A3셀은 'q값'으로 바꾸어 준다.

④ 스크롤 막대를 복사하였으므로 셀 연결을 바꾸어 주어야 한다. 두 번째 스크롤 막대를 선택하고, 마우스 오른쪽 버튼을 누르면 컨트롤 서식이 팝업된다. 컨트롤 서식에서 [셀 연결]에 'C2'라고 입력한다. p값을 조절하는 스크롤 막대는 0이어도 되므로 [증분 변경]을 '1', [최솟값]을 '0'으로 변경한다.

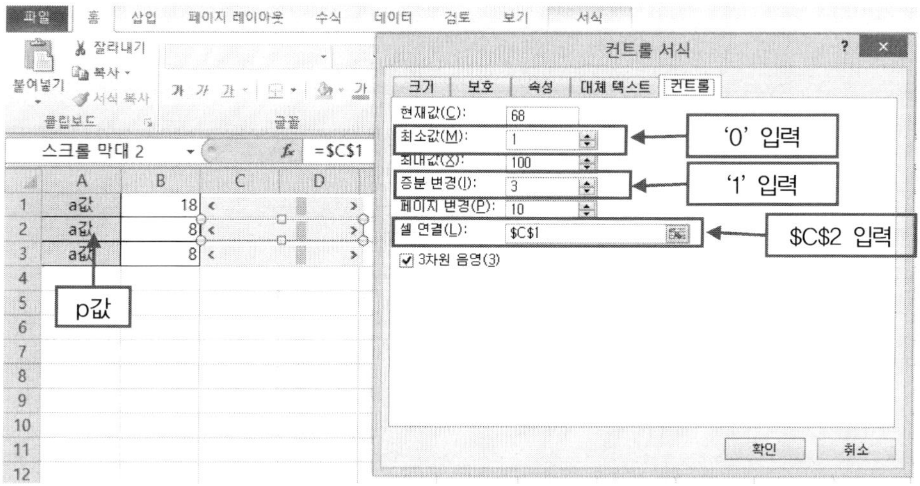

⑤ ③번과 유사하게 수정한다. 세 번째 스크롤 막대를 선택하고, 마우스 오른쪽 버튼을 누르면 컨트롤 서식이 팝업된다. 컨트롤 서식에서 [셀 연결]에 'C3'라고 입력한다. q값을 조절하는 스크롤 막대는 0이어도 되므로 [증분 변경]을 '1', [최솟값]을 '0'으로 변경한다.

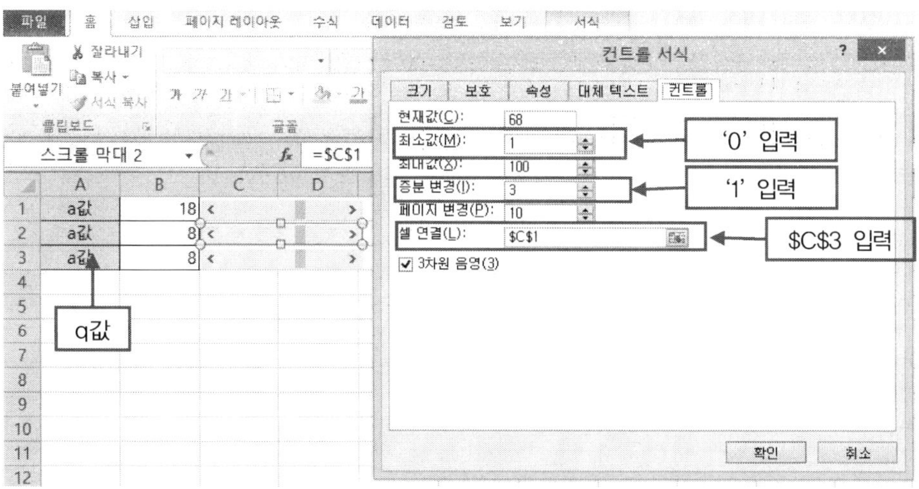

⑥ $\{-5, -4, -3, -2, -1, 0, 1, 2, 3, 4, 5\}$를 정의역으로 하는 함수의 그래프를 그리기 위해 먼저 대응표를 만든다.

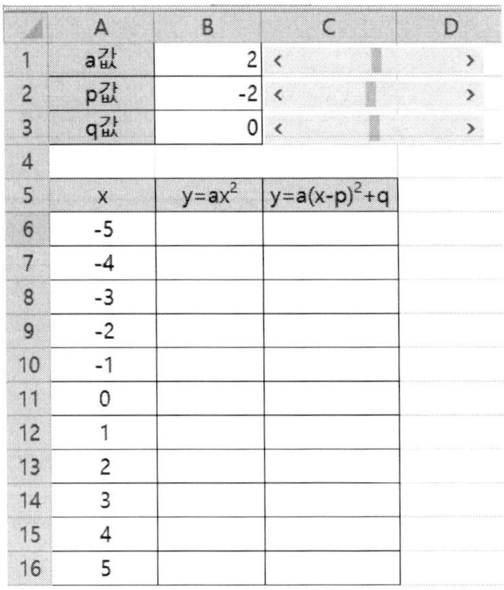

⑦ B6셀에 '=$B$1*A6*A6'를 입력하고 Enter↵ 키를 누른다. 셀의 오른쪽 모서리를 아래로 끌어 자동 채우기를 한다.

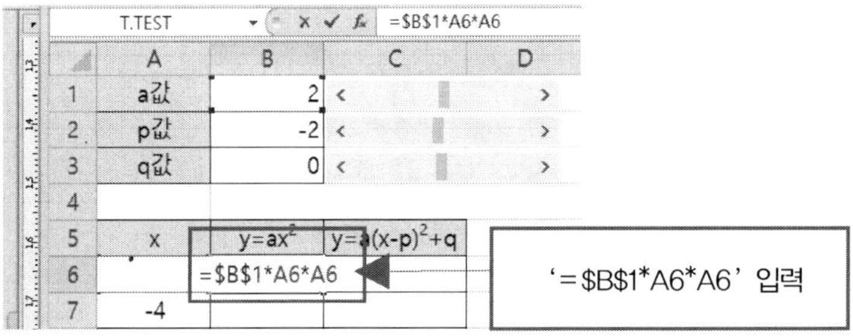

⑧ C6셀에 '=B1*(A6-B2)*(A6-B2)+B3'를 입력하고 Enter↵ 키를 누른다. 셀의 오른쪽 모서리를 아래로 끌어 자동 채우기를 한다.

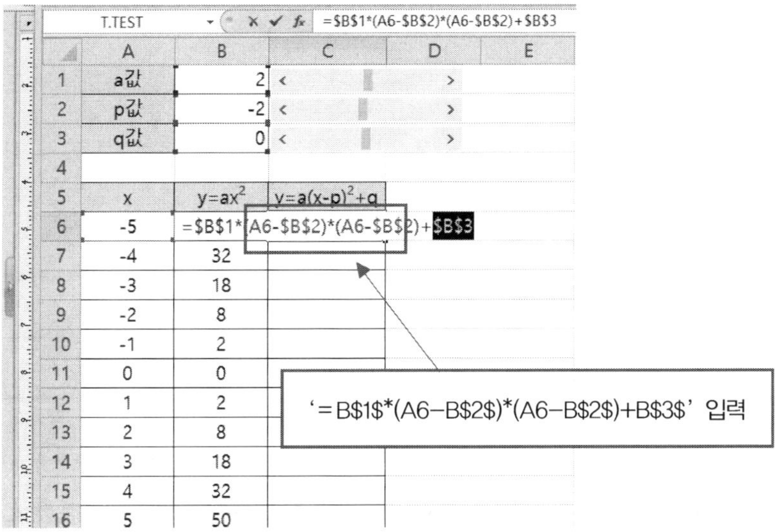

⑨ 영역 A3:C14를 선택한다. [삽입]-[분산형]을 선택하면 다음 그림처럼 5가지 유형이 제시된다. 그 중에서 어느 것을 선택해도 무방하지만, 여기서는 세 번째 [곡선이 있는 분산형]을 선택한다.

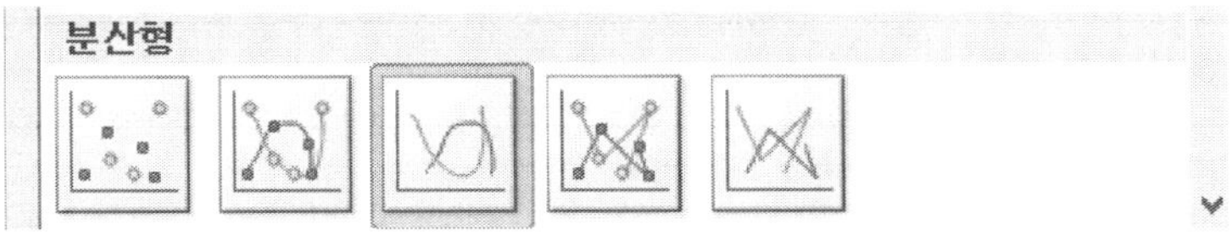

⑩ 화면에 다음과 같이 $y = ax^2$, $y = a(x-p)^2 + q$의 그래프가 표시된다. 스크롤 막대를 움직여서 그래프를 그려보자.

	A	B	C
1	a값	2	
2	p값	4	
3	q값	0	
4			
5	x	y=ax^2	y=a(x-p)^2+q
6	-5	50	162
7	-4	32	128
8	-3	18	98
9	-2	8	72
10	-1	2	50
11	0	0	32
12	1	2	18
13	2	8	8
14	3	18	2
15	4	32	0
16	5	50	2

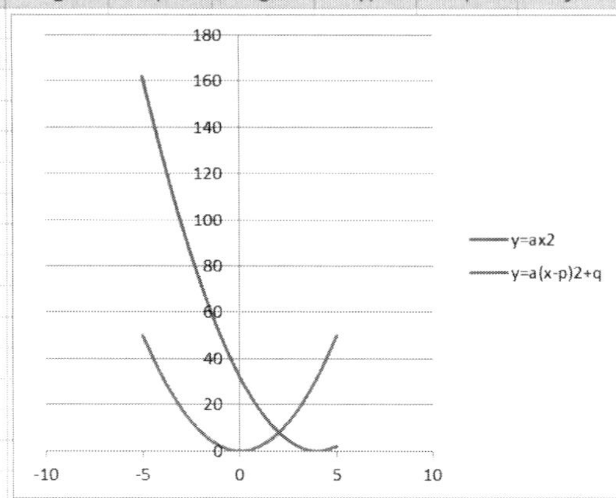

⑪ 위에서 스크롤 막대를 움직일 때마다 좌표축의 범위가 동시에 바뀌어서 그래프의 모양을 비교하기 힘들다. 이러한 문제를 해결하기 위해서 축을 고정하자. y축 위의 눈금을 선택하고 마우스 오른쪽 버튼을 누른다. 메뉴가 나타나고 메뉴의 [축 서식]을 선택한다. y축 위의 글자를 더블 클릭해도 [축 서식]이 나타난다. 최댓값과 최솟값을 자동에서 고정으로 바꾸고 나서, 원하는 숫자를 입력한다.

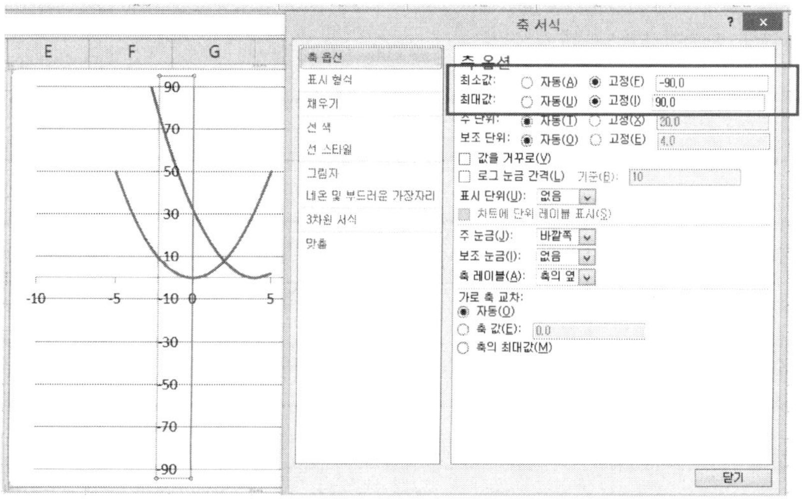

⑫ [축 서식]에서 [선 스타일]-[화살표 설정]-[시작 종류] ([끝 종류])를 차례로 선택하고 원하는 화살표 모양을 고른다. x축에 대해서도 마찬가지로 화살표 모양을 설정한다.

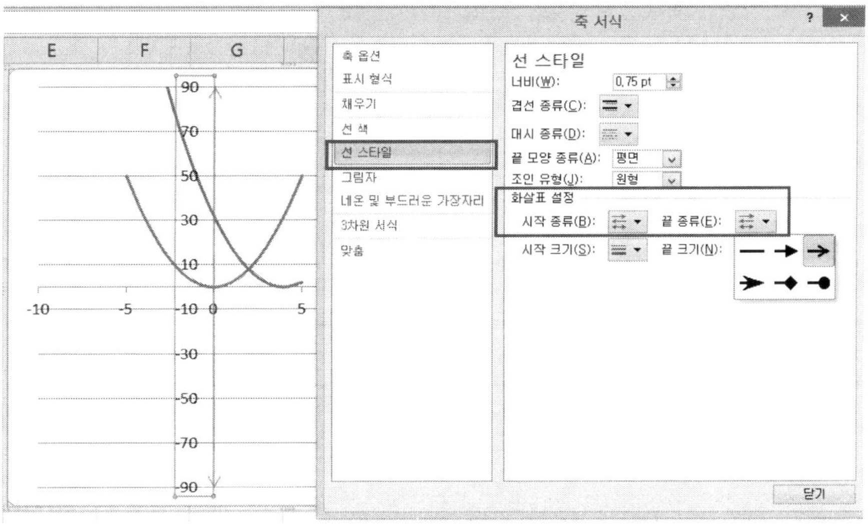

⑬ 세로축 주 눈금선을 선택하고 Del 키를 누른다. ⑪, ⑫의 작업을 하면 그래프의 모양이 중·고등학교 교과서의 그래프와 같게 된다.

1	a값	2	
2	p값	4	
3	q값	0	
4			
5	x	$y=ax^2$	$y=a(x-p)^2+q$
6	-5	50	162
7	-4	32	128
8	-3	18	98
9	-2	8	72
10	-1	2	50
11	0	0	32
12	1	2	18
13	2	8	8
14	3	18	2
15	4	32	0
16	5	50	2

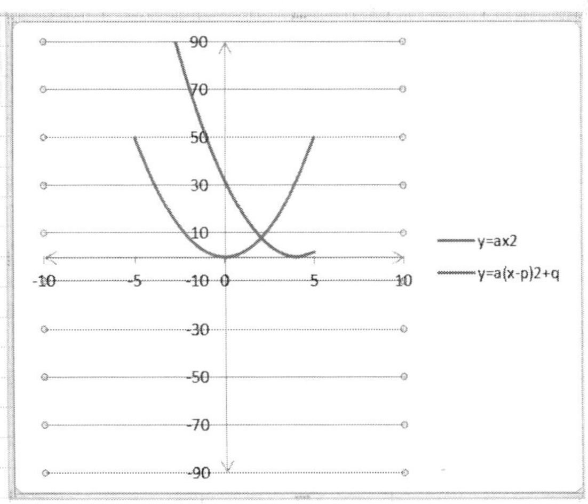

a값	2
p값	4
q값	0

x	$y=ax^2$	$y=a(x-p)^2+q$
-5	50	162
-4	32	128
-3	18	98
-2	8	72
-1	2	50
0	0	32
1	2	18
2	8	8
3	18	2
4	32	0
5	50	2

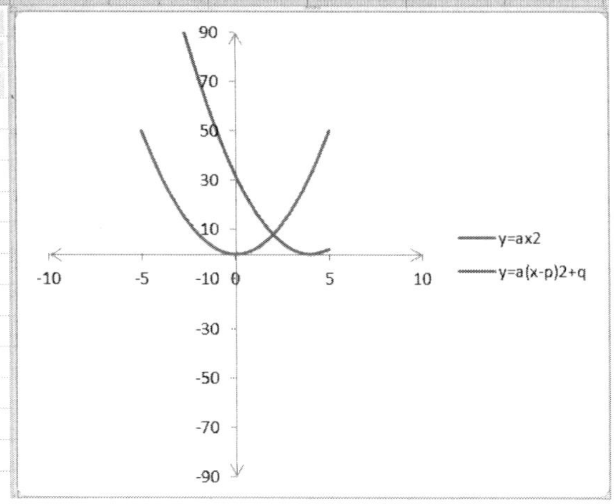

예비교사 활동지

1. 앞의 ⑭에서 완성한 파일에서 스크롤 막대를 움직여서 생긴 그래프를 그리고, 그래프의 식을 적어 넣으시오.

2. $y=(x-p)^2$에서 p의 값이 100, -100일 때의 그래프 모양을 추측하시오.

3. 2번 활동을 정리해서, $y=a(x-p)^2+q$에서 p의 역할을 추측해보시오.

4. $y=a(x-p)^2+q$에서 a, p, q의 역할을 기술하시오.

학생 활동지

1. ⑭에서 만든 파일에서 스크롤 막대를 움직여 a값은 2, q값은 0으로 고정시키고 p값을 -4, -3, -2, -1, 0, 1, 2, 3으로 바꾸어 보며, 그래프를 관찰하시오.

2. 1번에서 관찰한 그래프를 함수의 식과 함께 활동지에 적어보시오.

3. $y=2(x-100)^2$, $y=2(x-200)^2$, $y=-2(x+100)^2$, $y=-2(x+200)^2$의 그래프는 어떤 모양일지 추측해보시오.

4. 위의 결과를 관찰하여, $y=2(x-p)^2$ 그래프의 특징을 적어보시오.

5. $a=-4$, $q=0$으로 고정하고 p값 스크롤 막대를 움직여서 그래프의 모양을 관찰하고, 그래프의 특징을 설명하시오.

6. $a=-1$, $q=0$으로 고정하고 p값 스크롤 막대를 움직여서 그래프의 모양을 관찰하고, 그래프의 특징을 설명하시오.

7. $a=2$, $q=0$으로 고정하고 p값 스크롤 막대를 움직여서 그래프의 모양을 관찰하고, 그래프의 특징을 설명하시오.

8. 지금까지의 결과를 종합하여, 이차함수 $y=a(x-p)^2\,(a\neq 0)$의 그래프에서 a, p의 역할을 기술하시오.

9. $a=2$, $\mathrm{p}=0$로 고정하고 q값 스크롤 막대를 움직여 $\mathrm{q}=-3, -2, -1, 0, 1, 2, 3, \cdots$으로 바꾸어 가면서 그래프의 모양을 관찰하시오. 관찰한 그래프를 그리고 식을 함께 적어 넣으시오.

10. 지금까지의 결과를 종합하여, 이차함수 $y=a(x-\mathrm{p})^2+\mathrm{q}(a \neq 0)$의 그래프에서 a, p, q의 역할을 기술하시오.

바 》 삼각함수의 그래프1: y=sinx 그래프

* 정의역이 실수 전체의 집합일 때 $y = \sin x$의 그래프를 그리시오.

〈파일 제작 절차〉

① $\{0, 30, 60, 90, \cdots, 270, 300, 330, 360\}$을 정의역으로 하는 함수의 그래프를 그리기 위해 먼저 대응표를 만든다.

	A	B
1		
2	x	sinx
3	0	
4	30	
5	60	
6	90	
7	120	
8	150	
9	180	
10	210	
11	240	
12	270	
13	300	
14	330	
15	360	

② 입력창 옆의 함수 입력 아이콘(f_x)을 누르면 [함수 마법사] 창이 뜬다. [범주 선택]-[수학/삼각]-[함수 선택] 수학 관련 함수들이 나타나고 그 중에서 'SIN'을 선택한다.

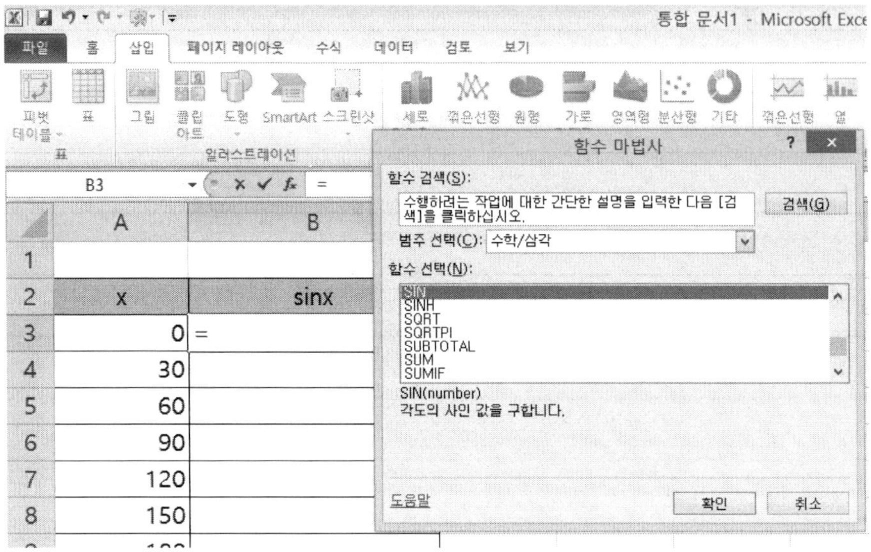

다른 방법으로는 [함수 검색] 창에서 직접 '사인'이라고 입력하면 다음 그림처럼 사인과 관련된 함수가 [함수 선택] 창에 표시된다. 그 중에서 'SIN'을 선택한다.

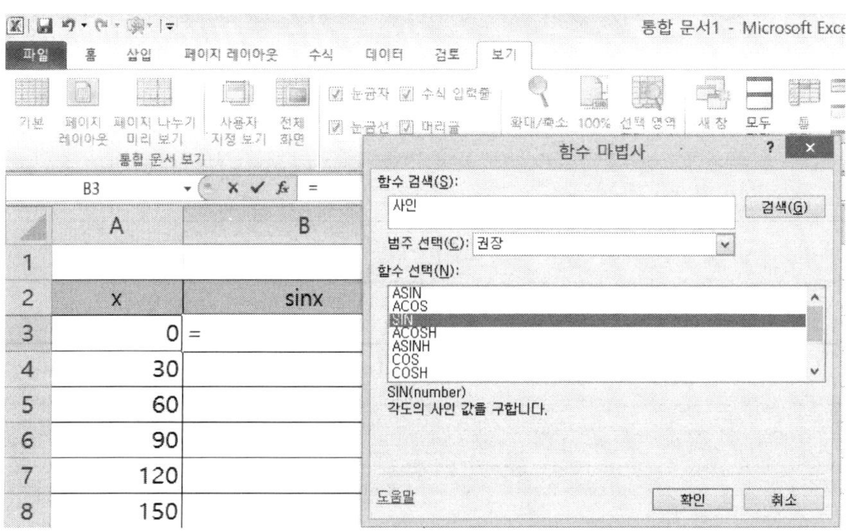

③ 'SIN'을 선택하고, Enter↵ 키를 누른다. 입력창에는 '=SIN( )'라고 표시되고 [함수 인수] 창이 표시된다. 이때 사인함수의 인수는 라디안으로 표시된 각도라는 안내가 표시된다. 따라서 대응표를 만들 때, x값이 60분법인 경우 라디안으로 변환하여 SIN( )함수에 대입해야 한다.

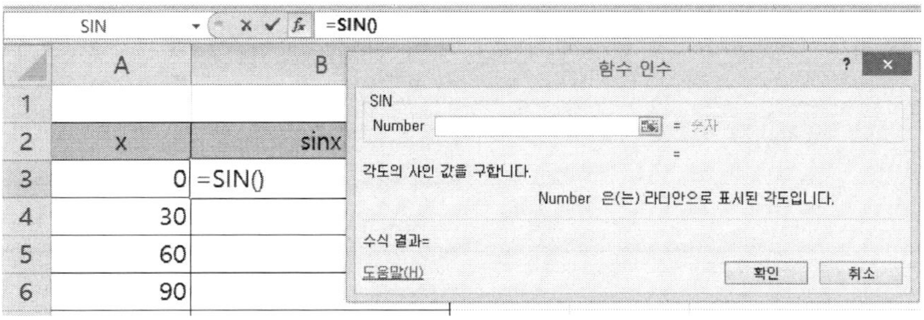

④ 'RADIANS( )'는 60분법을 라디안으로 바꾸는 함수식이다. 따라서 두 함수 SIN( )과 RADIANS( )를 합성한다. B3셀에 '=SIN(RADIANS(A3))'를 입력한다.

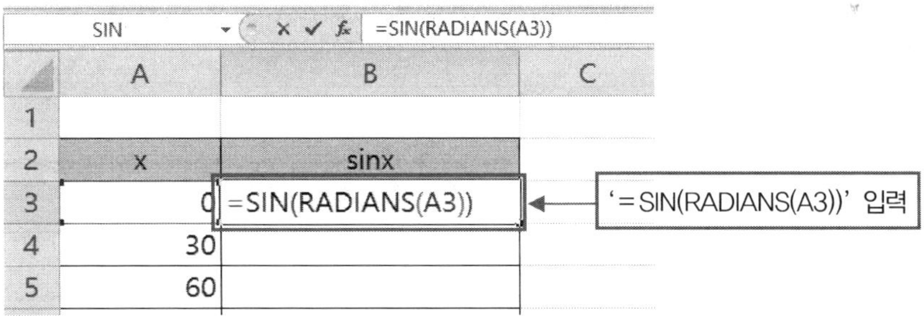

⑤ B3셀의 모서리를 아래로 끌어 대응표를 완성한다.

	A	B
1		
2	x	sinx
3	0	0
4	30	0.5
5	60	0.866025404
6	90	1
7	120	0.866025404
8	150	0.5
9	180	1.22515E-16
10	210	-0.5
11	240	-0.866025404
12	270	-1
13	300	-0.866025404
14	330	-0.5
15	360	-2.4503E-16

⑥ 영역 A2:B15를 선택하고, [삽입]-[차트마법사]-[분산형]-[곡선이 있는 분산형]을 선택한다. 다음 그림과 같이 $y = \sin x$의 그래프가 그려진다.

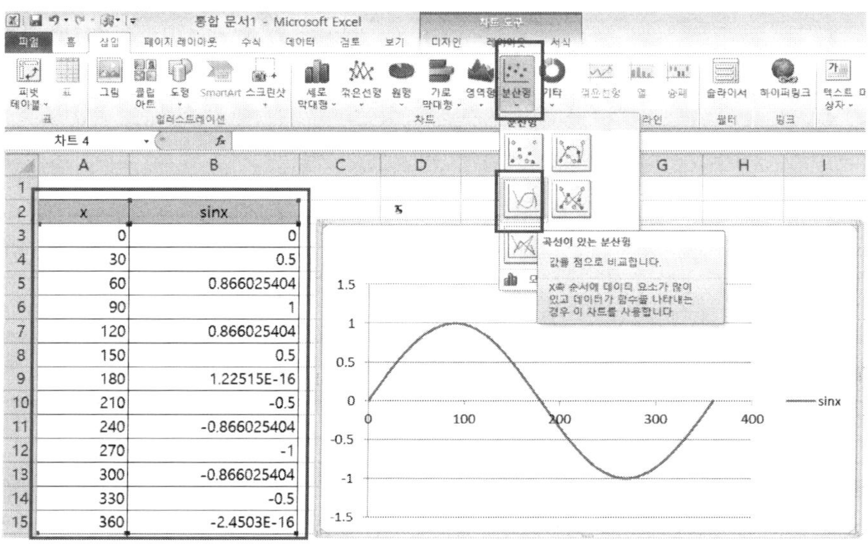

⑦ x축 주 눈금을 선택하고 마우스 오른쪽 버튼을 누른다. 메뉴에서 [축 서식]을 선택한다. 최댓값과 최솟값의 자동을 고정으로 바꾸고 최솟값 '0', 최댓값 '360'을 입력한다. 주 단위도 자동을 고정으로 변경하고 나서 '30'을 입력한다.

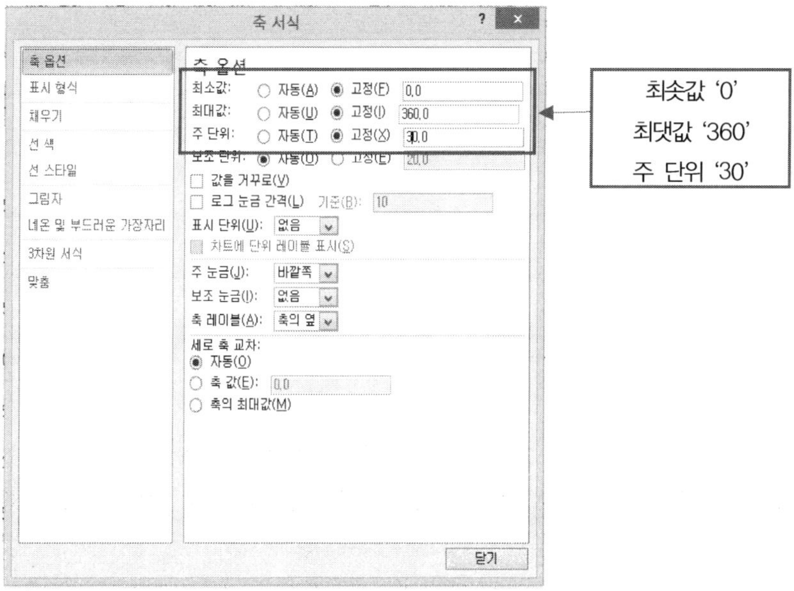

⑧ 다음 그림과 같이 그래프가 그려진다.

	A	B
1		
2	x	sinx
3	0	0
4	30	0.5
5	60	0.866025404
6	90	1
7	120	0.866025404
8	150	0.5
9	180	1.22515E-16
10	210	-0.5
11	240	-0.866025404
12	270	-1
13	300	-0.866025404
14	330	-0.5
15	360	-2.4503E-16

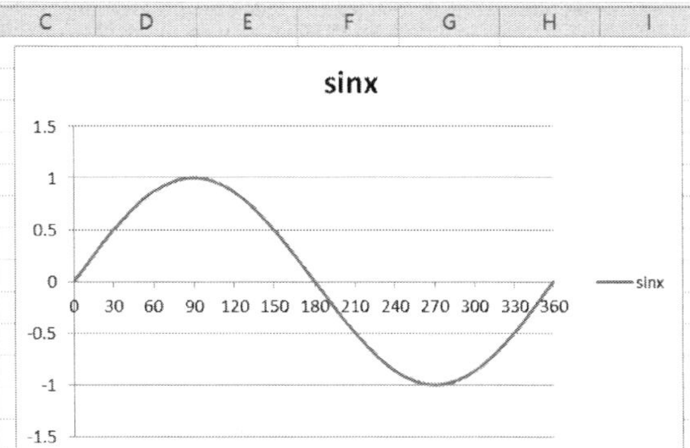

⑨ A15, B15셀을 아래로 끌어 대응표를 확장하자. 대응표를 선택하고, ⑥번처럼 [삽입]-[차트마법사]-[분산형]-[곡선이 있는 분산형]을 선택하여, $y = \sin x$의 그래프를 그리자.

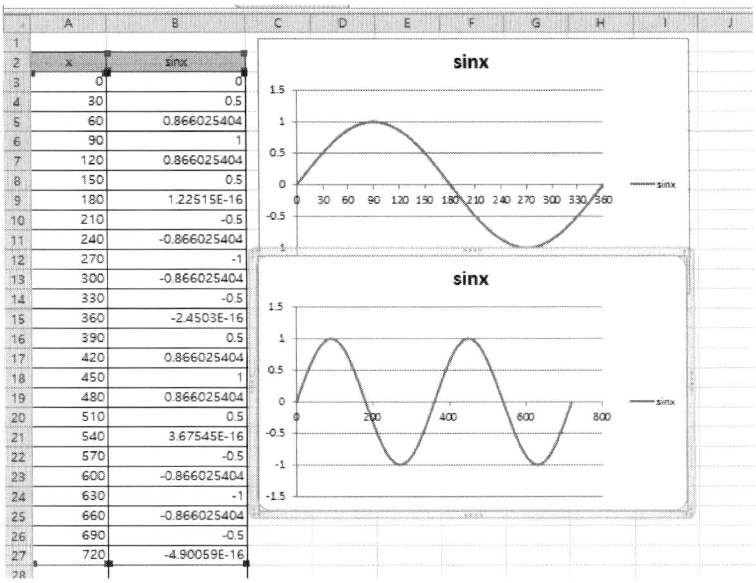

예비교사 활동지

1. ⑧의 워크시트에 나타난 $y=\sin x\,(0^\circ \le x \le 360^\circ)$ 그래프를 그려보시오.

2. 1번의 그래프를 관찰하여 $y=\sin x\,(0^\circ \le x \le 360^\circ)$의 특징을 기술하시오.

3. 앞의 ⑨에서 영역 A2:B27를 선택하고, [삽입]-[차트마법사]-[분산형]-[곡선이 있는 분산형]을 선택하여 $y=\sin x\,(0^\circ \le x \le 720^\circ)$ 그래프를 그린다. 그래프를 다음 좌표평면에 나타내시오.

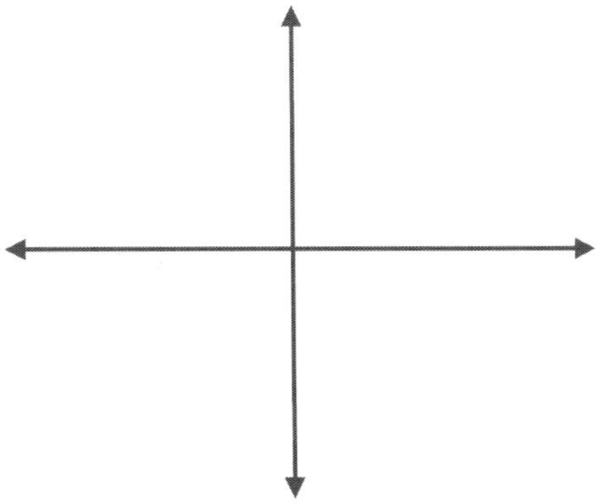

4. 위의 그래프를 관찰하여 $y = \sin x \,(0^\circ \leq x \leq 720^\circ)$의 특징을 기술하시오.

5. 구간 $-180^\circ \leq x \leq 180^\circ$ 에서, $y = \sin x$의 그래프를 추측해서 개형을 그려보시오.

학생 활동지

1. ⑧의 워크시트에 나타난 $y = \sin x\,(0° \le x \le 360°)$ 그래프를 그려보시오.

2. 위의 그래프를 관찰하여 $y = \sin x\,(0° \le x \le 360°)$의 특징을 기술하시오.

- 최댓값:
- $y = \sin x$가 최대일 때의 x값:
- 최솟값:
- $y = \sin x$가 최소일 때의 x값:
- $y = \sin x$의 값의 부호
  - $\sin x > 0$인 x의 범위:
  - $\sin x < 0$인 x의 범위:
- 그래프 개형의 특징(주기, 대칭성 등):

3. ⑨에서 그린 그래프 $y=\sin x$ $(0^\circ \le x \le 720^\circ)$를 관찰하자. 그래프를 다음 좌표 평면에 나타내시오.

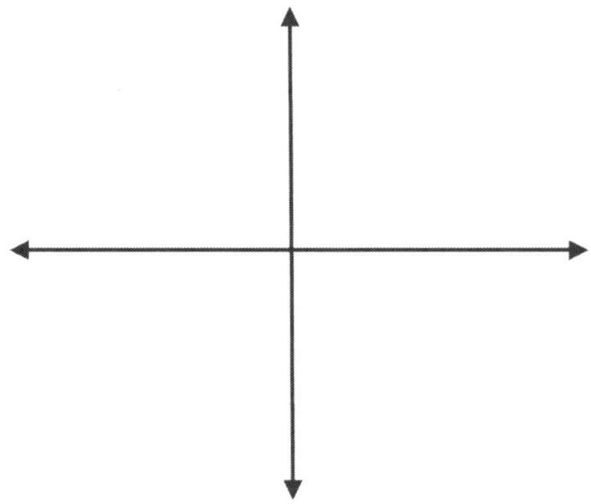

4. 위의 그래프를 관찰하여 $y=\sin x(0^\circ \le x \le 720^\circ)$의 특징을 기술하시오.

- 최댓값:
- $y=\sin x$가 최대일 때의 x값:
- 최솟값:
- $y=\sin x$가 최소일 때의 x값:
- $y=\sin x$의 값의 부호
  - $\sin x > 0$인 x의 범위:
  - $\sin x < 0$인 x의 범위:
- 그래프 개형의 특징(주기, 대칭성 등):

5. 구간 $-180° \le x \le 180°$에서, $y=\sin x$의 그래프를 추측해서 개형을 그려보시오.

사 》 삼각함수의 그래프 2: y=cosx 그래프

* 정의역이 실수 전체의 집합일 때 $y = \cos x$ 의 그래프를 그려보시오.

〈파일 제작 절차〉

① $\{0, 30, 60, 90, \cdots, 270, 300, 330, 360\}$을 정의역으로 하는 함수의 그래프를 그리기 위해 먼저 대응표를 만든다.

	A	B
1		
2	x	cosx
3	0	
4	30	
5	60	
6	90	
7	120	
8	150	
9	180	
10	210	
11	240	
12	270	
13	300	
14	330	
15	360	

② 입력창 옆의 함수 입력 아이콘(fx)을 누르면 [함수 마법사] 창이 뜬다. [범주 선택]-[수학/삼각]-[함수 선택] 수학 관련 함수들이 나타나고 그 중에서 'COS'을 선택한다.

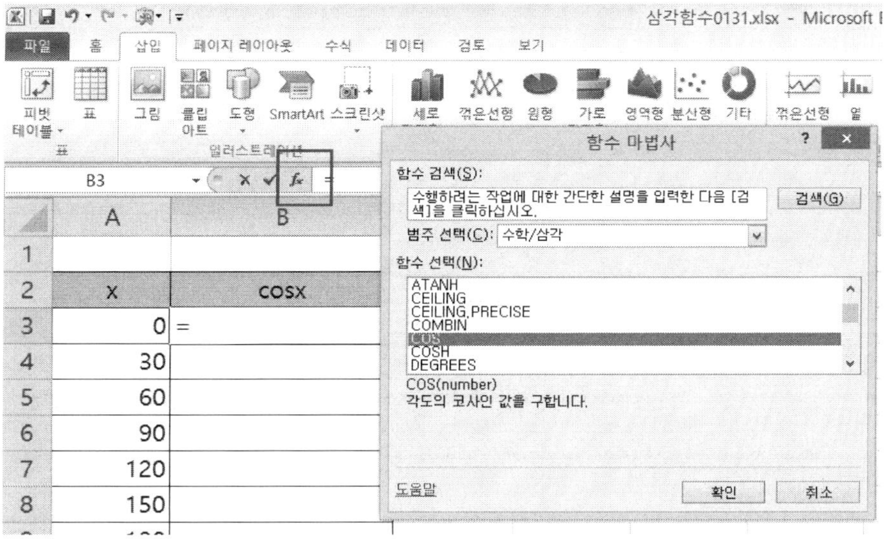

다른 방법으로는 [함수 검색] 창에서 직접 '코사인'이라고 입력하고 검색을 하면 다음 그림처럼 코사인과 관련된 함수가 [함수 선택] 창에 표시된다. 그 중에서 'COS'를 선택한다.

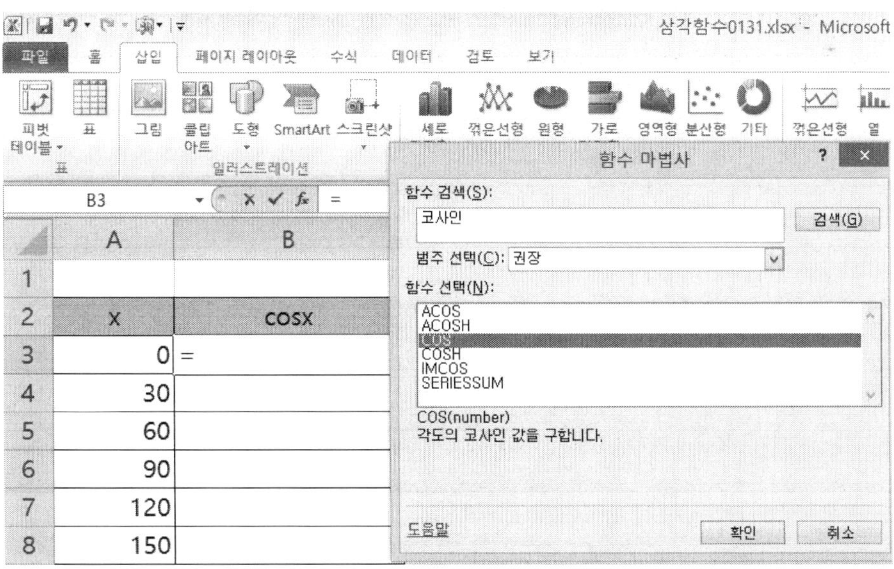

③ 'COS'를 선택하고, Enter↵ 키를 누른다. 입력창에는 '=COS( )'라고 표시되고 [함수 인수] 창이 표시된다. 이때 코사인함수의 인수는 라디안으로 표시된 각도라는 안내가 표시된다. 따라서 대응표를 만들 때, x값이 60분법인 경우 라디안으로 변환하여 COS( ) 함수에 대입해야 한다.

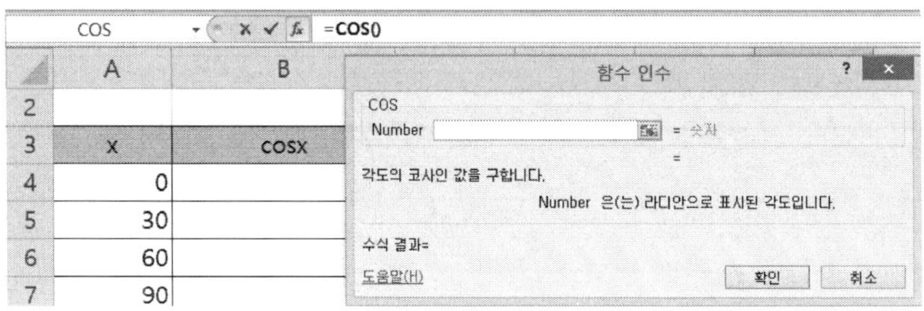

④ 'RADIANS( )'는 60분법을 라디안으로 바꾸는 함수식이다. 따라서 두 함수 COS( )과 RADIANS( )을 합성한다. B3셀에 '=COS(RADIANS(A3))'를 입력한다.

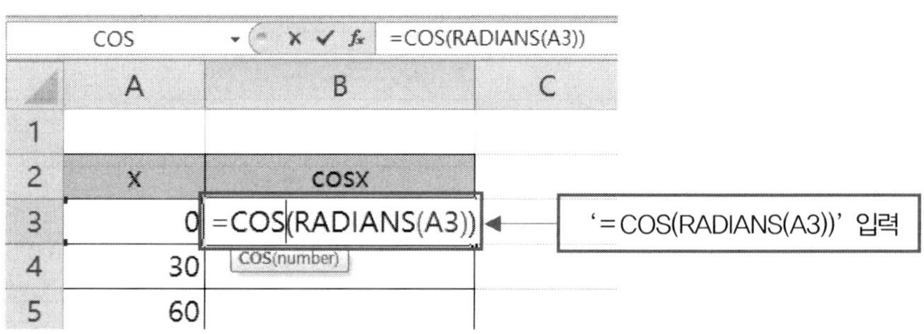

⑤ B3셀의 모서리를 아래로 끌어 대응표를 완성한다.

	A	B
1		
2	x	cosx
3	0	1
4	30	0.866025404
5	60	0.5
6	90	6.12574E-17
7	120	-0.5
8	150	-0.866025404
9	180	-1
10	210	-0.866025404
11	240	-0.5
12	270	-1.83772E-16
13	300	0.5
14	330	0.866025404
15	360	1

⑥ 영역 A2:B15를 선택하고, [삽입]-[차트마법사]-[분산형]-[곡선이 있는 분산형]을 선택한다. 다음 그림과 같이 $y = \cos x$의 그래프가 그려진다.

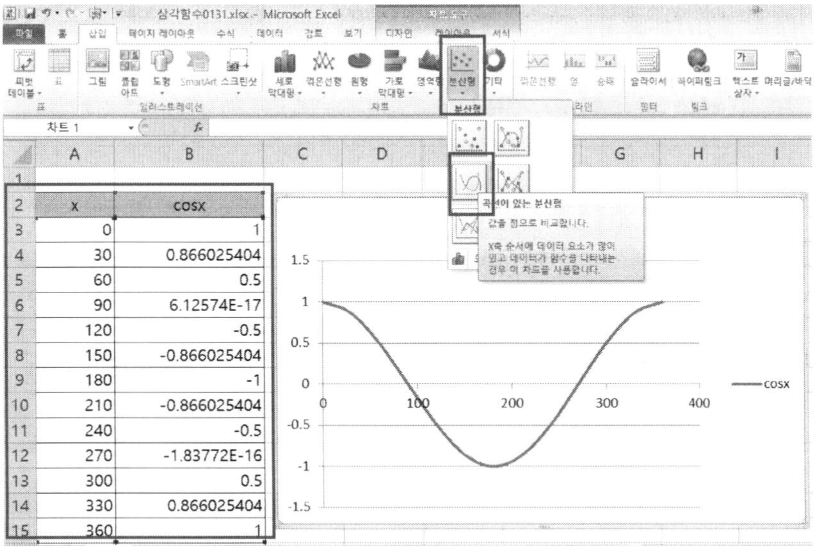

⑦ x축 주 눈금을 선택하고 마우스 오른쪽 버튼을 누른다. 메뉴에서 [축 서식]을 선택한다. 최댓값과 최솟값의 자동을 고정으로 바꾸고 최솟값에 '0', 최댓값에 '360'을 입력한다. 주 단위도 자동을 고정으로 변경하고 나서 '30'을 입력한다.

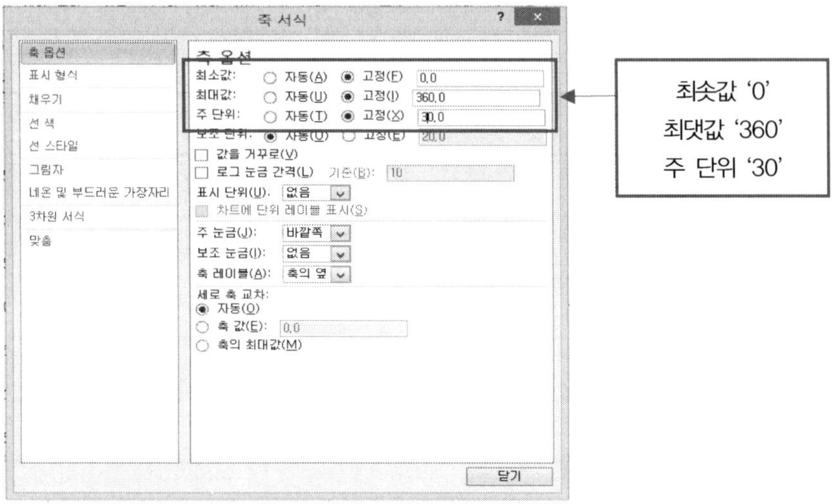

⑧ 다음 그림과 같이 그래프가 그려진다.

x	cosx
0	1
30	0.866025404
60	0.5
90	6.12574E-17
120	-0.5
150	-0.866025404
180	-1
210	-0.866025404
240	-0.5
270	-1.83772E-16
300	0.5
330	0.866025404
360	1

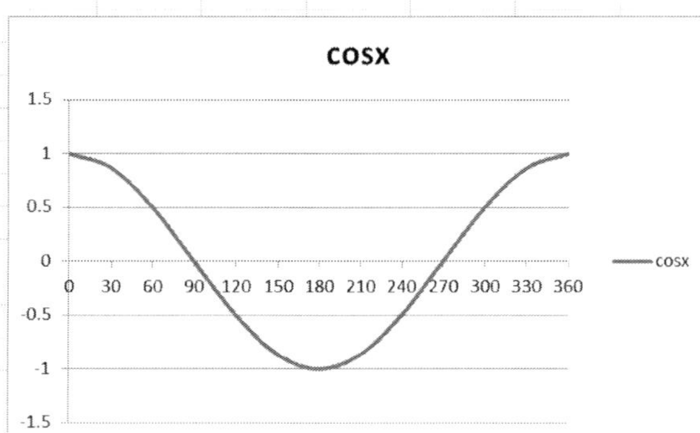

⑨ A15, B15셀을 아래로 끌어 대응표를 확장하자. 대응표를 선택하고, ⑥번처럼 [삽입]-[차트마법사]-[분산형]-[곡선이 있는 분산형]을 선택하여, $y = \cos x$의 그래프를 그리자.

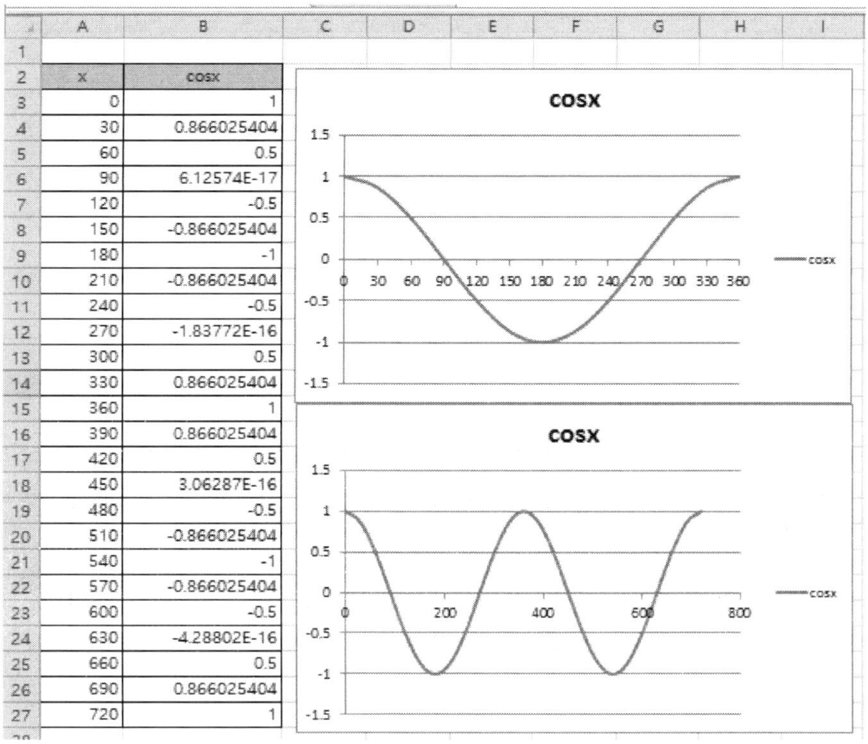

x	cosx
0	1
30	0.866025404
60	0.5
90	6.12574E-17
120	-0.5
150	-0.866025404
180	-1
210	-0.866025404
240	-0.5
270	-1.83772E-16
300	0.5
330	0.866025404
360	1
390	0.866025404
420	0.5
450	3.06287E-16
480	-0.5
510	-0.866025404
540	-1
570	-0.866025404
600	-0.5
630	-4.28802E-16
660	0.5
690	0.866025404
720	1

예비교사 활동지

1. ⑧의 워크시트에 나타난 $y = \cos x\,(0° \le x \le 360°)$ 그래프를 그려보시오.

2. 위의 그래프를 관찰하여 $y = \cos x\,(0° \le x \le 360°)$의 특징을 기술하시오.

3. ⑧의 대응표의 A15, B15를 아래로 끌어서 A27, B27까지 자동 채우기를 하시오. 영역 A2:B27를 선택하고, [삽입]-[차트마법사]-[분산형]-[곡선이 있는 분산형]을 선택하여 $y = \cos x\,(0° \le x \le 720°)$ 그래프를 그린다. 그래프를 다음 좌표평면에 나타내시오.

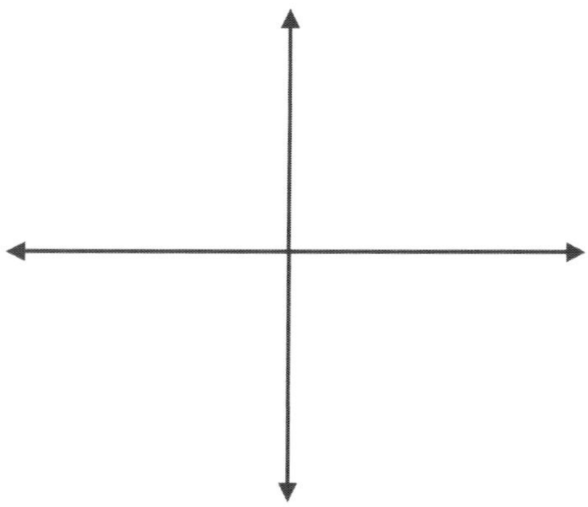

4. 위의 그래프를 관찰하여 $y = \cos x\,(0^\circ \le x \le 720^\circ)$의 특징을 기술하시오.

5. 구간 $-180^\circ \le x \le 180^\circ$ 에서, $y = \cos x$의 그래프를 추측해서 개형을 그려보시오.

학생 활동지

1. ⑧의 워크시트에 나타난 $y = \cos x\,(0^\circ \le x \le 360^\circ)$ 그래프를 그려보시오.

2. 위의 그래프를 관찰하여 $y = \cos x\,(0^\circ \le x \le 360^\circ)$의 특징을 기술하시오.

- 최댓값:
- $y = \cos x$가 최대일 때의 x값:
- 최솟값:
- $y = \cos x$가 최소일 때의 x값:
- $y = \cos x$의 값의 부호
  - $\cos x > 0$인 x의 범위:
  - $\cos x < 0$인 x의 범위:
- 그래프 개형의 특징(주기, 대칭성 등):

3. ⑨에서 그린 그래프 $y = \cos x\,(0^\circ \le x \le 720^\circ)$를 관찰하자. 그래프를 다음 좌표평면에 나타내시오.

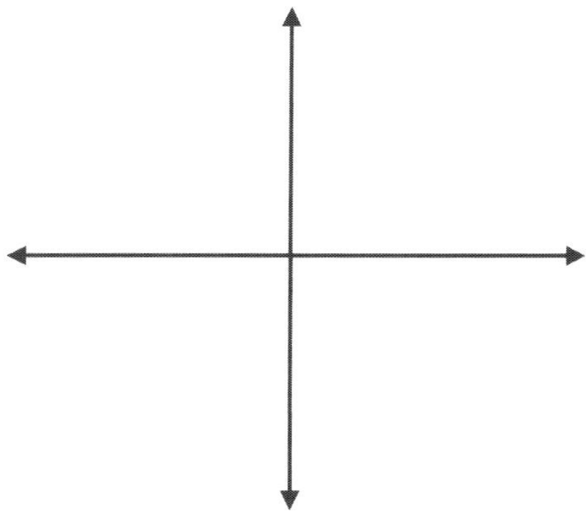

4. 위의 그래프를 관찰하여 $y = \sin x\,(0^\circ \le x \le 720^\circ)$의 특징을 기술하시오.

- 최댓값:
- $y = \cos x$가 최대일 때의 x값:
- 최솟값:
- $y = \cos x$가 최소일 때의 x값:
- $y = \cos x$의 값의 부호
  - $\cos x > 0$인 x의 범위:
  - $\cos x < 0$인 x의 범위:
- 그래프 개형의 특징(주기, 대칭성 등):

5. 구간 $-180° \le x \le 180°$ 에서 $y = \cos x$ 의 그래프를 추측해서 개형을 그려보시오.

아 》 삼각함수의 그래프3 : y=tanx 그래프

* 정의역이 실수 전체의 집합일 때 $y=\tan x$의 그래프를 그려보시오.

〈파일 제작 절차〉

① $\{0,\ 1,\ 2,\ 3,\ \cdots,\ 358,\ 359,\ 360\}$을 정의역으로 하는 함수의 그래프를 그리기 위해 먼저 대응표를 만든다.

	A	B
1		
2	x	tanx
3	0	
4	1	
5	2	
6	3	
7	4	
8	5	
359	356	
360	357	
361	358	
362	359	
363	360	

② 입력창 옆의 함수 입력 아이콘(fx)을 누르면 [함수 마법사] 창이 뜬다. [범주 선택]-[수학/삼각]-[함수 선택] 수학 관련 함수들이 나타나고 그 중에서 'TAN'을 선택한다.

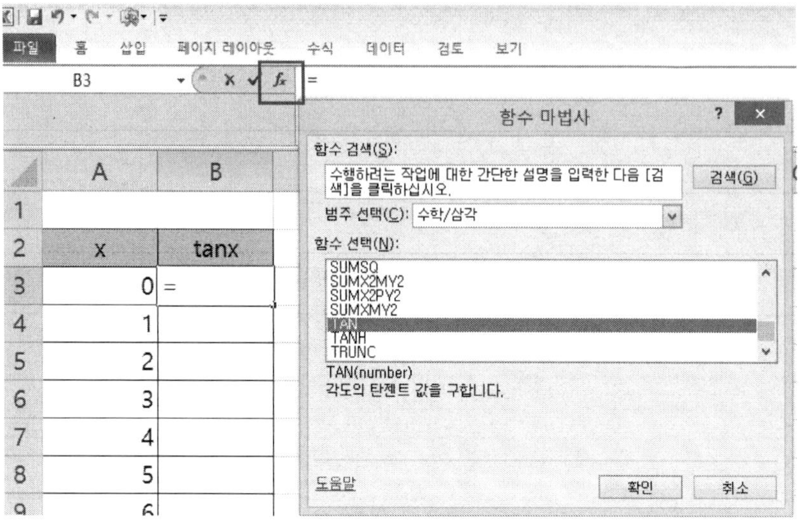

다른 방법으로는 메뉴에서 [수식]-[수학/삼각]을 선택하면 다음 그림과 같이 수학 함수들이 표시되고 그중에서 'TAN'을 선택한다.

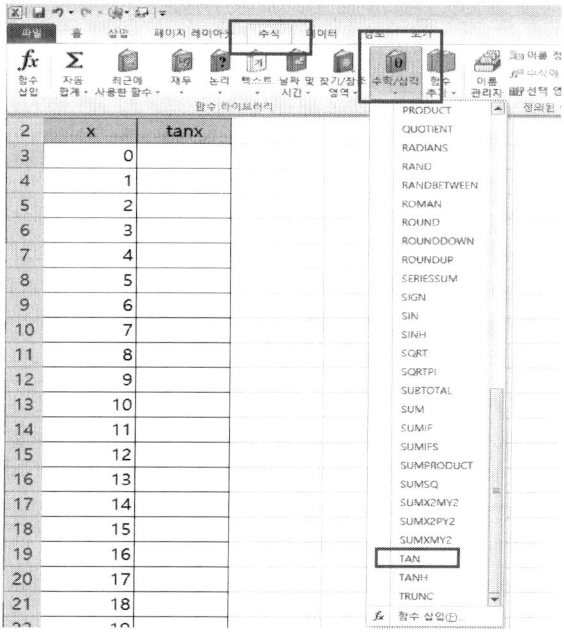

③ 입력창에 '=TAN( )'라고 표시되고 [함수 인수] 창이 표시된다. 이때 탄젠트 함수의 인수는 라디안으로 표시된 각도라는 안내가 표시된다. 따라서 대응표를 만들 때, x값이 60분법인 경우 라디안으로 변환하여 TAN( )함수에 대입해야 한다.

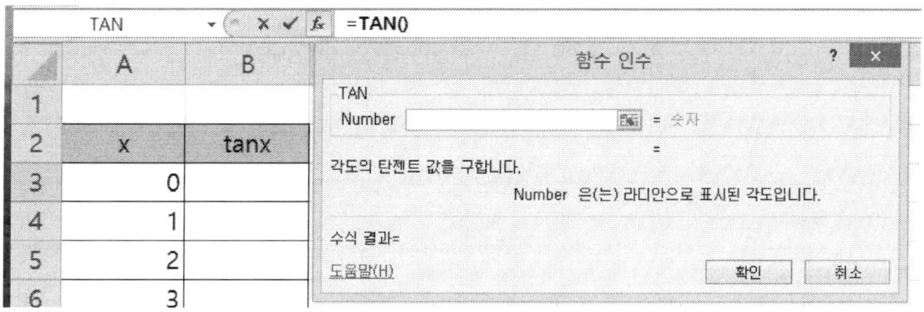

④ 'RADIANS( )'는 60분법을 라디안으로 바꾸는 함수식이다. 따라서 두 함수 TAN( )과 RADIANS( )를 합성한다. B3셀에 '=TAN(RADIANS(A3))'를 입력한다.

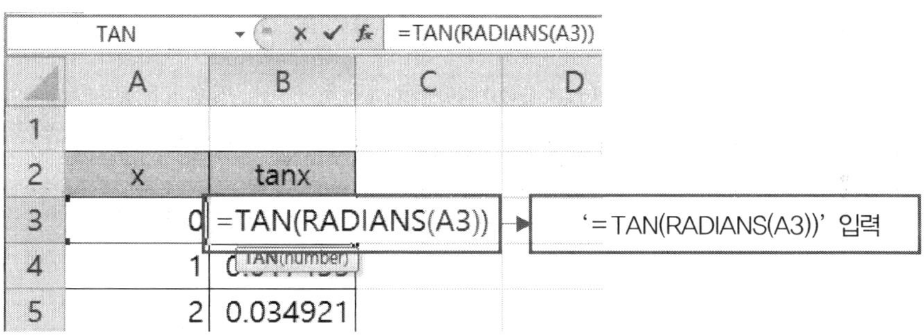

⑤ B3셀의 모서리를 아래로 끌어 대응표를 완성한다.

	A	B
1		
2	x	tanx
3	0	0
4	1	0.017455
5	2	0.034921
6	3	0.052408
7	4	0.069927
8	5	0.087489
359	356	-0.06993
360	357	-0.05241
361	358	-0.03492
362	359	-0.01746
363	360	-2.5E-16

⑥ 영역 A2:B363을 선택하고, [삽입]-[차트마법사]-[분산형]-[곡선이 있는 분산형]을 선택한다. 다음 그림과 같이 $y=\tan x$의 그래프가 그려진다.

⑦ y축 주 눈금을 선택하고 마우스 오른쪽 버튼을 누른다. 메뉴에서 [축 서식]을 선택한다. 최댓값과 최솟값의 자동을 고정으로 바꾸고 최솟값 '-30', 최댓값 '30'을 입력한다.

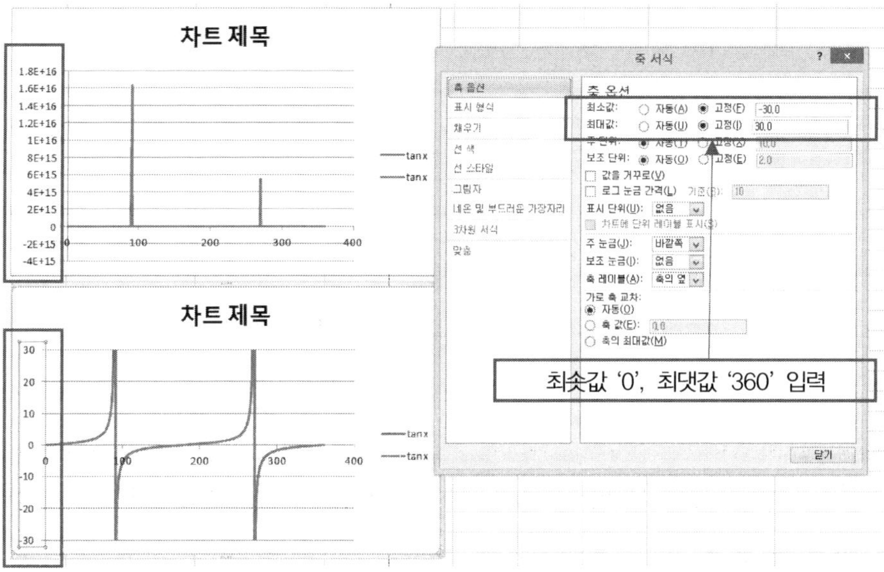

⑧ 위 그림과 같이 그래프가 그려진다. 90°, 270°일 때의 그래프가 부자연스럽다. 대응표를 살펴보자. 대응표에서 90°, 270°에 대한 TAN 값이 무한대이고 양수에서 음수로 바뀌므로 둘을 연결시키면 안 된다는 것을 알 수 있다. 따라서 x의 구간을 3개로 나누어 그래프를 다시 그리자.

92	89	57.28996	272	269	57.28996
93	90	1.63E+16	273	270	5.44E+15
94	91	-57.29	274	271	-57.29
95	92	-28.6363	275	272	-28.6363

⑨ 영역 A2:B94를 선택하고, [삽입]-[차트마법사]-[분산형]-[곡선이 있는 분산형]을 선택한다. 다음 그림과 같이 $y=\tan x$의 그래프가 그려진다. 그래프 위에서 마우스 오른쪽 버튼을 누르고 메뉴에서 [데이터 선택]을 클릭한다.

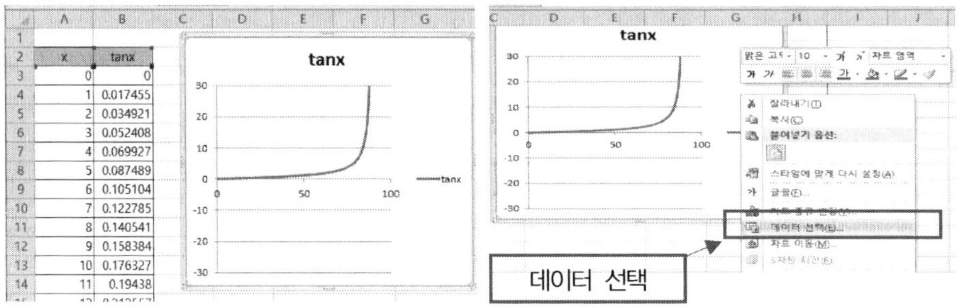

⑩ 데이터 원본 선택에서 [범례 항목]-[추가]를 선택하면, [계열 편집] 창이 뜬다.

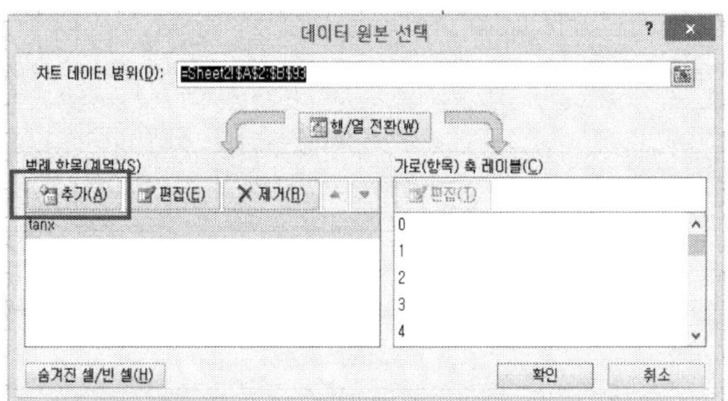

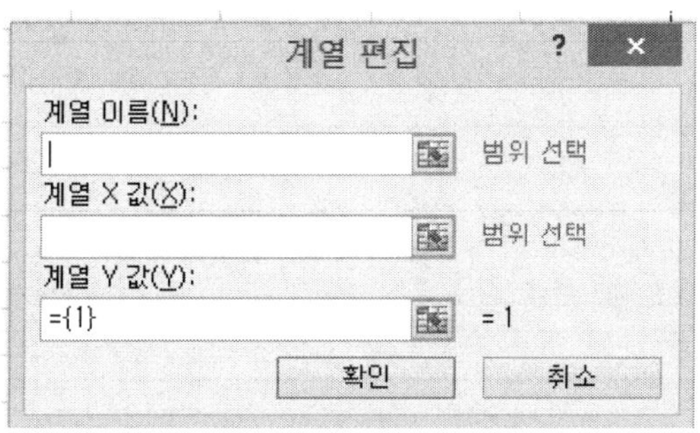

⑪ [계열 편집]에는 [계열 이름], [계열 X값], [계열 Y값] 3개의 입력창이 뜬다. [계열 이름]에는 원하는 대로 입력하면 되는데, 예를 들어, '$\tan x$(2, 3사분면)'이라고 입

력한다. [계열 X값]에는 입력창을 클릭한 후 대응표에서 영역 A94:A273을 선택하면 자동 입력된다. 유사하게, [계열 Y값]은 입력창을 클릭한 후 대응표에서 영역 B94:B273을 선택하면 자동 입력된다. 확인을 누르면 다음과 같이 그래프가 추가된다.

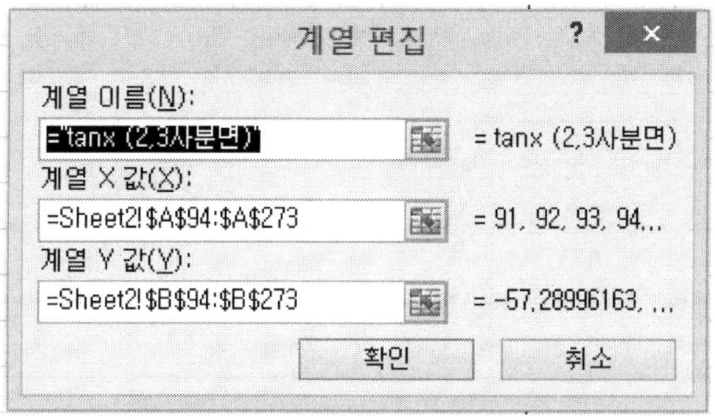

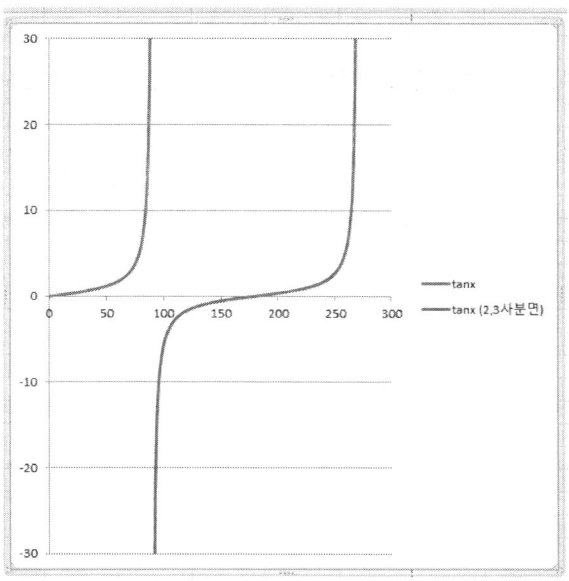

⑫ 위 ⑨, ⑩을 실행하고 나면 [계열 편집] 창이 뜬다. [계열 편집]에는 [계열 이름], [계열 X값], [계열 Y값] 3개의 입력창이 뜬다. [계열 이름]에는 원하는 대로 입력하면 되는데, 예를 들어, '$\tan x$(4사분면)'이라고 입력하자. [계열 X값]에는 입력창

을 클릭한 후 대응표에서 영역 A274:A363을 선택하면 자동 입력된다. 유사하게, [계열 Y값]은 입력창을 클릭한 후 대응표에서 영역 B274:B363을 선택하면 자동 입력된다. 확인을 누르면 다음과 같이 [범례 항목]에 tan$x$(4사분면)이 추가된 것을 볼 수 있다. 확인을 누르면 그래프가 추가된다.

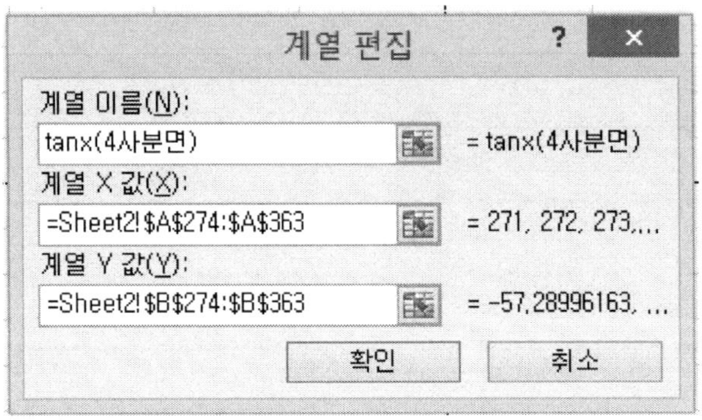

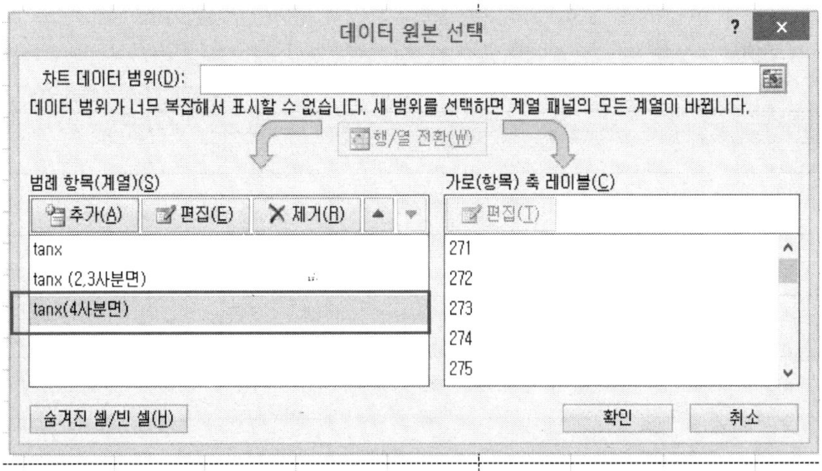

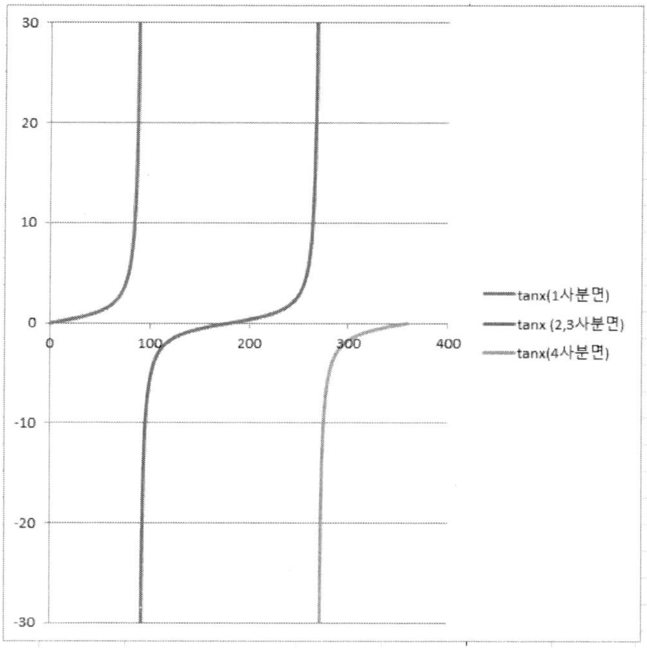

⑬ 위의 그래프의 가로축 눈금을 바꾸자. 가로축 눈금을 선택하고, [축 서식]을 고정으로 바꾸고 '90'을 입력한다.

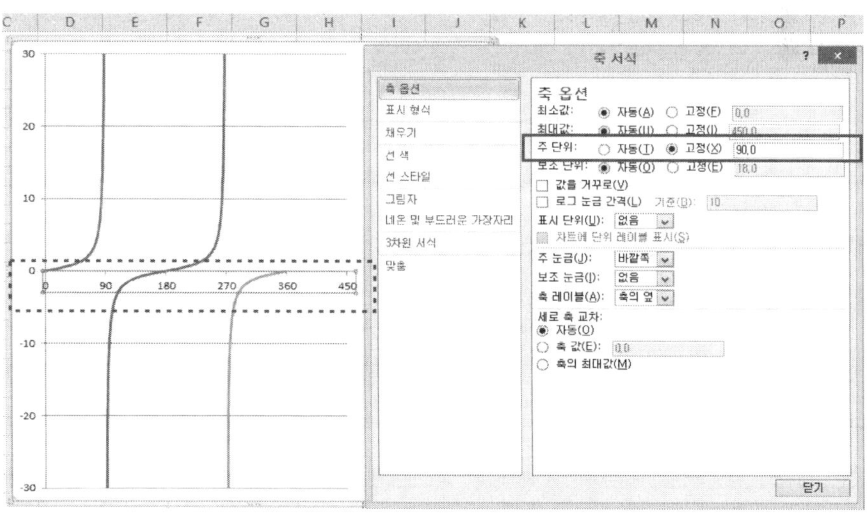

⑭ 이제 점근선을 그리자. 점근선의 식이 $x=90$, $x=270$이므로 두 식을 나타내는 대응표를 만들자. 대응표는 $x=90$은 점 (90, 30), (90, 0), (90, −30)을 입력하여 만들고, $x=270$은 점 (270, 30), (270, 0), (270, −3)을 입력하여 만든다. ⑨, ⑩을 실행하면, [계열 편집] 창이 나타난다. [계열 이름]에는 '$x=90$'이라고 입력한다. [계열 X값]에는 입력창을 클릭한 후 대응표에서 영역 D3:D5를 선택하면 자동 입력된다. 유사하게, [계열 Y값]은 입력창을 클릭한 후 대응표에서 영역 E3:E5를 선택하면 자동 입력된다. 확인을 누르면 다음과 같이 [범례 항목]에 '$x=9$'가 추가된 것을 볼 수 있다. 확인을 누르면 그래프가 추가된다.

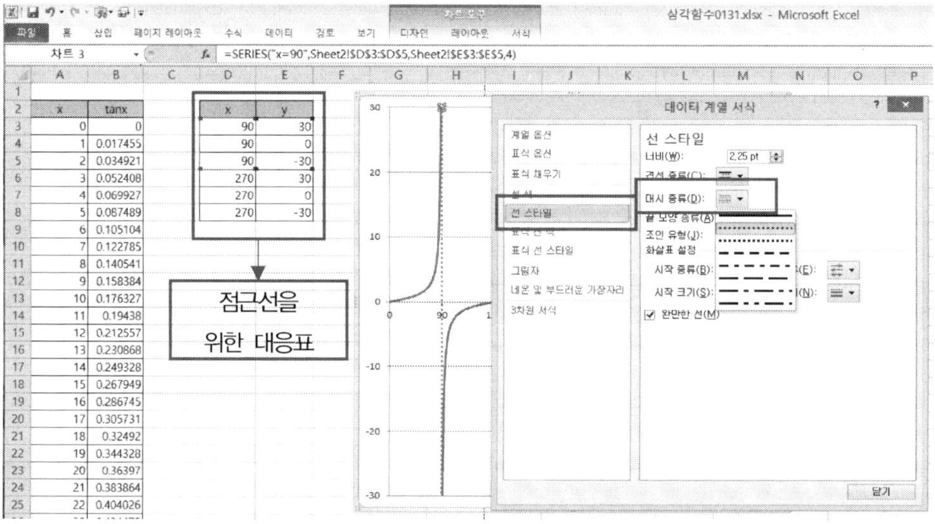

⑮ 점근선을 점선으로 바꾸자. 점근선을 선택하고 마우스 오른쪽을 눌러 메뉴에서 [데이터 계열 서식]을 선택한다. [선 스타일]-[대시 종류]에서 점선을 택한다.

⑯ ⑭과 유사하게 점근선 $x=270$을 그래프에 삽입할 수 있다. 다음과 같이 그래프가 생긴다. 그래프의 y축은 숫자인데 반해 x축은 도(°) 단위이므로 글상자를 이용하여 단위를 적어 넣는다.

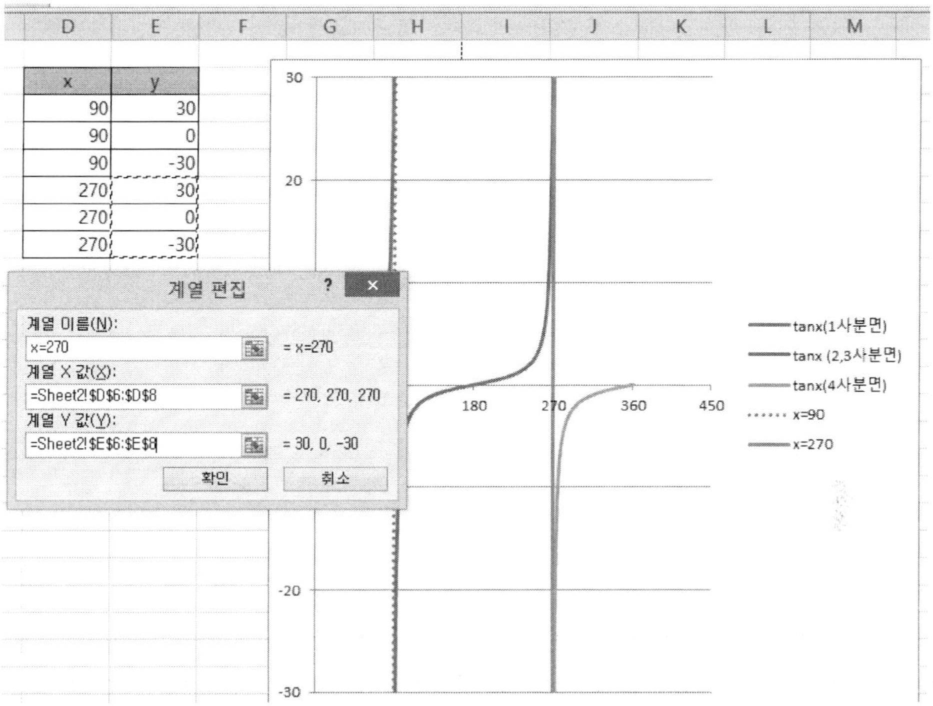
D E F G H I J K L M
x y
90 30
90 0
90 -30
270 30
270 0
270 -30
계열 편집
계열 이름(N):
x=270
= x=270
계열 X 값(X):
=Sheet2!$D$6:$D$8
= 270, 270, 270
계열 Y 값(Y):
=Sheet2!$E$6:$E$8
= 30, 0, -30
확인
취소
tanx(1사분면)
tanx (2,3사분면)
tanx(4사분면)
x=90
x=270

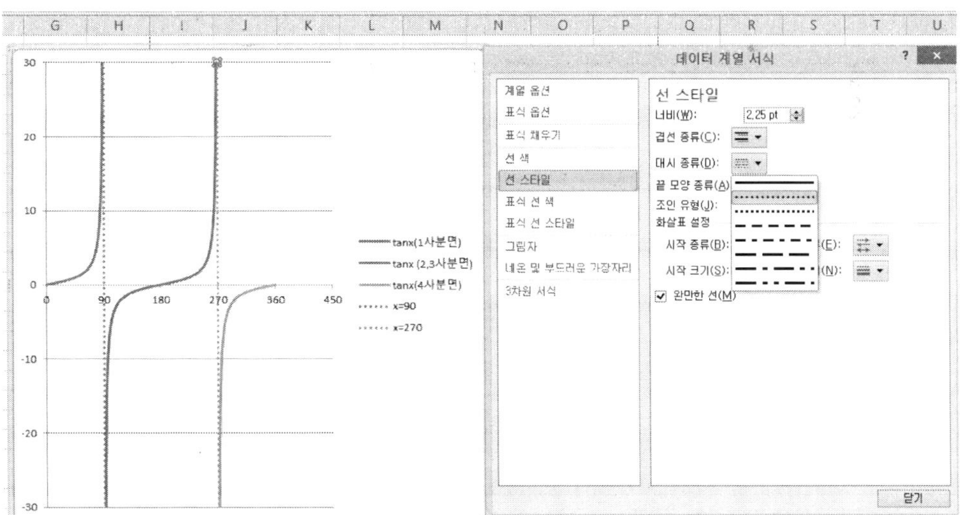
tanx(1사분면)
tanx (2,3사분면)
tanx(4사분면)
x=90
x=270
데이터 계열 서식
계열 옵션
표식 옵션
표식 채우기
선 색
선 스타일
표식 선 색
표식 선 스타일
그림자
네온 및 부드러운 가장자리
3차원 서식
선 스타일
너비(W):
2.25 pt
겹선 종류(C):
대시 종류(D):
끝 모양 종류(A)
조인 유형(J):
화살표 설정
시작 종류(B):
시작 크기(S):
완만한 선(M)
닫기

예비교사 활동지

1. ⑯의 워크시트에 나타난 $y=\tan x\,(0^\circ \le x \le 360^\circ)$ 그래프를 그려보시오.

2. 1번의 그래프를 관찰하여 $y=\tan x\,(0^\circ \le x \le 360^\circ)$의 특징을 기술하시오.

3. ⑤의 대응표에서 A363, B363셀을 아래로 끌어서 A723, B723셀까지 자동 채우기를 하시오. ⑨~⑯의 방법과 유사하게 대응표의 증가된 부분을 삽입하여 $y=\tan x$ $(0^\circ \le x \le 720^\circ)$ 그래프를 완성하시오. 완성된 그래프를 다음 좌표평면에 나타내시오.

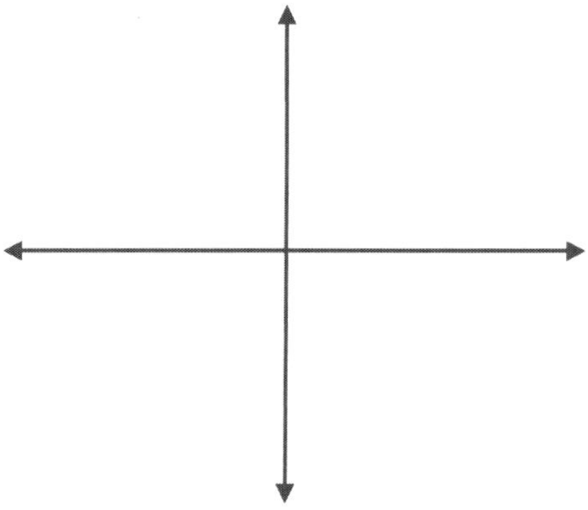

4. 위의 그래프를 관찰하여 $y = \tan x\,(0^\circ \le x \le 720^\circ)$의 특징을 기술하시오.

5. 구간 $-180^\circ \le x \le 180^\circ$ 에서 $y = \tan x$의 그래프를 추측해서 개형을 그려보시오.

학생 활동지

1. ⑮의 워크시트에 나타난 $y = \tan x\,(0° \le x \le 360°)$ 그래프를 그려보시오.

2. 위의 그래프를 관찰하여 $y = \tan x\,(0° \le x \le 360°)$의 특징을 기술하시오.

- 최댓값:
- $y = \tan x$가 최대일 때의 x값:
- 최솟값:
- $y = \tan x$가 최소일 때의 x값:
- $y = \tan x$의 값의 부호
  - $\tan x > 0$인 x의 범위:
  - $\tan x < 0$인 x의 범위:
- 그래프 개형의 특징(주기, 대칭성 등):

* 예비교사 활동지 3번에서 만든 $y = \tan x\,(0^\circ \le x \le 720^\circ)$ 그래프 파일을 학생들에게 제공하자.

3. $y = \tan x\,(0^\circ \le x \le 720^\circ)$의 그래프를 관찰하자. 그래프를 다음 좌표평면에 나타내시오.

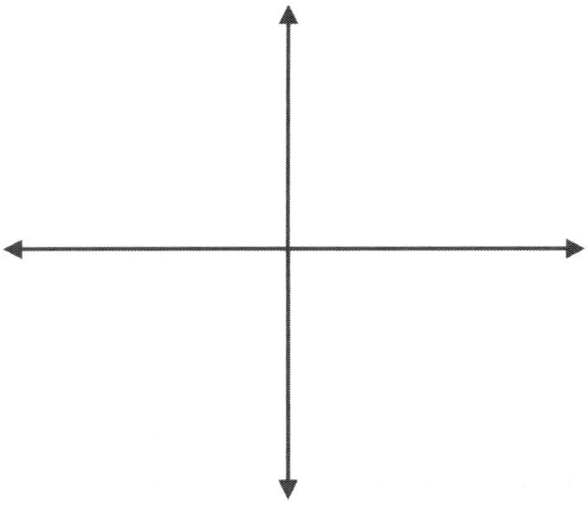

4. 위의 그래프를 관찰하여 $y = \tan x\,(0^\circ \le x \le 720^\circ)$의 특징을 기술하시오.

- 최댓값:
- $y = \tan x$가 최대일 때의 x값:
- 최솟값:
- $y = \tan x$가 최소일 때의 x값:
- $y = \tan x$의 값의 부호
  - $\tan x > 0$인 x의 범위:
  - $\tan x < 0$인 x의 범위:
- 그래프 개형의 특징(주기, 대칭성 등):

5. 구간 $-180° \le x \le 180°$ 에서, $y = \tan x$의 그래프를 추측해서 개형을 그려보시오.

자 》 삼각함수의 그래프 4: y=asinb(x−c)(a≠0)그래프

* 정의역이 실수 전체의 집합일 때 $y=a\sin b(x-c)\,(a\neq 0)$의 그래프를 그려보시오.

〈파일 제작 절차〉

① [컨트롤 삽입]-[양식 컨트롤]-[스크롤 막대] 순서대로 선택하면 작업창에 스크롤 막대가 표시된다.

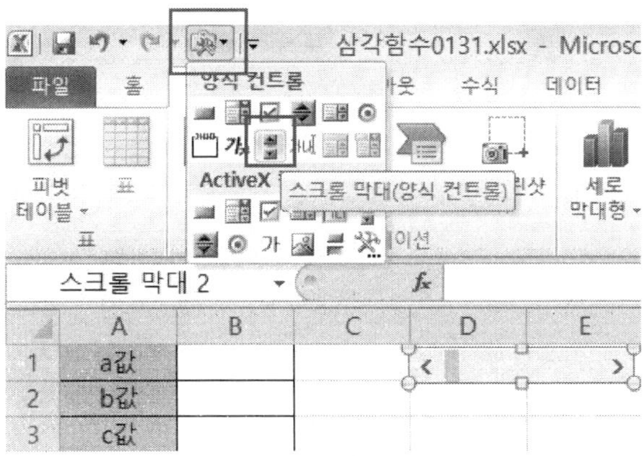

② 마우스 오른쪽 버튼을 누르고, 메뉴에서 컨트롤 서식을 선택한다.

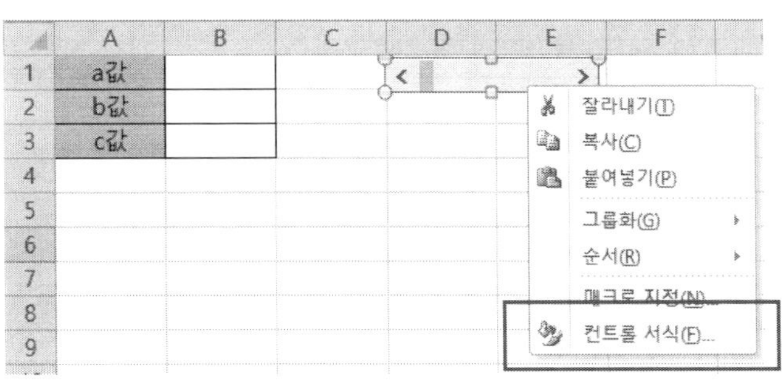

③ a값이 -3부터 3까지의 정수값을 갖도록 하기 위해, C1셀은 0부터 6까지의 정수값을 갖도록 컨트롤 서식을 조정한다. 컨트롤 서식에서 최솟값에 '0', 최댓값에 '6', 셀 연결에 '$C$1'을 입력한다.

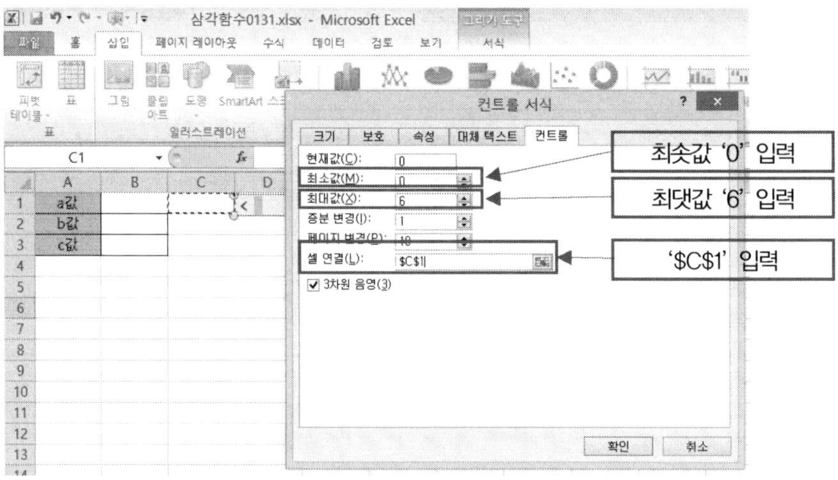

④ B1셀에 '=C1-3'이라고 입력한다. 스크롤 막대를 움직이면 B1셀의 값이 -3에서 3까지의 정수값을 갖는다.

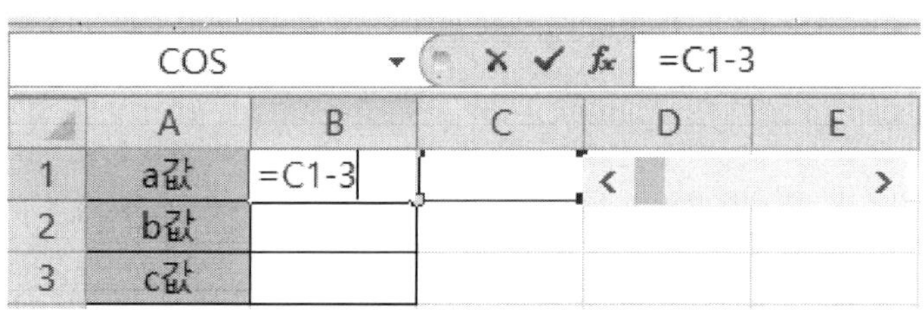

⑤ 위의 스크롤 막대를 복사한 후 b값이 1부터 6까지의 정수값을 갖도록 컨트롤 서식을 변경한다. 컨트롤 서식에서 최솟값에 '1', 최댓값에 '6', 셀 연결에 '$B$2'을 입력한다.

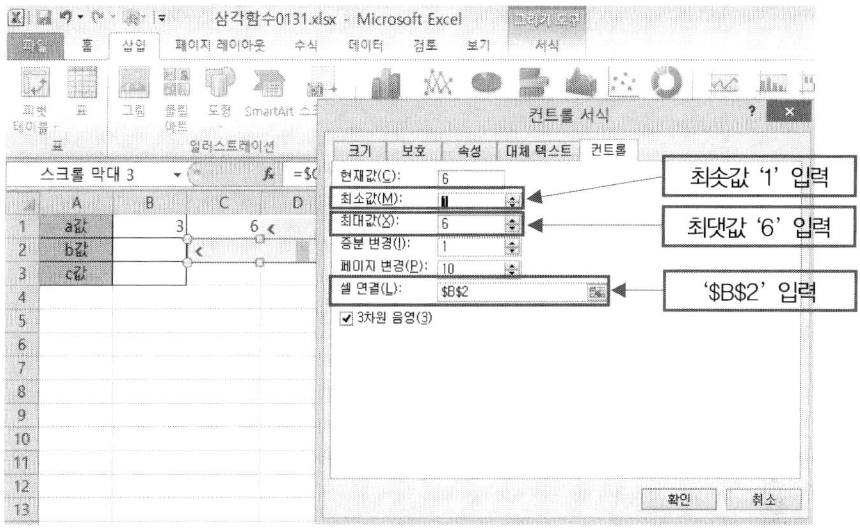

⑥ 위의 스크롤 막대를 복사한 후 c값이 −360부터 360까지의 정수값을 갖도록 컨트롤 서식을 변경한다. 컨트롤 서식에서 최솟값에 '0', 최댓값에 '720', 증분 변경에 '30', 그리고 셀 연결에 '$C$3'를 입력한다.

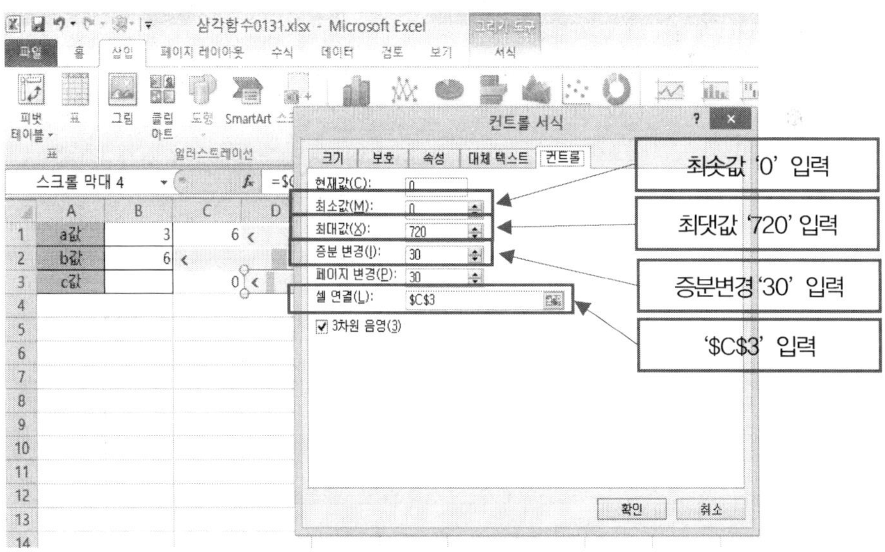

⑦ B3셀에 '=C3-360'이라고 입력한다. 스크롤 막대를 움직이면 B3셀의 값이 −360에서 360까지의 정수값을 갖는다.

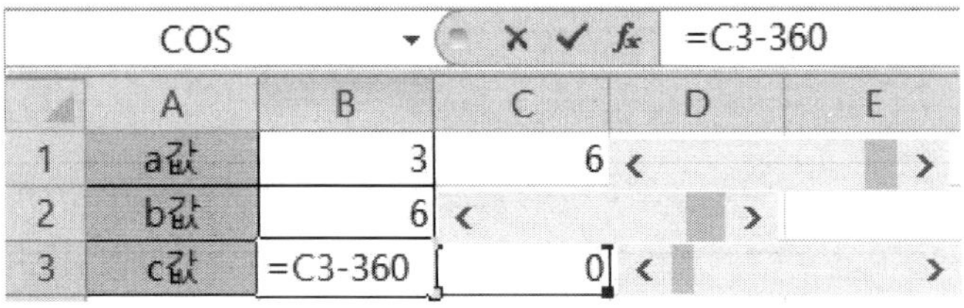

⑧ C1, C3셀의 값이 보이면 혼란을 주므로 첫 번째와 세 번째 스크롤 막대를 선택하여 셀 위로 옮긴다. 이때 다음과 같은 메뉴가 나오면 '여기로 이동'을 선택한다.

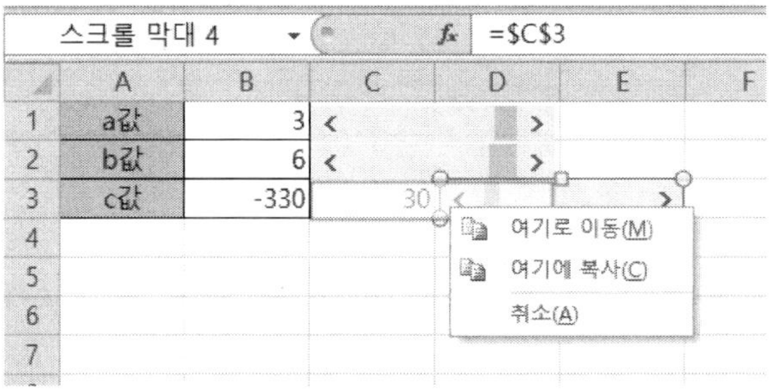

⑨ {0, 30, 60, 90, ⋯, 270, 300, 330, 360}을 정의역으로 하는 함수의 그래프를 그리기 위해 먼저 대응표를 만든다. B6에는 '=SIN(RADIANS(B6))'을 입력하고, C6에는 '=$B$1*SIN($B$2*(RADIANS(A6-$B$3)))'을 입력한다.

	A	B	C	D
1	a값	1		
2	b값	3		
3	c값	0		
4				
5	x°	sinx	asinb(x-c)	
6	0	0	0	
7	30	0.5	1	
8	60	0.8660254	1.22515E-16	
9	90	1	-1	
10	120	0.8660254	-2.4503E-16	
11	150	0.5	1	
12	180	1.2251E-16	3.67545E-16	
13	210	-0.5	-1	
14	240	-0.8660254	-4.90059E-16	
15	270	-1	1	
16	300	-0.8660254	6.12574E-16	
17	330	-0.5	-1	
18	360	-2.45E-16	-7.35089E-16	

'=SIN(RADIANS(B6))' 입력

'=$B$1*SIN($B$2(RADIANS(A6−$B$3))' 입력

⑩ 영역 A5:C18을 선택하고, [삽입]-[차트마법사]-[분산형]-[곡선이 있는 분산형]을 선택한다. 다음 그림과 같이 $y=\sin x$, $y=a\sin b(x-c)$의 그래프가 그려진다. $a=1$로 고정시키고 b값 스크롤 막대를 움직이면 그래프 모양이 바뀌는데 다음 그림은 $b=3$과 $b=5$일 때의 그래프이다.

	A	B	C
1	a값	1	
2	b값	3	
3	c값	0	
4			
5	x°	sinx	asinb(x-c)
6	0	0	0
7	30	0.5	1
8	60	0.8660254	1.22515E-16
9	90	1	-1
10	120	0.8660254	-2.4503E-16
11	150	0.5	1
12	180	1.2251E-16	3.67545E-16
13	210	-0.5	-1
14	240	-0.8660254	-4.90059E-16
15	270	-1	1
16	300	-0.8660254	6.12574E-16
17	330	-0.5	-1
18	360	-2.45E-16	-7.35089E-16

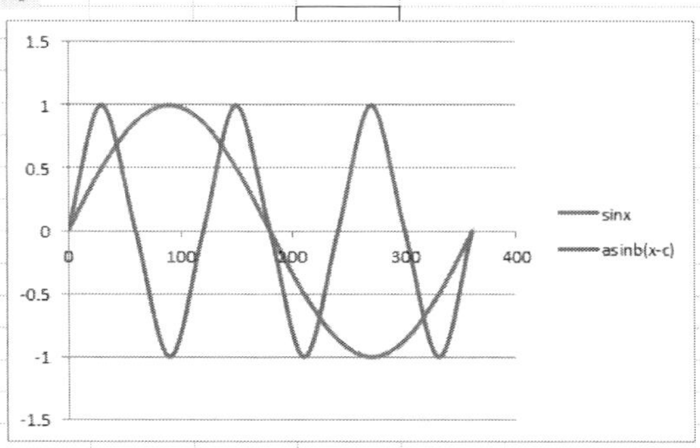

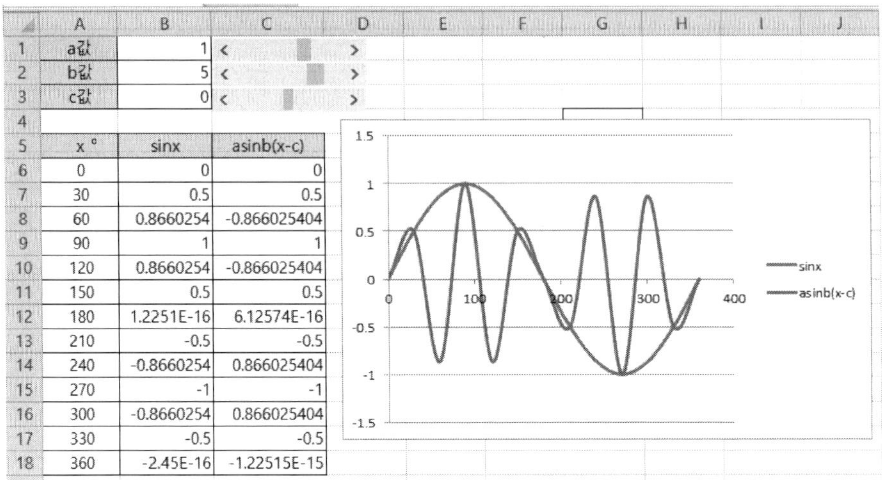

	A	B	C
1	a값	1	
2	b값	5	
3	c값	0	
4			
5	x °	sinx	asinb(x-c)
6	0	0	0
7	30	0.5	0.5
8	60	0.8660254	-0.866025404
9	90	1	1
10	120	0.8660254	-0.866025404
11	150	0.5	0.5
12	180	1.2251E-16	6.12574E-16
13	210	-0.5	-0.5
14	240	-0.8660254	0.866025404
15	270	-1	-1
16	300	-0.8660254	0.866025404
17	330	-0.5	-0.5
18	360	-2.45E-16	-1.22515E-15

⑪ $a=1$, $b=5$일 때의 그래프 개형이 잘못되었다. 원인은 x값의 간격이 크기 때문이다. 이를 수정하기 위해서 대응표를 보완하자. A7셀에 '1'를 대입하고 A6, A7을 동시에 선택하고 아래로 끌어 A366까지 자동 채우기를 한다. B18, C18 셀을 아래로 끌어 B366, C366 셀까지 자동 채우기를 한다. 영역 A5:C366을 선택하고 [삽입]-[차트마법사]-[분산형]-[곡선이 있는 분산형]을 선택하여 그래프를 그린다. 다음 그림과 같이 $y=\sin x$, $y=a\sin b(x-c)$의 그래프가 그려진다.

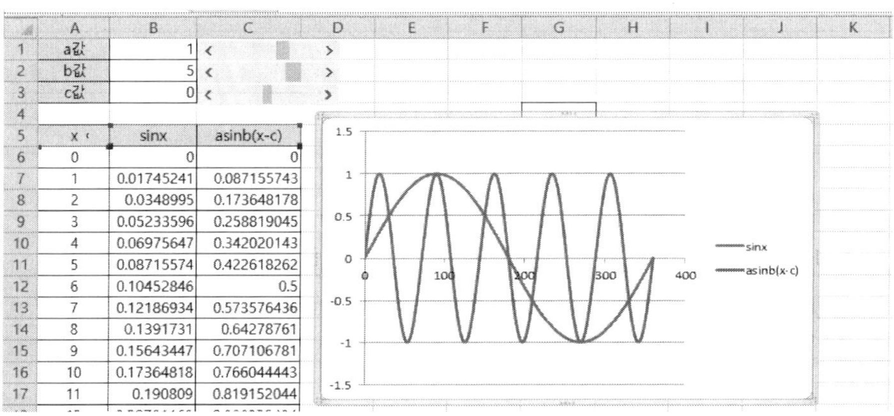

	A	B	C
1	a값	1	
2	b값	5	
3	c값	0	
4			
5	x °	sinx	asinb(x-c)
6	0	0	0
7	1	0.01745241	0.087155743
8	2	0.0348995	0.173648178
9	3	0.05233596	0.258819045
10	4	0.06975647	0.342020143
11	5	0.08715574	0.422618262
12	6	0.10452846	0.5
13	7	0.12186934	0.573576436
14	8	0.1391731	0.64278761
15	9	0.15643447	0.707106781
16	10	0.17364818	0.766044443
17	11	0.190809	0.819152044

⑫ 첫 번째 스크롤 막대를 움직이면 y축의 값이 바뀌면서 그래프가 그려지는데, 축이 바뀌므로 비교하기가 쉽지 않다. 따라서 y축을 고정하자. [세로축]-[축 서식]-[축 옵션]에서 '자동'을 '고정'으로 바꾸고 최솟값에 '−3', 최댓값에 '3', 주 단위에 '1'을 입력한다.

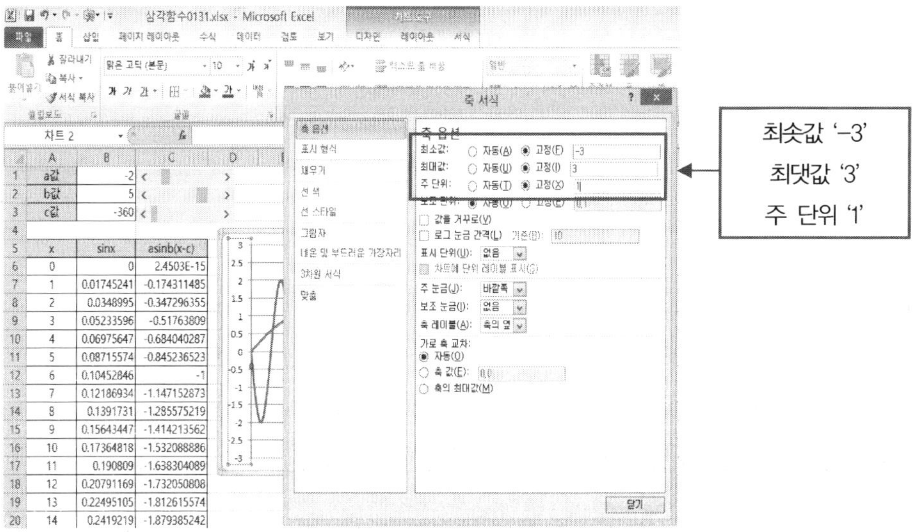

	A	B	C
1	a값	-2	
2	b값	5	
3	c값	-360	
4			
5	x	sinx	asinb(x-c)
6	0	0	2.4503E-15
7	1	0.01745241	-0.174311485
8	2	0.0348995	-0.347296355
9	3	0.05233596	-0.51763809
10	4	0.06975647	-0.684040287
11	5	0.08715574	-0.845236523
12	6	0.10452846	-1
13	7	0.12186934	-1.147152873
14	8	0.1391731	-1.285575219
15	9	0.15643447	-1.414213562
16	10	0.17364818	-1.532088886
17	11	0.190809	-1.638304089
18	12	0.20791169	-1.732050808
19	13	0.22495105	-1.812615574
20	14	0.2419219	-1.879385242

⑬ 그래프가 그려지면 가로, 세로의 비율을 조정하여 착시가 일어나지 않도록 한다.

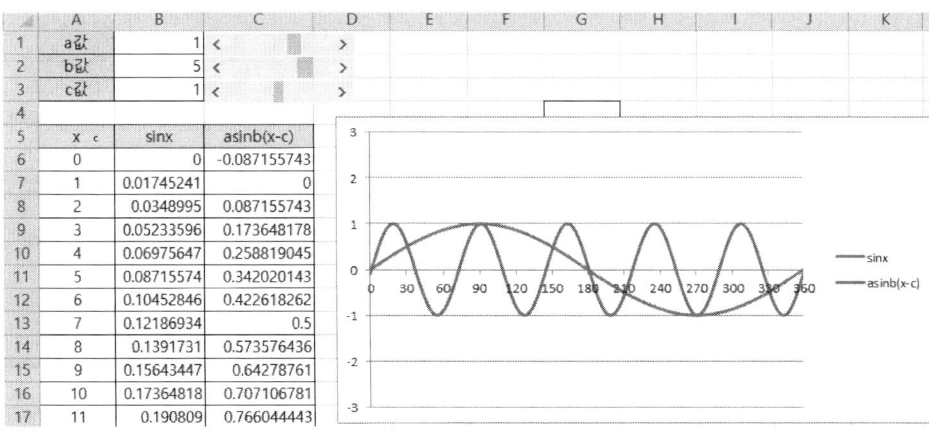

	A	B	C
1	a값	1	
2	b값	5	
3	c값	1	
4			
5	x c	sinx	asinb(x-c)
6	0	0	-0.087155743
7	1	0.01745241	0
8	2	0.0348995	0.087155743
9	3	0.05233596	0.173648178
10	4	0.06975647	0.258819045
11	5	0.08715574	0.342020143
12	6	0.10452846	0.422618262
13	7	0.12186934	0.5
14	8	0.1391731	0.573576436
15	9	0.15643447	0.64278761
16	10	0.17364818	0.707106781
17	11	0.190809	0.766044443

예비교사 활동지

1. ⑬의 워크시트에서 $b=1$, $c=0$으로 고정하고 a값 스크롤 막대를 움직여 $y=a\sin b(x-c)(0° \le x \le 360°)$ 그래프를 관찰하자. $y=2\sin x$, $y=3\sin x$, $y=-2\sin x$, $y=-3\sin x$의 그래프를 그려보시오.

2. 위의 그래프를 관찰하여 $y=a\sin x(0° \le x \le 360°)$에서 a값은 그래프의 모양에 어떤 영향을 미치는가?

3. ⑬의 워크시트에서 $a=1$, $c=0$으로 고정하고 b값 스크롤 막대를 움직여 $y=a\sin b(x-c)(0° \le x \le 360°)$ 그래프를 관찰하자. $y=\sin x$와 함께 $y=\sin 2x$, $y=\sin 3x$, $y=\sin 4x$, $y=\sin 5x$의 그래프를 그려보시오.

4. 위의 그래프를 관찰하여 $y=\sin bx$ ($0° \le x \le 360°$)에서 b값은 그래프의 모양에 어떤 영향을 미치는지 기술하시오.

5. ⑬의 워크시트에서 $a=1$, $b=1$로 고정하고 b값 스크롤 막대를 움직여 $y=a\sin b(x-c)$ ($0° \le x \le 360°$) 그래프를 관찰하자. $y=\sin x$와 함께 $y=\sin(x-30)$, $y=\sin(x-60)$, $y=\sin(x+30)$, $y=\sin(x+60)$의 그래프를 그려보시오.

6. 위의 그래프를 관찰하여 $y=a\sin b(x-c)$ ($0° \le x \le 360°$)에서 c값은 그래프의 모양에 어떤 영향을 미치는지 기술하시오.

학생 활동지

* ⑬의 워크시트에서 만든 파일을 학생에게 제공한다.

1. 두 번째 스크롤 막대를 1에 맞추고, 세 번째 스크롤 막대를 0으로 고정하면, $y = a\sin b(x-c)$ ($0° \le x \le 360°$)가 $y = a\sin x$로 간단히 표현된다. 첫 번째 스크롤 막대를 움직여가며 그래프를 관찰하시오.

2. $y = \sin x$와 함께 $y = 2\sin x$, $y = 3\sin x$, $y = -2\sin x$, $y = -3\sin x$의 그래프를 그려보시오.

3. 위의 그래프를 관찰하여 $y = a\sin x\,(0° \le x \le 360°)$ 그래프의 특징을 알아보시오.

- 최댓값:
- $y = a\sin x$가 최대일 때의 x값:
- 최솟값:
- $y = a\sin x$가 최소일 때의 x값:
- 그래프 개형의 특징(주기, 대칭성 등):
- a값의 역할:

4. 첫 번째 스크롤 막대를 1에 맞추고, 세 번째 스크롤 막대를 0으로 고정하면, $y = a\sin b(x-c)\,(0° \le x \le 360°)$가 $y = \sin bx$로 간단히 표현된다. 두 번째 스크롤 막대를 움직여가며 그래프를 관찰하시오.

5. $y=\sin x$와 함께 $y=\sin 2x$, $y=\sin 3x$, $y=\sin 4x$, $y=\sin 5x$의 그래프를 그려 보시오.

6. 위의 그래프를 관찰하여 $y=\sin bx\,(0° \le x \le 360°)$에서 b값은 그래프의 모양에 어떤 영향을 미치는지 기술하여라.

7. 첫 번째와 두 번째 스크롤 막대를 1에 고정하면, $y=a\sin b(x-c)\,(0° \le x \le 360°)$가 $y=\sin(x-c)$로 간단히 표현된다. 세 번째 스크롤 막대를 움직여가며 그래프를 관찰하시오.

8. $y=\sin x$와 함께 $y=\sin(x-30)$, $y=\sin(x-60)$, $y=\sin(x+30)$, $y=\sin(x+60)$의 그래프를 그려보시오.

9. 위의 그래프를 관찰하여 $y=a\sin b(x-c)(0° \le x \le 360°)$에서 c값은 그래프의 모양에 어떤 영향을 미치는지 기술하시오.

* 셀 A366을 아래로 끌어 A726셀까지 자동 채우기를 한다. 마찬가지로 B366, C366 셀을 B726, C726셀까지 끌어 셀을 채운다. 영역 A5:C726을 선택하여 [삽입]-[차트 마법사]-[분산형]-[곡선이 있는 분산형]을 선택하여 그래프를 그린다. 그러면 $y = a\sin b(x-c)(0^\circ \le x \le 720^\circ)$ 그래프가 나타날 것이다. 이 파일을 학생들에게 제공하자.

10. 그래프 $y = a\sin b(x-c)(0^\circ \le x \le 720^\circ)$를 관찰하시오. 그리고 관찰한 그래프를 식과 함께 다음 좌표평면에 나타내시오.

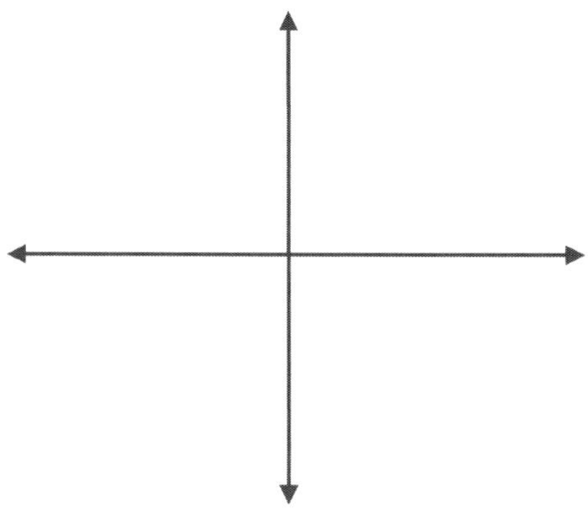

11. 위의 그래프를 관찰하여 $y = a\sin b(x-c)(0^\circ \le x \le 720^\circ)$ 그래프의 특징을 적어보시오.

차 》 삼각함수의 그래프 5: y=acosb(x−c)(a≠0) 그래프

* 정의역이 실수 전체의 집합일 때 $y=a\cos b(x-c)\,(a\neq 0)$의 그래프를 그려보시오.

〈파일 제작 절차〉

① $y=a\sin b(x-c)\,(a\neq 0)$의 파일 제작 절차 ①~⑧을 실행한다. 그러면 a, b, c값을 나타내는 3개의 스크롤 막대가 생성되고 a는 -3에서 3까지, b는 1에서 6까지의 정수를 나타내고 c는 -360부터 360까지의 정수값을 갖게 될 것이다.

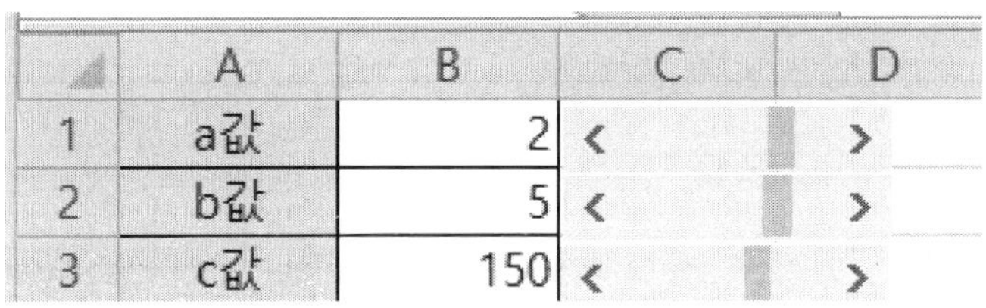

	A	B	C	D
1	a값	2	<	>
2	b값	5	<	>
3	c값	150	<	>

② {0, 1, 2, ⋯, 358, 359, 360}을 정의역으로 하는 함수의 그래프를 그리기 위해 먼저 대응표를 만든다. B6셀에는 '=COS(RADIANS(B6))'을 입력하고, C6셀에는 '=$B$1*COS($B$2(RADIANS(A6-$B$3)))'을 입력한다.

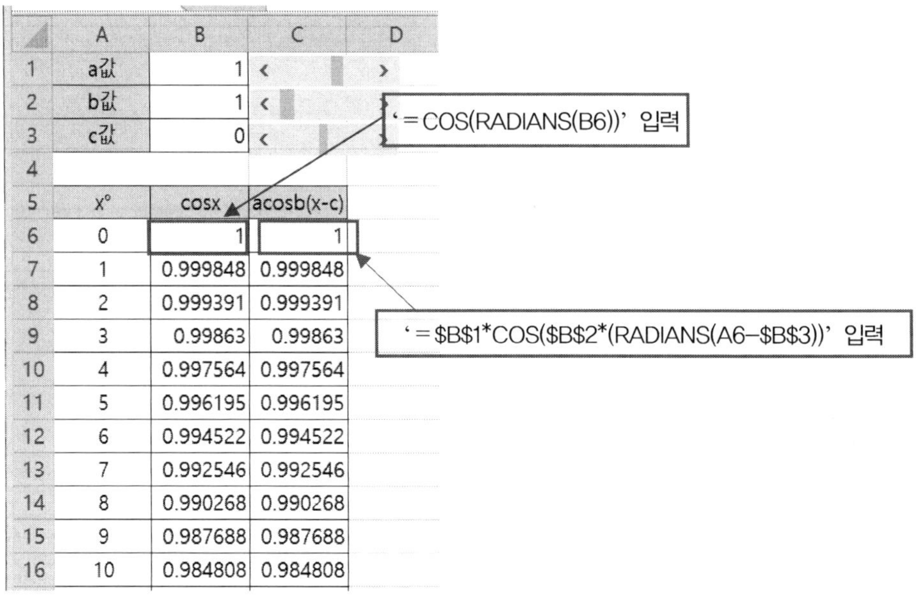

③ 영역 A5:C366을 선택하고, [삽입]-[차트마법사]-[분산형]-[곡선이 있는 분산형]을 선택한다. 다음 그림과 같이 $y=\cos x$, $y=a\cos b(x-c)$의 그래프가 그려진다. $a=1$, $c=0$으로 고정시키고 b값 스크롤 막대를 움직인다. 다음 그림은 $b=2$와 $b=3$일 때의 그래프이다.

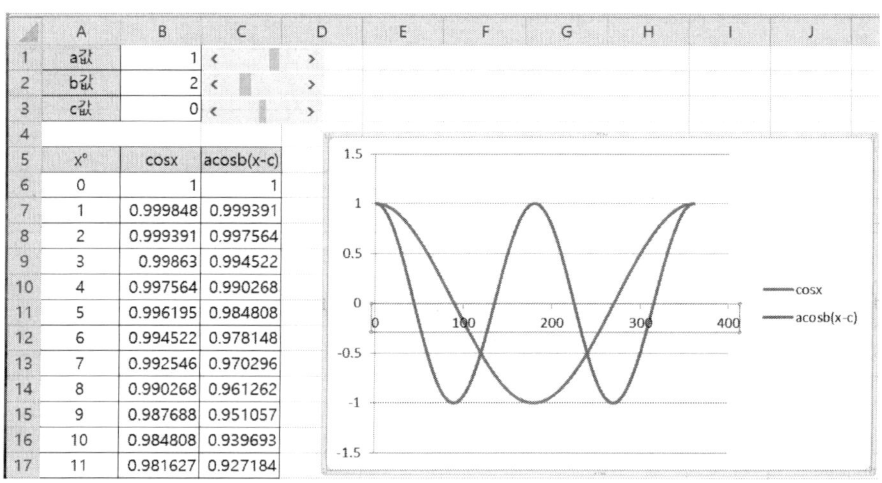

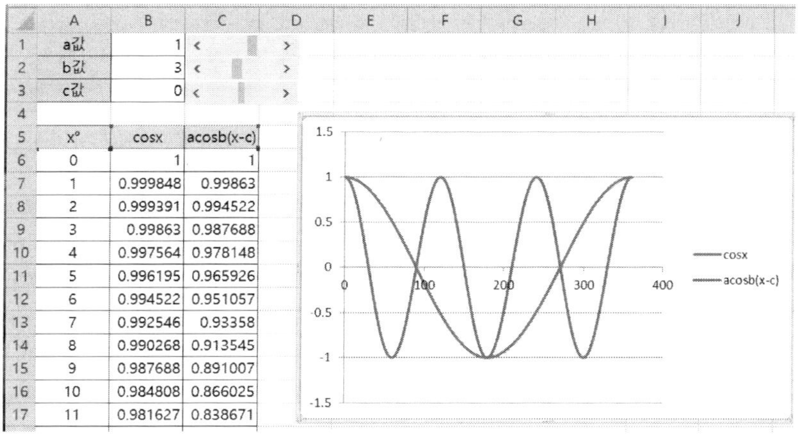

④ 첫 번째 스크롤 막대를 움직이면 y축의 값이 바뀌면서 그래프가 그려지는데 축이 바뀌므로 비교하기가 쉽지 않다. 이러한 문제는 y축을 고정하여 해결할 수 있다.

case 1) a = −3, b = 3, c = 0

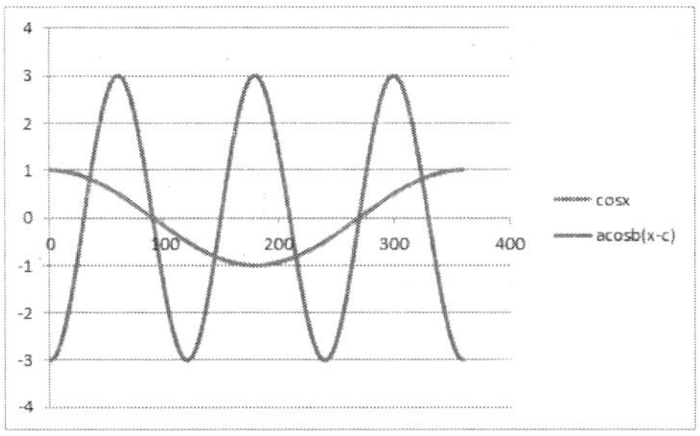

case 2) a = −2, b = 3, c = 0

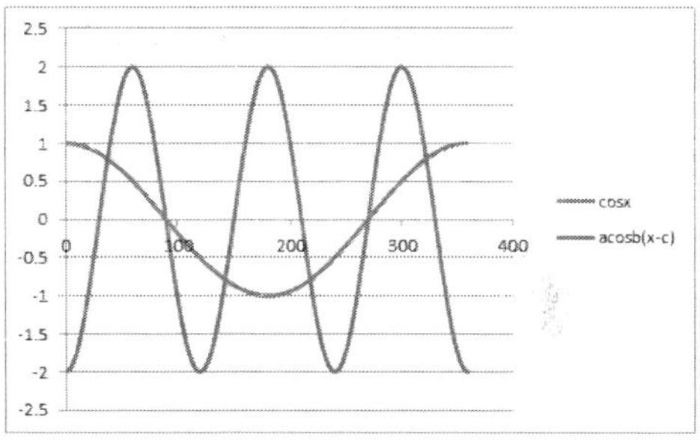

case 3) a = 1, b = 3, c = 0

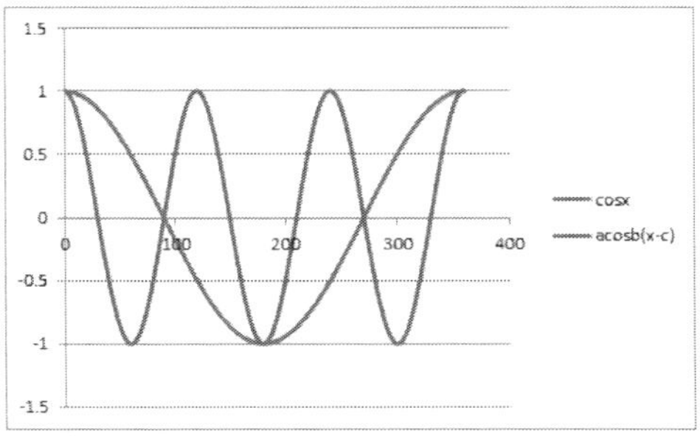

case 4) a = 3, b = 3, c = 0

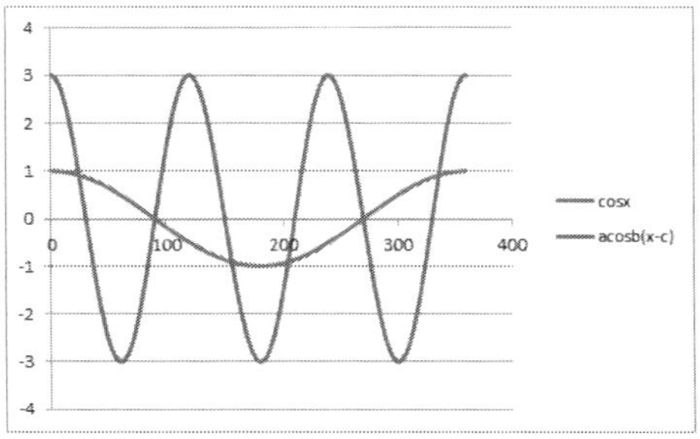

⑤ y축을 고정하자. [세로축]-[축 서식]-[축 옵션]에서 '자동'을 '고정'으로 바꾸고 최솟값 '－3', 최댓값 '3' 주 단위 '1'을 입력한다.

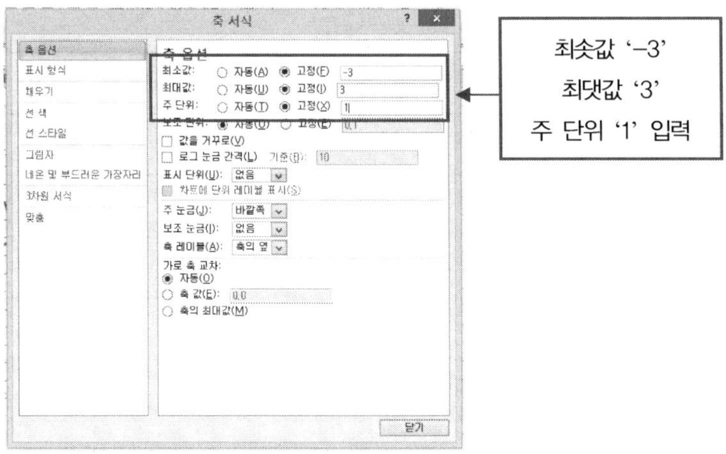

⑥ x축의 눈금을 바꾼다. [가로축]-[축 서식]-[축 옵션]-[주 단위]를 '자동'을 '고정'으로 바꾸고 '90'을 입력한다.

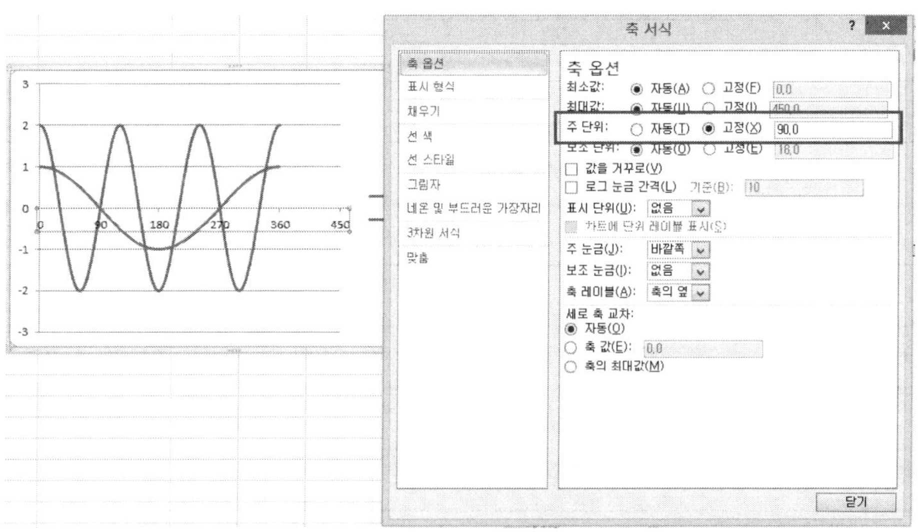

예비교사 활동지

1. ⑫의 워크시트에서 $b=1$, $c=0$으로 고정하고 a값 스크롤 막대를 움직여 $y=a\cos b(x-c)$ $(0° \le x \le 360°)$ 그래프를 관찰하자. $y=2\cos x$, $y=3\cos x$, $y=-2\cos x$, $y=-3\cos x$의 그래프를 그려보시오.

2. 위의 그래프를 관찰하여 $y=a\cos x$ $(0° \le x \le 360°)$에서 a값은 그래프의 모양에 어떤 영향을 미치는지 기술하시오.

3. ⑫의 워크시트에서 $a=1$, $c=0$으로 고정하고 b값 스크롤 막대를 움직여 $y=a\cos b(x-c)$ $(0° \le x \le 360°)$ 그래프를 관찰하시오. 그리고 $y=\cos x$와 함께 $y=\cos 2x$, $y=\cos 3x$, $y=\cos 4x$, $y=\cos 5x$의 그래프를 그려보시오.

4. 위의 그래프를 관찰하여 $y=\cos bx\,(0^\circ \le x \le 360^\circ)$에서 b값은 그래프의 모양에 어떤 영향을 미치는지 기술하시오.

5. ⑫의 워크시트에서 $a=1$, $b=1$로 고정하고 b값 스크롤 막대를 움직여 $y=a\cos b(x-c)\,(0^\circ \le x \le 360^\circ)$ 그래프를 관찰하자. $y=\cos x$와 함께 $y=\cos(x-30)$, $y=\cos(x-60)$, $y=\cos(x+30)$, $y=\cos(x+60)$의 그래프를 그려보시오.

6. 위의 그래프를 관찰하여 $y=a\cos b(x-c)\,(0^\circ \le x \le 360^\circ)$에서 c값은 그래프의 모양에 어떤 영향을 미치는지 기술하시오.

학생 활동지

* ⑫의 워크시트에서 만든 파일을 학생에게 제공한다.

1. 두 번째 스크롤 막대를 1에 맞추고, 세 번째 스크롤 막대를 0으로 고정하면, $y = a\cos b(x-c)\,(0^\circ \le x \le 360^\circ)$가 $y = a\cos x$로 간단히 표현된다. 첫 번째 스크롤 막대를 움직여가며 그래프를 관찰하시오.

2. $y = \cos x$와 함께 $y = 2\cos x$, $y = 3\cos x$, $y = -2\cos x$, $y = -3\cos x$의 그래프를 그려보시오.

3. 위의 그래프를 관찰하여 $y = a\cos x\,(0° \le x \le 360°)$의 그래프의 특징을 알아보시오.

- 최댓값:
- $y = a\cos x$가 최대일 때의 x값:
- 최솟값:
- $y = a\cos x$가 최소일 때의 x값:
- 그래프 개형의 특징(주기, 대칭성 등):
- a값의 역할:

4. 첫 번째 스크롤 막대를 1에 맞추고, 세 번째 스크롤 막대를 0으로 고정하면, $y = a\cos b(x-c)\,(0° \le x \le 360°)$가 $y = \cos bx$로 간단히 표현된다. 두 번째 스크롤 막대를 움직여가며 그래프를 관찰하시오.

5. $y=\cos x$와 함께 $y=\cos 2x$, $y=\cos 3x$, $y=\cos 4x$, $y=\cos 5x$의 그래프를 그려 보시오.

6. 위의 그래프를 관찰하여 $y=\cos bx$ ($0^\circ \le x \le 360^\circ$)에서 b값은 그래프의 모양에 어떤 영향을 미치는지 기술하시오.

7. 첫 번째와 두 번째 스크롤 막대를 1에 고정하면, $y=a\cos b(x-c)$ ($0^\circ \le x \le 360^\circ$)가 $y=\cos(x-c)$로 간단히 표현된다. 세 번째 스크롤 막대를 움직여가며 그래프를 관찰하시오.

8. $y = \cos x$와 함께 $y = \cos(x-30)$, $y = \cos(x-60)$, $y = \cos(x+30)$, $y = \cos(x+60)$의 그래프를 그려보시오.

9. 위의 그래프를 관찰하여 $y = a\cos b(x-c)\,(0^\circ \le x \le 360^\circ)$에서 c값은 그래프의 모양에 어떤 영향을 미치는지 기술하시오.

* 셀 A366을 아래로 끌어 A726셀까지 자동 채우기를 한다. 마찬가지로 B366, C366 셀을 B726, C726셀까지 끌어 셀을 채운다. 영역 A5:C726을 선택하여 [삽입]-[차트 마법사]-[분산형]-[곡선이 있는 분산형]을 선택하여 그래프를 그린다. 그러면 $y = a\cos b(x-c)$ $(0^\circ \le x \le 720^\circ)$그래프가 나타날 것이다. 이 파일을 학생들에게 제공하자.

10. 그래프 $y = a\cos b(x-c)(0^\circ \le x \le 720^\circ)$를 관찰하시오. 그리고 관찰한 그래프를 식과 함께 다음 좌표평면에 나타내시오.

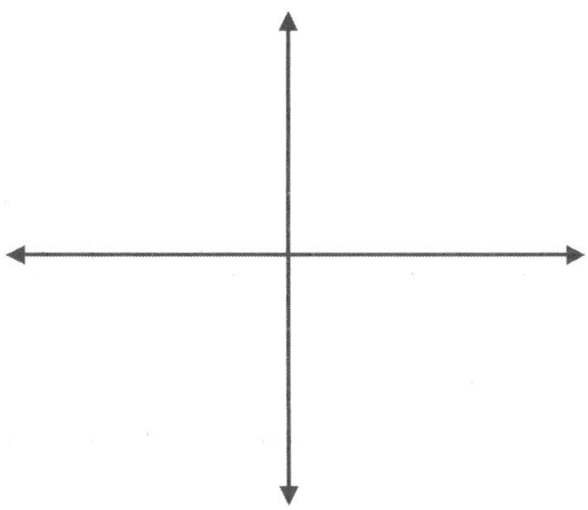

11. 위의 그래프를 관찰하여 $y = a\cos b(x-c)(0^\circ \le x \le 720^\circ)$ 그래프의 특징을 적어보시오.

카 》 삼각함수의 그래프6: y=atanb(x−c)(a≠0) 그래프

* 정의역이 실수 전체의 집합일 때 $y = a\tan b(x-c)\,(a \neq 0)$의 그래프를 그려보시오.

〈파일 제작 절차〉

① $y = a\sin b(x-c)\,(a \neq 0)$의 파일 제작 절차 ①~⑧을 실행한다. 그러면 a, b, c의 값을 나타내는 스크롤 막대 3개가 생성되고 a는 -3에서 3까지, b는 1에서 6까지의 정수를 나타내고 c는 -360부터 360까지의 정수값을 갖게 될 것이다.

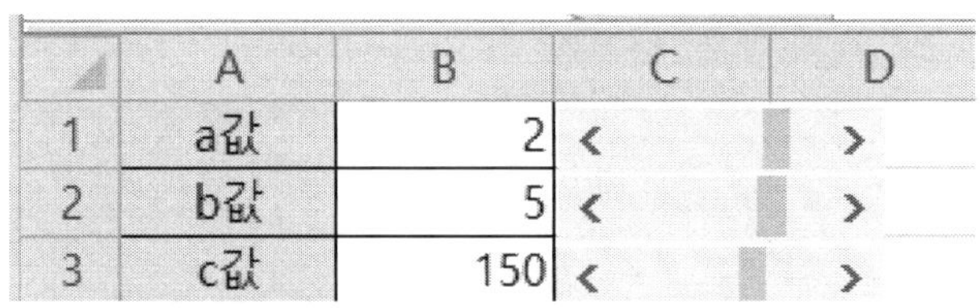

	A	B	C	D
1	a값	2	< >	
2	b값	5	< >	
3	c값	150	< >	

② $\{0,\ 1,\ 2,\ \cdots,\ 358,\ 359,\ 360\}$을 정의역으로 하는 함수의 그래프를 그리기 위해 먼저 대응표를 만든다. B6셀에는 ‘=TAN(RADIANS(B6))’을 입력하고, C6셀에는 ‘=$B$1*TAN($B$2 (RADIANS(A6-$B$3)))’을 입력한다.

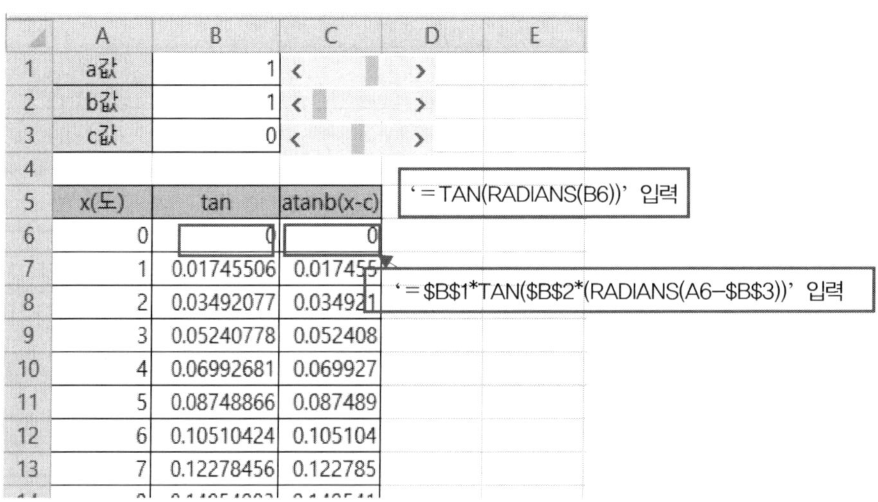

	A	B	C	D	E
1	a값	1	< >		
2	b값	1	< >		
3	c값	0	< >		
4					
5	x(도)	tan	atanb(x-c)		
6	0	0	0		
7	1	0.01745506	0.017455		
8	2	0.03492077	0.034921		
9	3	0.05240778	0.052408		
10	4	0.06992681	0.069927		
11	5	0.08748866	0.087489		
12	6	0.10510424	0.105104		
13	7	0.12278456	0.122785		

③ 영역 A5:C366을 선택하고, [삽입]-[차트마법사]-[분산형]-[곡선이 있는 분산형]을 선택한다. $y = \tan x$, $y = a\tan b(x-c)$의 그래프가 그려졌지만, 본래 알고 있던 그래프의 모양과 상당히 다르므로 몇 가지를 수정한다.

④ y축 주 눈금을 선택하고 마우스 오른쪽 버튼을 누른다. 메뉴에서 [축 서식]을 선택한다. 최댓값과 최솟값의 자동을 고정으로 바꾸고 최솟값에 '−30', 최댓값에 '30'을 입력한다.

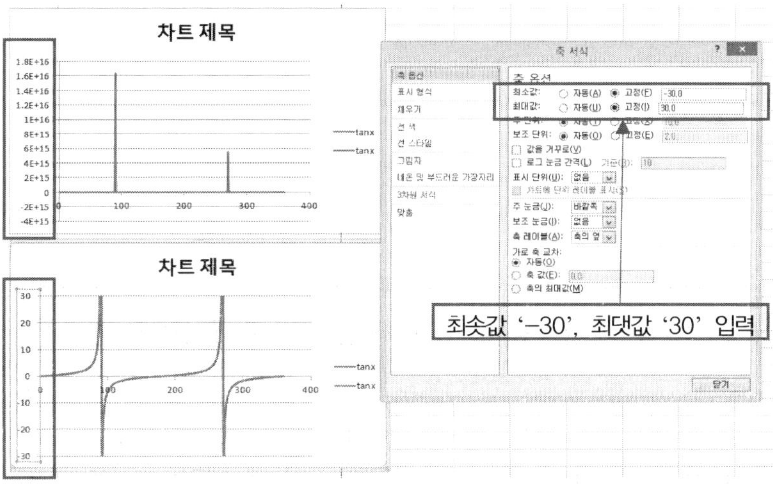

⑤ 위 그림과 같이 그래프가 그려진다. 90°, 270°일 때는 그래프가 부자연스럽다. 대응표를 살펴보자. 대응표에서 90°, 270°에 대한 탄젠트 값이 무한대이고 양수에서 음수로 바뀌므로 둘을 연결시키면 안 된다는 것을 알 수 있다. 따라서 x의 구간을 3개로 나누어서 그래프를 다시 그리자.

92	89	57.28996	272	269	57.28996
93	90	1.63E+16	273	270	5.44E+15
94	91	-57.29	274	271	-57.29
95	92	-28.6363	275	272	-28.6363

⑥ 영역 A2:B94를 선택하고, [삽입]-[차트마법사]-[분산형]-[곡선이 있는 분산형]을 선택한다. 다음 그림과 같이 $y = \tan x$의 그래프가 그려진다. 그래프 위에서 마우스 오른쪽 버튼을 누르고 메뉴에서 [데이터 선택]을 클릭한다.

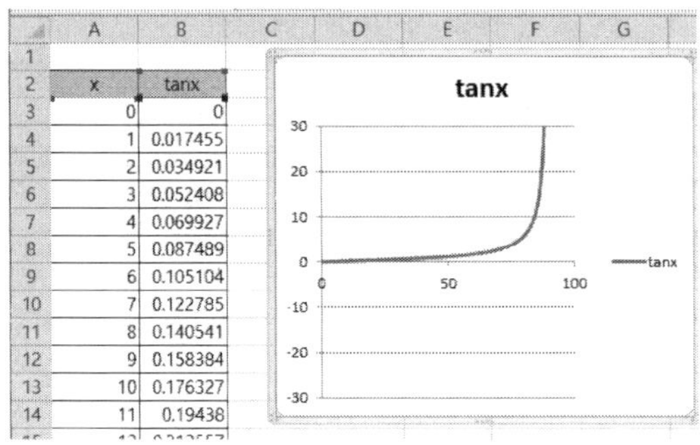

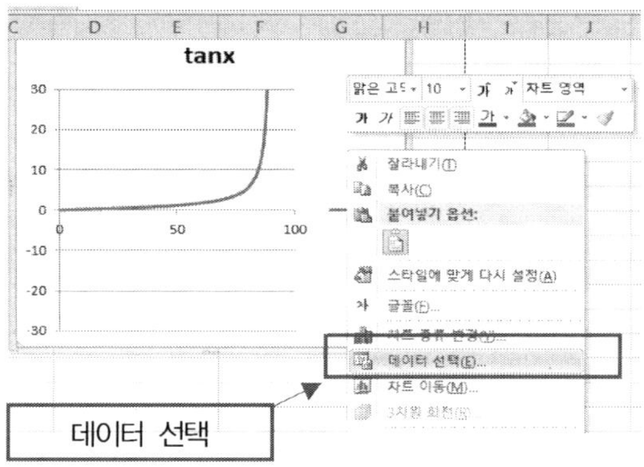

⑦ 데이터 원본 선택에서 [범례 항목]-[추가]를 선택하면, [계열 편집] 창이 뜬다.

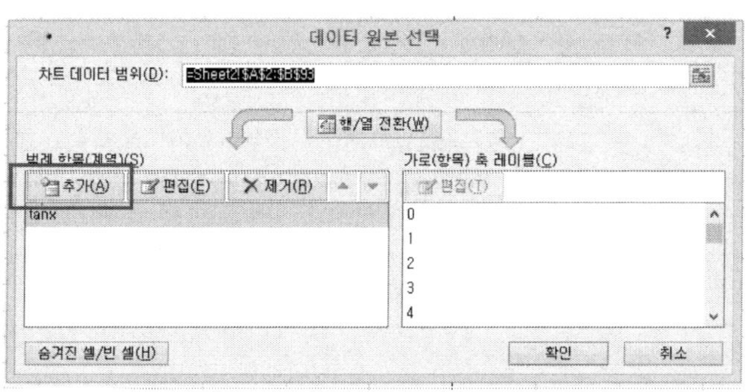

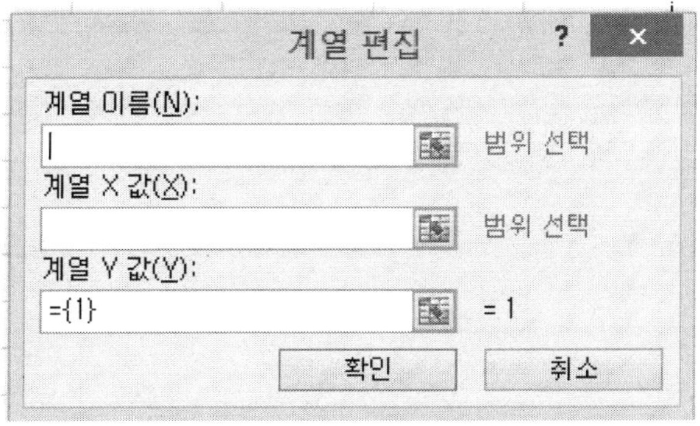

⑧ [계열 편집]에는 [계열 이름], [계열 X값], [계열 Y값] 3개의 입력 창이 뜬다. [계열 이름]에는 원하는 대로 입력하면 되는데, 예를 들어, 'tan$x$(2,3사분면)'이라고 입력한다. [계열 X값]에는 입력창을 클릭한 후 대응표에서 영역 A94:A273을 선택하면 자동 입력된다. 유사하게, [계열 Y값]은 입력창을 선택한 후 대응표에서 영역 B94:B273을 선택하면 자동 입력된다. 확인을 누르면 다음과 같이 그래프가 추가된다.

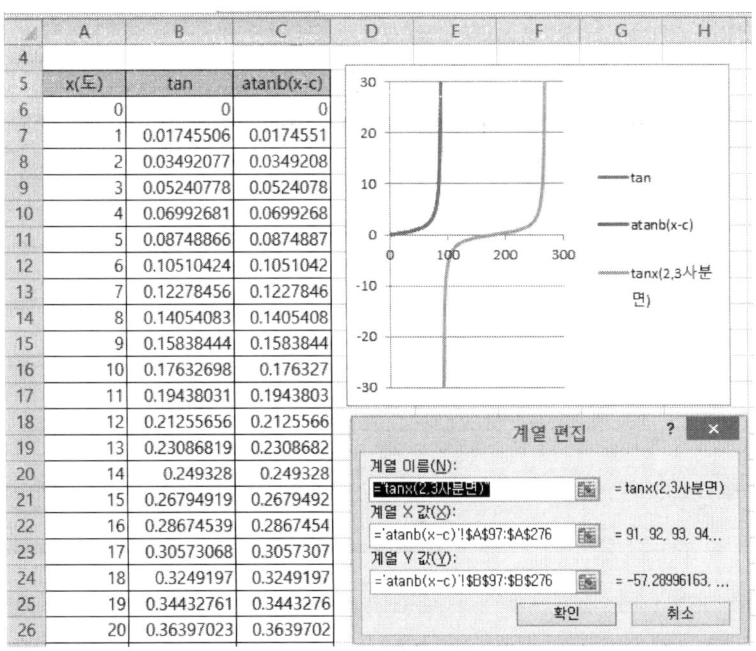

	A	B	C
4			
5	x(도)	tan	atanb(x-c)
6	0	0	0
7	1	0.01745506	0.0174551
8	2	0.03492077	0.0349208
9	3	0.05240778	0.0524078
10	4	0.06992681	0.0699268
11	5	0.08748866	0.0874887
12	6	0.10510424	0.1051042
13	7	0.12278456	0.1227846
14	8	0.14054083	0.1405408
15	9	0.15838444	0.1583844
16	10	0.17632698	0.176327
17	11	0.19438031	0.1943803
18	12	0.21255656	0.2125566
19	13	0.23086819	0.2308682
20	14	0.249328	0.249328
21	15	0.26794919	0.2679492
22	16	0.28674539	0.2867454
23	17	0.30573068	0.3057307
24	18	0.3249197	0.3249197
25	19	0.34432761	0.3443276
26	20	0.36397023	0.3639702

⑨ 유사하게 영역 A274:A363에 대한 그래프를 추가한다.

a = 1, b = 1, c = 0인 경우

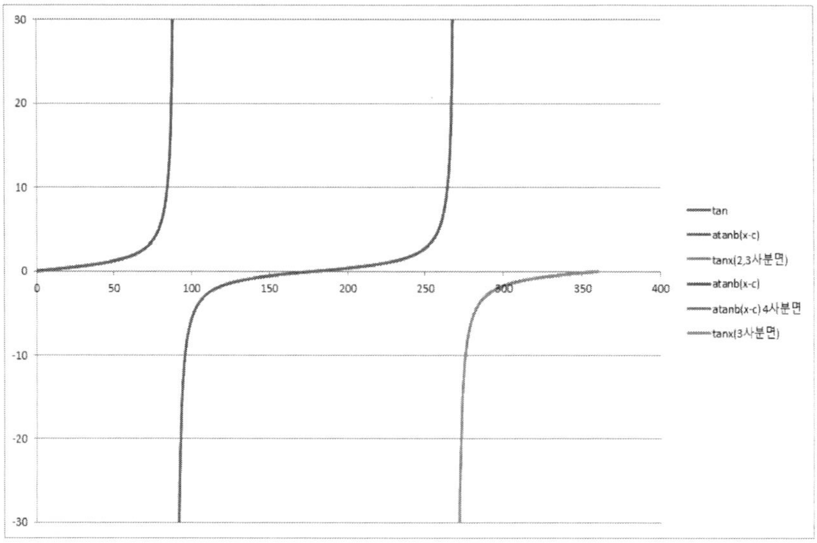

a = 1, b = 2, c = 0인 경우

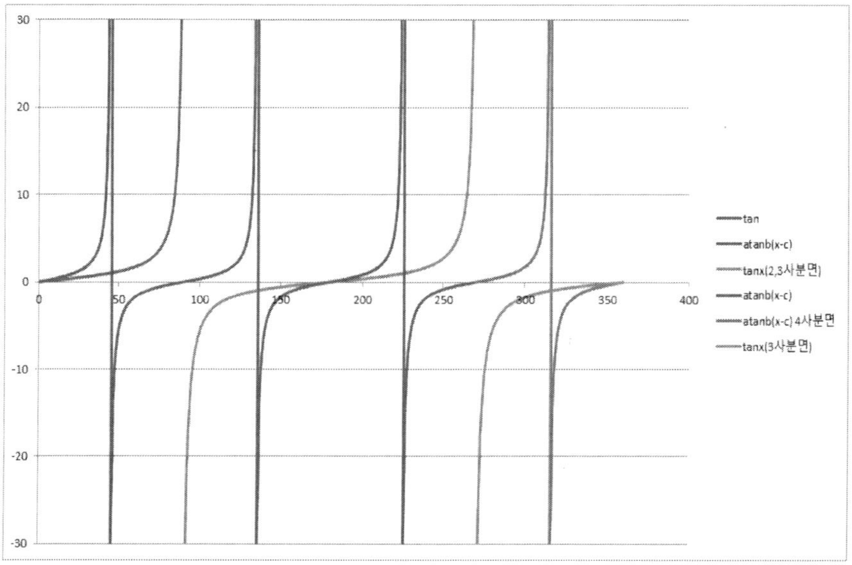

$a=3,\ b=1,\ c=0$인 경우

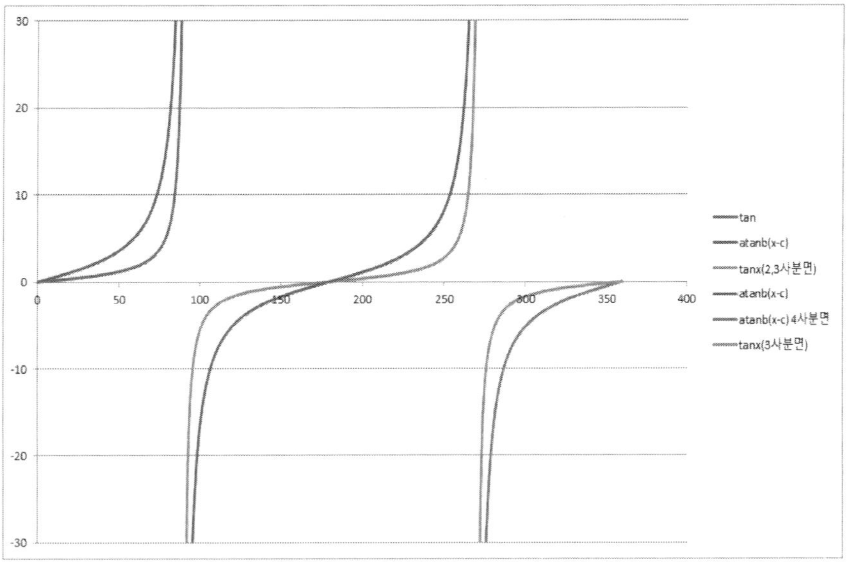

⑩ 위의 그래프의 가로축 눈금을 바꾸자. 가로축 눈금을 선택하고, [축 서식]을 고정으로 바꾸고 '90'을 입력한다.

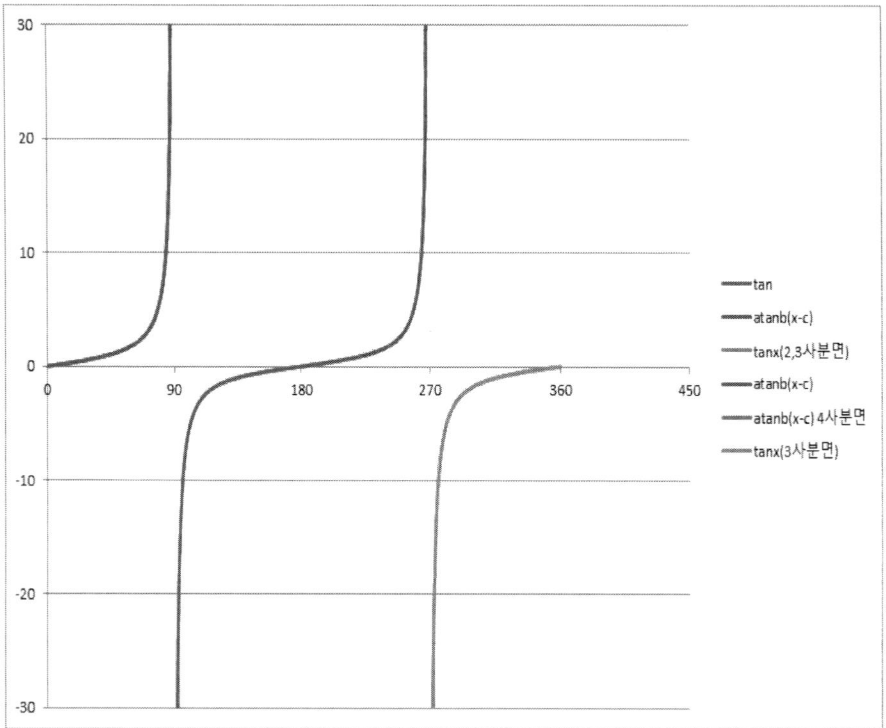
30
20
10
0
-10
-20
-30
0
90
180
270
360
450
tan
atanb(x-c)
tanx(2,3사분면)
atanb(x-c)
atanb(x-c) 4사분면
tanx(3사분면)

예비교사 활동지

1. ⑩의 워크시트에서 $b=1$, $c=0$으로 고정하고 a값 스크롤 막대를 움직이며 $y=\tan b(x-c)(0° \le x \le 360°)$그래프를 관찰하시오. 그리고 $y=2\tan x$, $y=3\tan x$, $y=-2\tan x$, $y=-3\tan x$의 그래프를 그려보시오.

2. 위의 그래프를 관찰하여 $y=a\tan x(0° \le x \le 360°)$에서 a값은 그래프의 모양에 어떤 영향을 미치는지 기술하시오.

3. ⑩의 워크시트에서 $a=1$, $c=0$으로 고정하고 b값 스크롤 막대를 움직이며 $y=a\tan b(x-c)(0° \le x \le 360°)$ 그래프를 관찰하시오. 그리고 $y=\tan x$와 함께 $y=\tan 2x$의 그래프를 그려보시오.

4. 위의 그래프를 관찰하여 $y = \tan bx\,(0° \le x \le 360°)$에서 b값은 그래프의 모양에 어떤 영향을 미치는지 기술하시오.

5. ⑩의 워크시트에서 $a = 1$, $b = 1$로 고정하고 c값 스크롤 막대를 움직이며 $y = a\tan b(x - c)\,(0° \le x \le 360°)$ 그래프를 관찰하시오. 그리고 $y = \tan x$와 함께 $y = \tan(x - 30)$, $y = \tan(x - 60)$을 그려보시오.

6. 위의 그래프를 관찰하여 $y = a\tan b(x - c)\,(0° \le x \le 360°)$에서 c값은 그래프의 모양에 어떤 영향을 미치는지 기술하시오.

학생 활동지

* ⑩의 워크시트를 학생들에게 제공한다.

1. 주어진 워크시트에서 $b=1$, $c=0$으로 고정하면, $y=a\tan b(x-c)\,(0^\circ \le x \le 360^\circ)$의 그래프는 $y=a\tan x\,(0^\circ \le x \le 360^\circ)$로 간단히 생각할 수 있다. a값 스크롤 막대를 움직이며 $y=a\tan b(x-c)\,(0^\circ \le x \le 360^\circ)$ 그래프를 관찰하시오. 그리고 $y=\tan x$를 그리고 나서, $y=2\tan x$, $y=3\tan x$, $y=-2\tan x$, $y=-3\tan x$의 그래프를 함께 그려보시오.

2. 위의 그래프를 관찰할 때 $y=a\tan x\,(0^\circ \le x \le 360^\circ)$에서 a값은 그래프의 모양에 어떤 영향을 미치는지 기술하시오.

3. 주어진 워크시트에서 $a=1$, $c=0$으로 고정하면, $y=a\tan b(x-c)(0^\circ \le x \le 360^\circ)$의 그래프는 $y=\tan bx(0^\circ \le x \le 360^\circ)$로 간단히 생각할 수 있다. b값 스크롤 막대를 움직여 $y=a\tan b(x-c)(0^\circ \le x \le 360^\circ)$ 그래프를 관찰하시오. 그리고 $y=\tan x$와 함께 $y=\tan 2x$를 그려보시오.

4. 위의 그래프를 관찰하여 $y=\tan bx(0^\circ \le x \le 360^\circ)$에서 b값은 그래프의 모양에 어떤 영향을 미치는지 기술하시오.

5. 주어진 워크시트에서 $a=1$, $b=1$로 고정하면, $y=a\tan b(x-c)(0^\circ \le x \le 360^\circ)$의 그래프는 $y=\tan(x-c)(0^\circ \le x \le 360^\circ)$로 간단히 생각할 수 있다. c 값 스크롤 막대를 움직여 $y=a\tan b(x-c)(0^\circ \le x \le 360^\circ)$ 그래프를 관찰하시오. $y=\tan x$와 함께 $y=\tan(x-30)$, $y=\tan(x-60)$을 그려보시오.

6. 위의 그래프를 관찰하여 $y=a\tan b(x-c)(0^\circ \le x \le 360^\circ)$에서 c값은 그래프의 모양에 어떤 영향을 미치는지 적어보시오.

CHAPTER 4

함수의 그래프와 동점

가 》 엑셀 함수

함수의 그래프 위를 움직이는 동점 작도에 관련된 엑셀 함수 몇 가지를 살펴보자.

1) VLOOKUP( ) 함수 탐구

VLOOKUP 함수는 검색할 값(목표)이 있고 이 값을 검색하는 영역(조회 테이블)이 주어지면, 조회 테이블의 맨 왼쪽 열에서 검색할 값과 일치하는 항목을 찾아서 그 행 중 세 번째 조건인 검색 결과가 포함될 열의 값을 표시해 주는 기능이 있는 함수이다. 이 함수는 4개의 인수를 포함하고 있으며 처음 3개의 인수는 필수 항목이고 네 번째 인수는 선택사항인데 미입력시 TRUE가 입력된다.

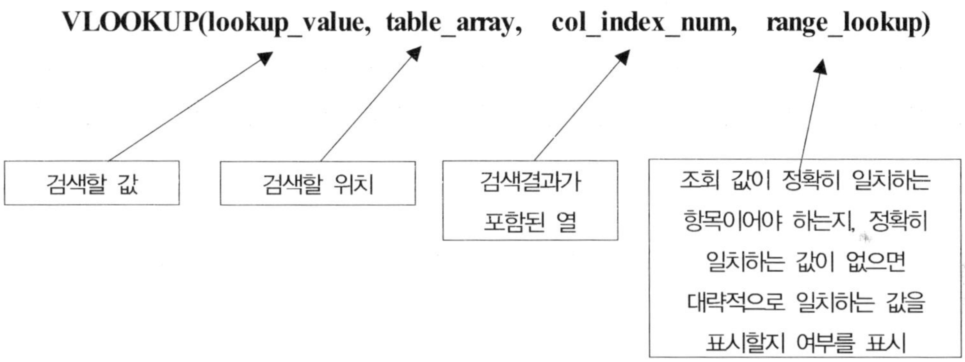

엑셀에서는 입력창에서 함수를 직접입력하거나 [수식]-[함수삽입]-[함수 마법사]를 차례로 선택한 후 함수 검색에서 첫 글자를 적으면 관련된 함수가 표시되고 그 중에서 선택하면 된다. 예를 들어, VLOOKUP을 입력하면 함수선택에 유사한 함수들이 나타나고 함수에 대한 설명도 제공된다.

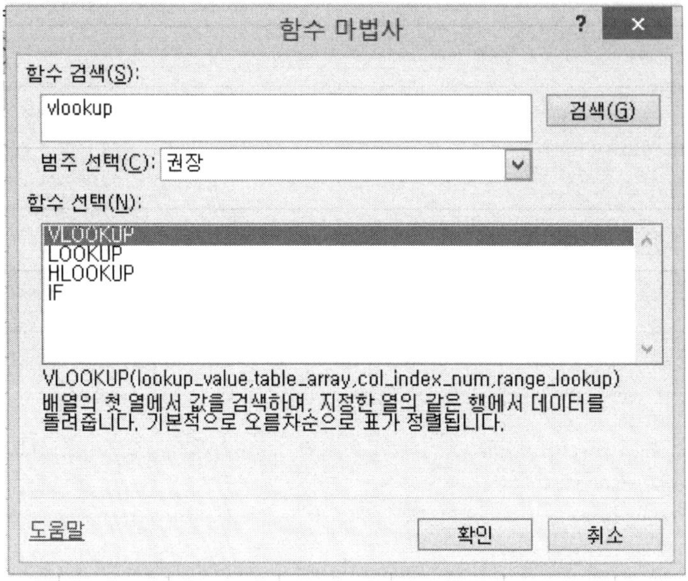

VLOOKUP( )의 괄호 안에 들어가는 것을 함수인수라고 하는데 다음 그림에서 보는 것처럼 4개의 인수가 있다.

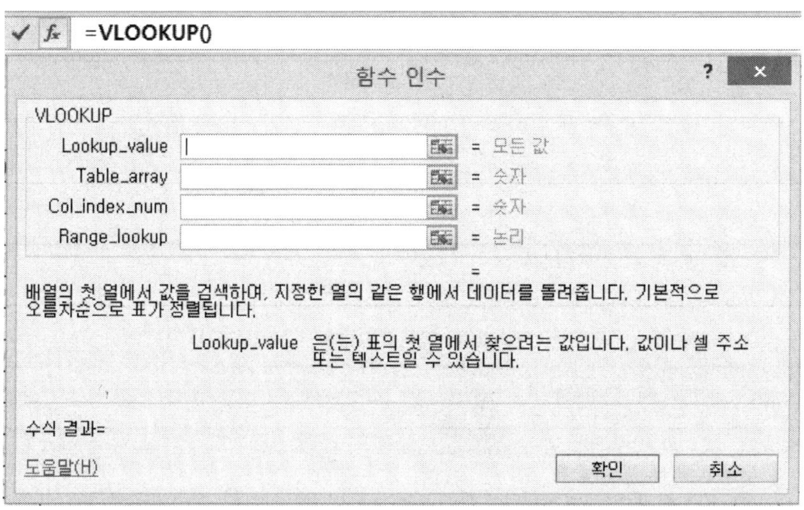

인수	참고사항
lookup_value	찾으려는 단어나 값을 입력한다.
table_array	lookup_value로 지정한 값을 검색할 셀의 범위(조회 테이블)
col_index_num	table_array에서 찾으려는 값이 포함된 열
range_lookup	• TRUE 또는 1 또는 미입력시: 검색 단어와 가장 가까운 항목을 반환함 • FALSE: 검색 단어와 정확히 일치하는 항목을 찾음. 정확히 일치하는 항목을 찾지 못하면 #N/A 오류가 표시

예를 들어, 다음 대응표에서 5번째 행의 두 번째 열, 즉 셀 B9의 값을 B2셀에 표시되게 하는 방법으로 VLOOKUP 함수를 이용하자. B2셀에 '=VLOOKUP(A1, A5:C16, 2)'라고 입력한다. 함숫값은 다음 세 번째 그림에서 보는 바와 '9'가 된다. 다음 대응표에서 B9셀의 값과 같음을 확인할 수 있다.

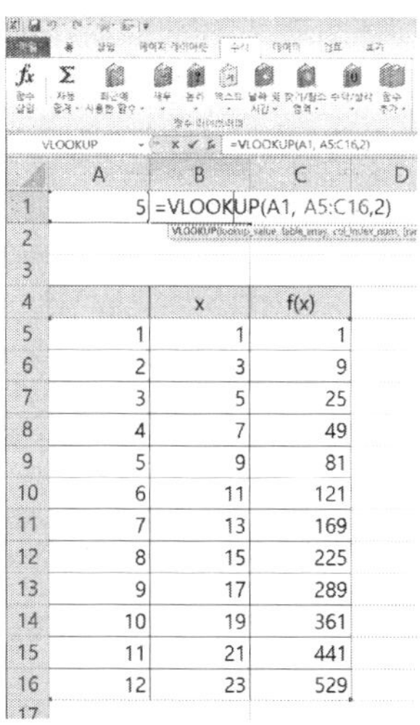

인수	입력값
lookup_value	A1
table_array	A5:C16
col_index_num	2
range_lookup	미입력

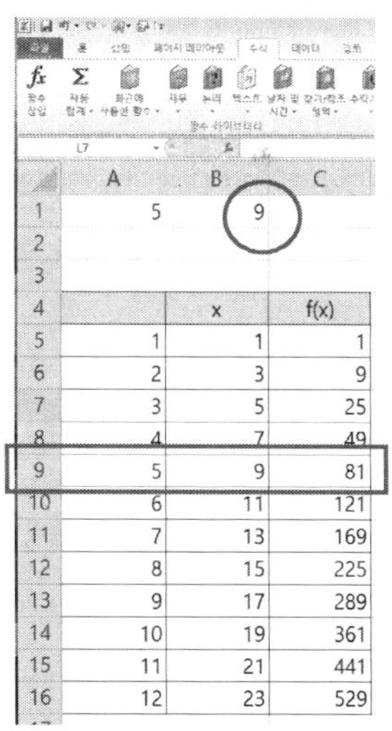

*VLOOKUP 함수를 사용하여 C1셀에 C9값이 나타나도록 명령어를 적어보시오.

2) IF 함수

● IF 함수

IF 함수는 논리 검사를 수행하여 지정된 조건이 TRUE일 때와 FALSE일 때 각각 해당하는 값을 반환하며, 다음 그림과 같이 3개의 인수로 이루어진다.

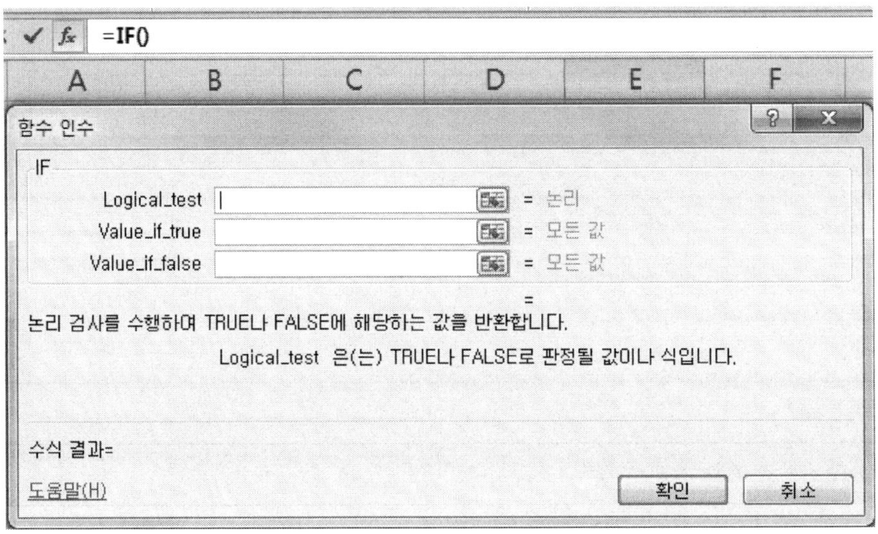

구문

IF(logical_test, [value_if_true], [value_if_false])

인수	참고사항
logical_test	TRUE나 FALSE로 평가될 수 있는 임의의 값 또는 식
value_if_true	logical_test 인수가 TRUE인 경우에 반환할 값
value_if_false	logical_test 인수가 FALSE인 경우에 반환할 값

연 습 》 자료가 70보다 작거나 같으면 'A 그룹' 그렇지 않으면 'B 그룹'이라고 적는 조건문을 작성하자.

- 대상: 영역 A1:A5의 자료
- 입력: B1셀에 ‘=IF(A1<=70, “A 그룹”, “B 그룹”)’를 입력하고, B2:B5 자동 셀 채우기를 한다.
- 결과: A1, A2, A3, A4, A5셀의 값을 70과 비교해서 작거나 같으면 ‘A 그룹’ 그렇지 않으면 ‘B 그룹’을 반환한다.

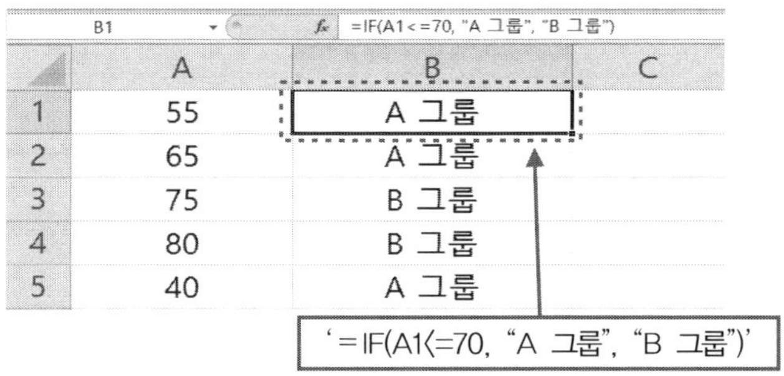

● IF 중첩함수

논리적 조건이 2개를 초과할 경우 IF 중첩함수를 사용한다. IF 중첩함수는 IF 함수의 논리 검사를 수행하여 지정된 조건이 FALSE일 때, IF 함수의 논리 검사를 반복적으로 시행하여 해당하는 값을 반환한다.

연 습 》 IF 함수를 이용하여 평균이 90점 이상 ‘A’, 80점 이상 ‘B’, 70점 이상 ‘C’, 60점 이상 ‘D’, 60점 미만 ‘F’의 평점을 부여하도록 명령어를 작성하자.

① 셀 C2에서 ‘=’를 입력하고 나서, 함수 삽입 버튼(fx) 을 누르면 함수 마법사가 팝업된다. 범주 선택에서 ‘논리’를 선택하고, 함수 선택에서 ‘IF’를 선택한다. 수식 입력창에 ‘ fx =IF() ’이 생기고 다음 그림과 같이 ‘함수 인수 입력창’이 뜬다.

② logical_test에 ‘B2>=90’, value_if_true에 “A”를 입력한다. 세 번째 value_if_false 입력창에서 직접 IF( )를 입력하지 말고, 이름상자에서 함수 IF를 선택한다.

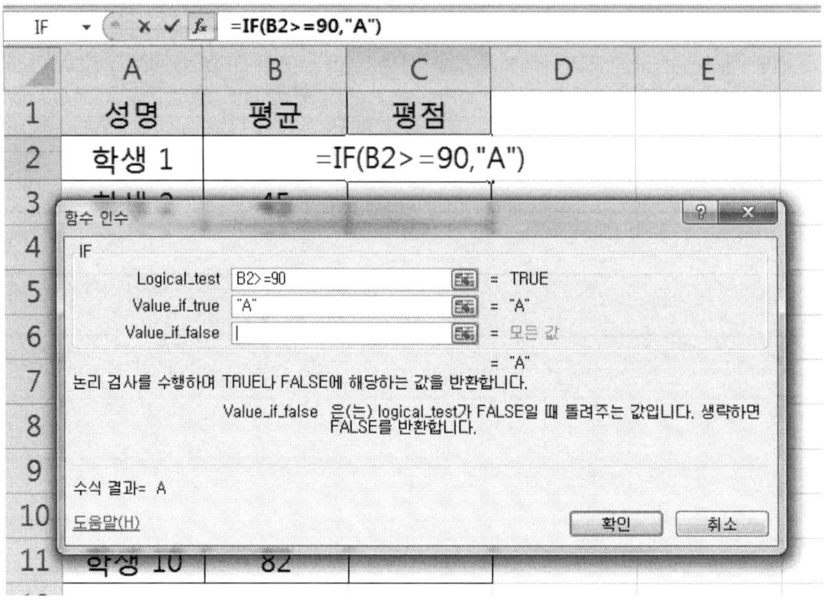

③ 수식입력창에 '=IF(B2>=90, "A", IF( ))'라고 입력되고 함수 인수 입력 창이 팝업된다.

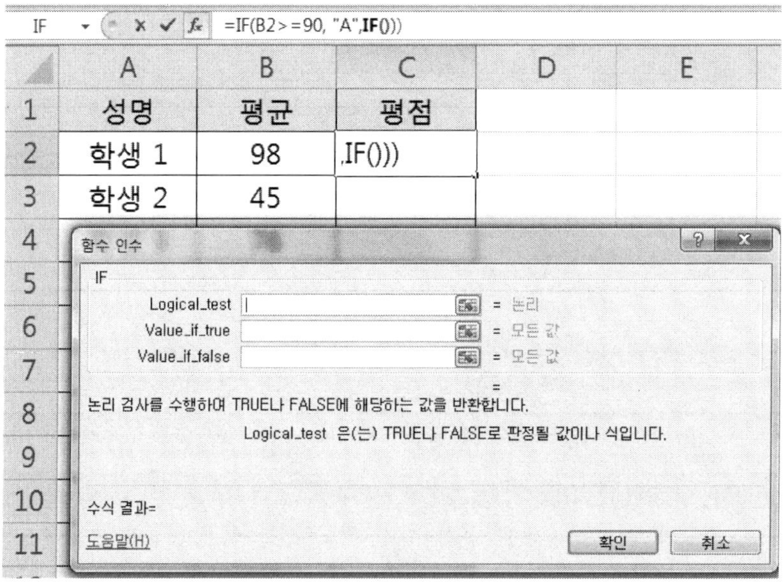

④ 함수 인수는 세 번째 인수 IF( )의 괄호에 입력될 것이다. logical_test에 'B2>=80', value_if_true에 "B"를 입력한다. 수식 입력창에 '=IF(B2>=90, "A", IF(B2>=80, "B"))'이 표시된다. 세 번째 value_if_false 입력창에서 이름상자에서 함수 IF를 선택하면, 수식입력창에 '=IF(B2>=90, "A", IF(B2>=80, "B", IF( )))'이 표시되고, 함수 인수 창이 팝업된다.

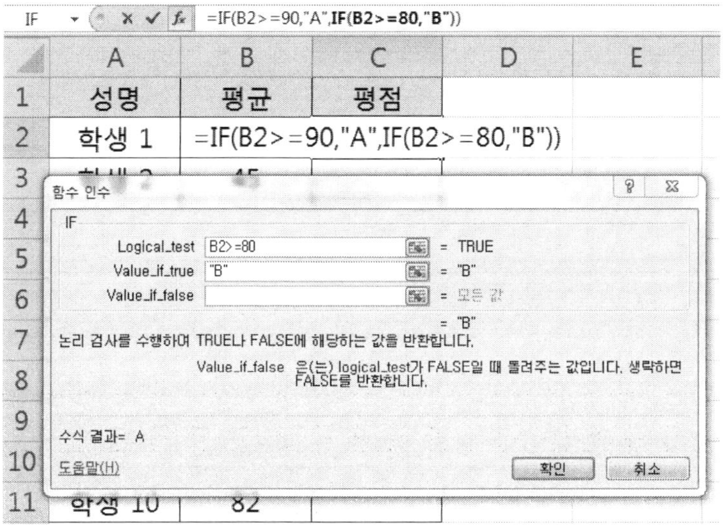

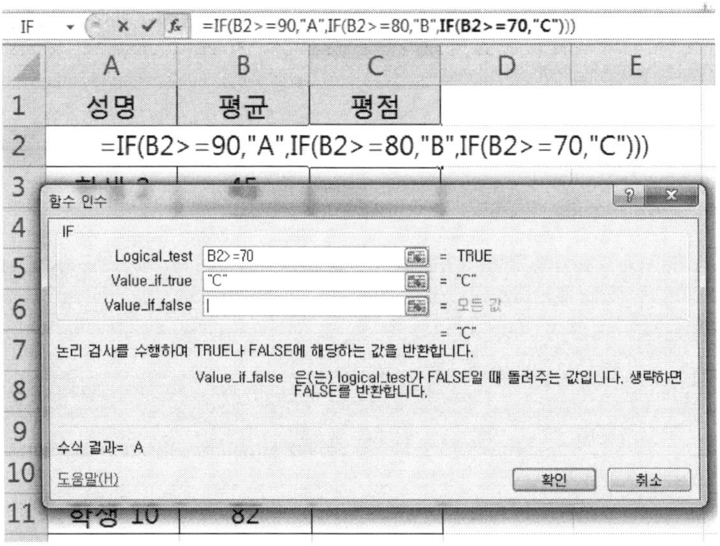

⑤ ④와 유사한 과정을 반복하여, '=IF(B2>=90, "A", IF(B2>=80, "B", IF(B2>=70, "C", IF(B2>=, "D", F))))'를 입력한다.

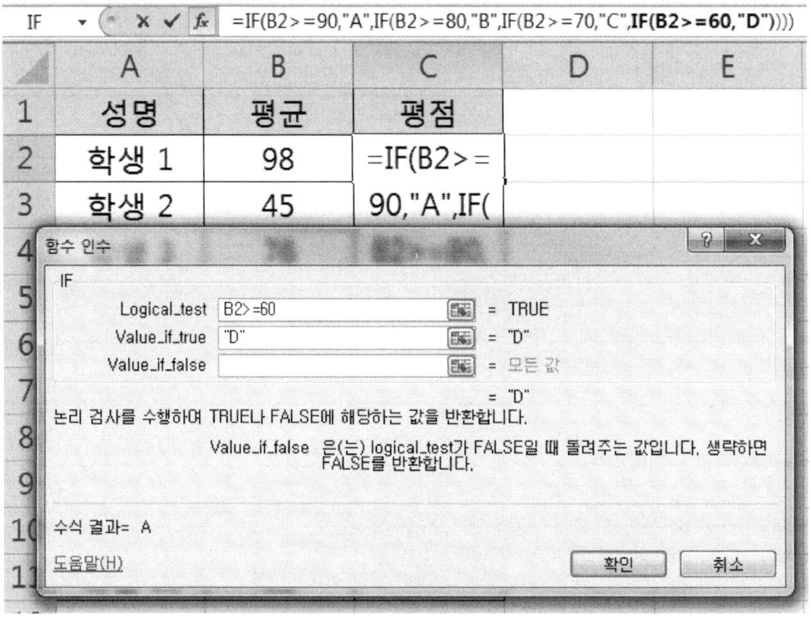

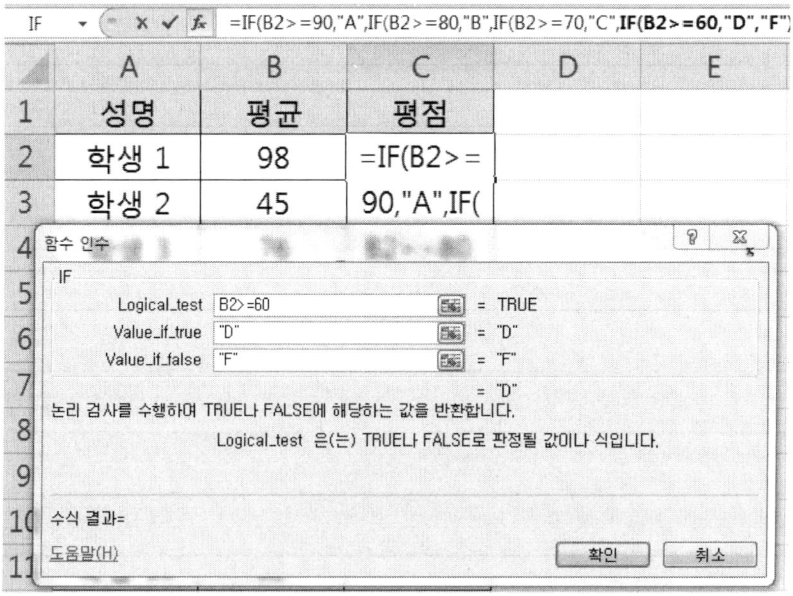

IF =IF(B2>=90,"A",IF(B2>=80,"B",IF(B2>=70,"C",IF(B2>=60,"D","F"))))

	A	B	C	D	E
1	성명	평균	평점		
2	=IF(B2>=90,"A",IF(B2>=80,"B",IF(B2>=70,"C",IF(B2>=				
3	60,"D","F"))))				
4	학생 3	76			
5	학생 4	60			
6	학생 5	88			
7	학생 6	77			
8	학생 7	90			
9	학생 8	65			
10	학생 9	32			
11	학생 10	82			

⑥ C2셀을 아래로 끌어 셀 채우기를 하면, 다음 그림과 같이 평점이 매겨진다.

C2 =IF(B2>=90,"A",IF(B2>=80,"B",IF(B2>=70,"C",IF(B2>=60,"D","F"))))

	A	B	C	D
1	성명	평균	평점	
2	학생 1	98	A	
3	학생 2	45	F	
4	학생 3	76	C	
5	학생 4	60	D	
6	학생 5	88	B	
7	학생 6	77	C	
8	학생 7	90	A	
9	학생 8	65	D	
10	학생 9	32	F	
11	학생 10	82	B	

나 》 함수의 그래프 위를 움직이는 동점 만들기

● $y=x^2$ 위를 움직이는 동점 만들기

① 스크롤 막대를 하나 만든다.

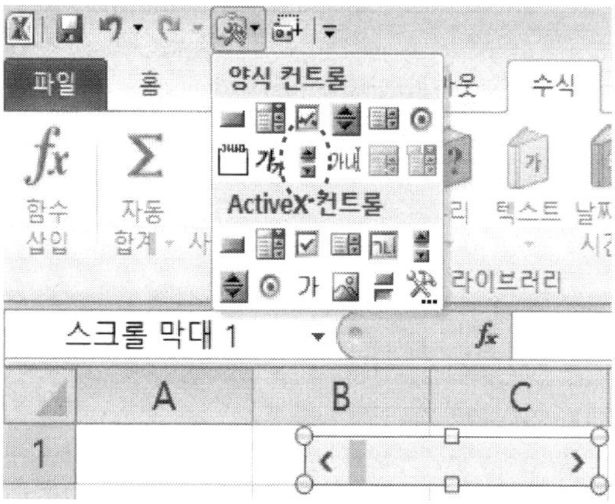

② 스크롤 막대의 컨트롤 서식에서 최솟값, 최댓값은 그래프의 정의역 개수와 일치시킨다. 예를 들어, 정의역을 $\{-10, -9, -8, \cdots, 7, 8, 9, 10\}$라고 가정할 때 정의역의 원소가 21개이므로 최솟값을 '1', 최댓값을 '21'로 정한다. 셀 연결은 A1셀을 입력한다.

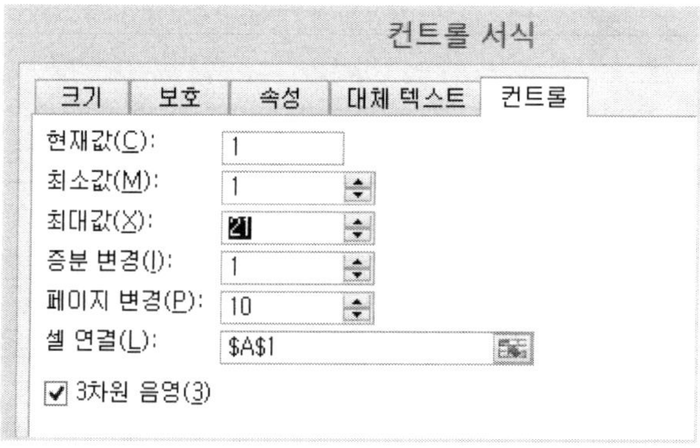

③ 대응표 만들기: 대응표의 첫 열은 1, 2, …, 21을 입력한다. 첫 번째 열은 행의 번호를 입력하고, 두 번째 열은 x값, 세 번째 열은 함숫값(여기서는 x^2값)을 입력한다.

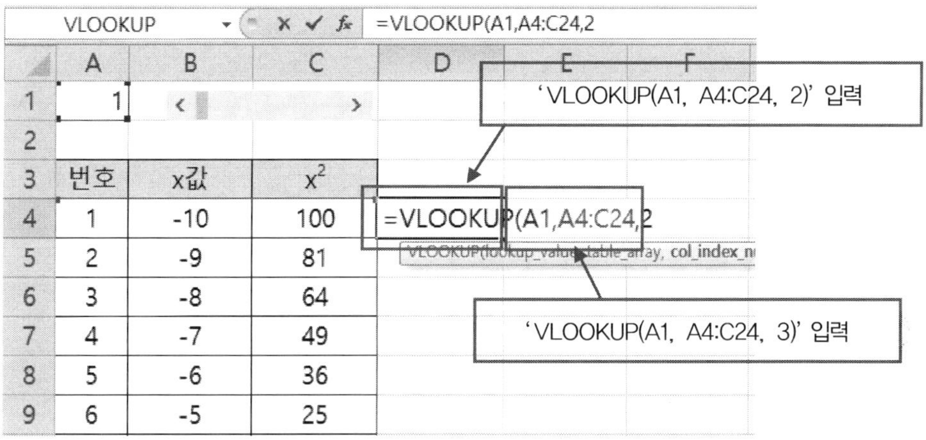

④ D4셀에 'VLOOKUP(A1, A4:C24, 2)'를 입력하고, E4셀에는 'VLOOKUP(A1, A4:C24, 3)'을 입력한다.

⑤ 스크롤 막대를 움직여보자. A3값이 3일 때 세 번째 행의 값이 D4, E4셀에 표시됨을 확인할 수 있다.

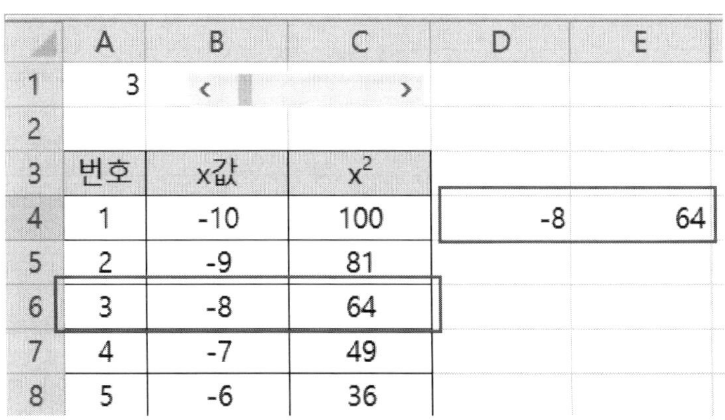

⑥ 그래프 그리기: 영역 B4:C24을 선택하고, [삽입]-[분산형]-[곡선이 있는 분산형]을 선택한다.

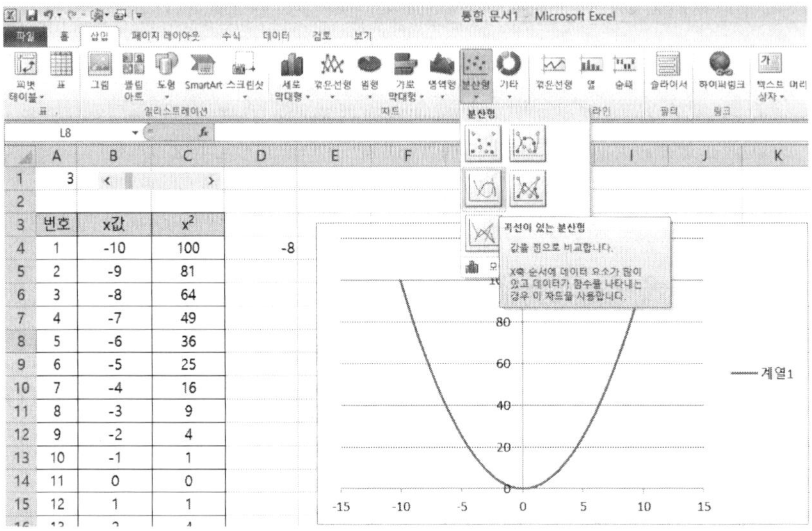

⑦ 그래프를 선택하고 마우스를 누른다. 메뉴에서 [데이터 선택]을 누르면 다음과 같이 [데이터 원본 선택]이 팝업창으로 뜬다.

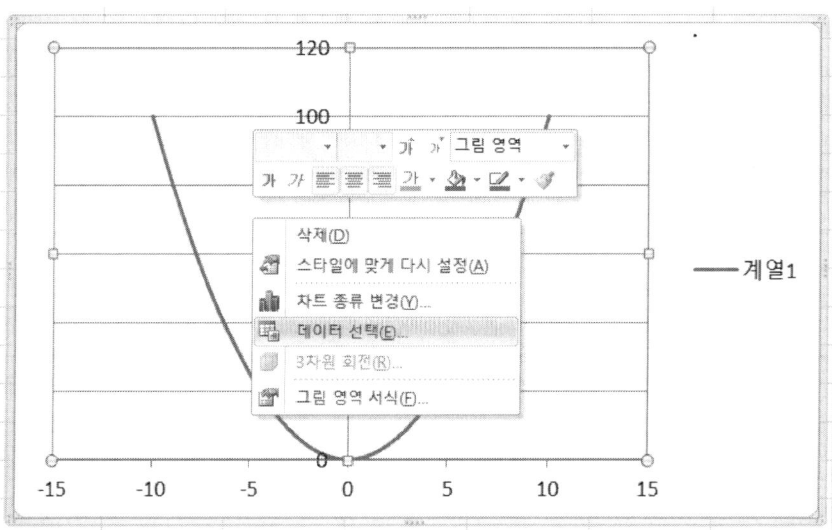

⑧ [데이터 원본 선택]에서 [범례 항목]-[추가]를 선택하면, [계열 편집]이 팝업된다. [계열 편집]에서 [계열 이름]에는 '동점', [계열 X값]에는 셀 D4를 클릭, [계열 Y값]에는 셀 E4를 클릭하여 입력한다.

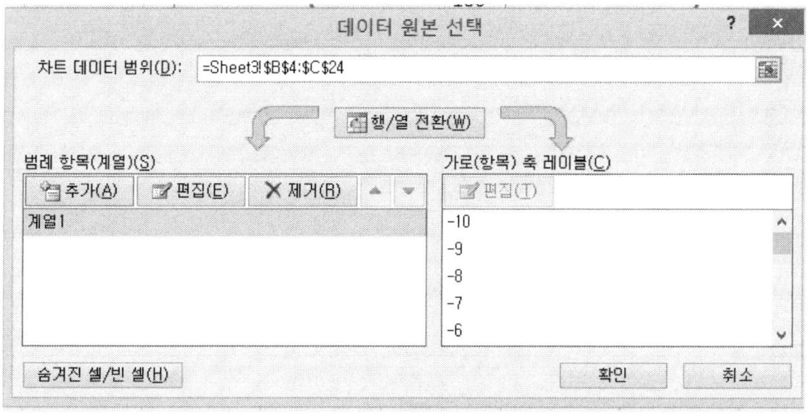

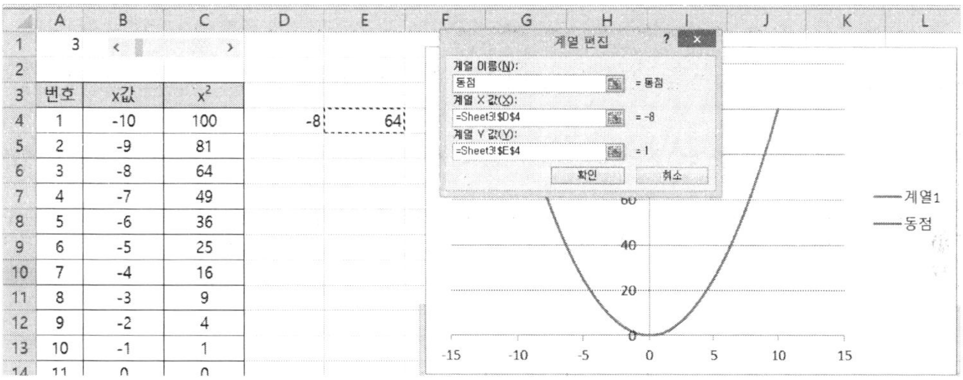

⑨ ⑧번을 실행하고 나면 그래프 모양에는 변화가 없고, 범례에 동점만 하나 더 표시된다. 그래프를 클릭하면 다음 그림과 같이 그래프 위에 표식이 나타나면서 점이 나타내는 데이터가 동시에 활성화 된다.

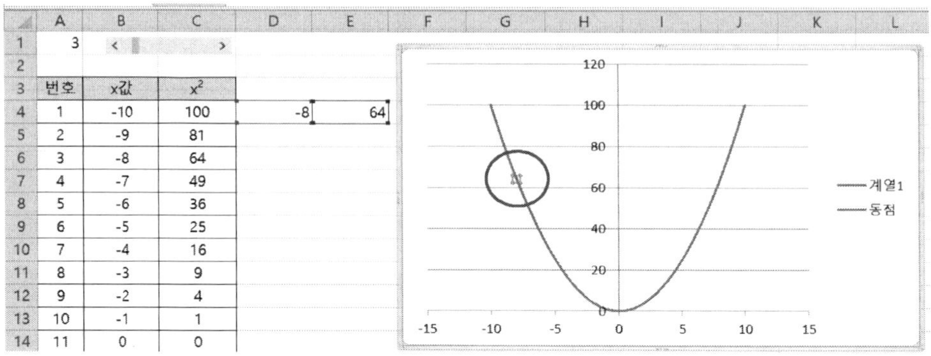

⑩ 점을 선택한 채 마우스 오른쪽 버튼을 눌러 [데이터 계열 서식]을 선택한다.

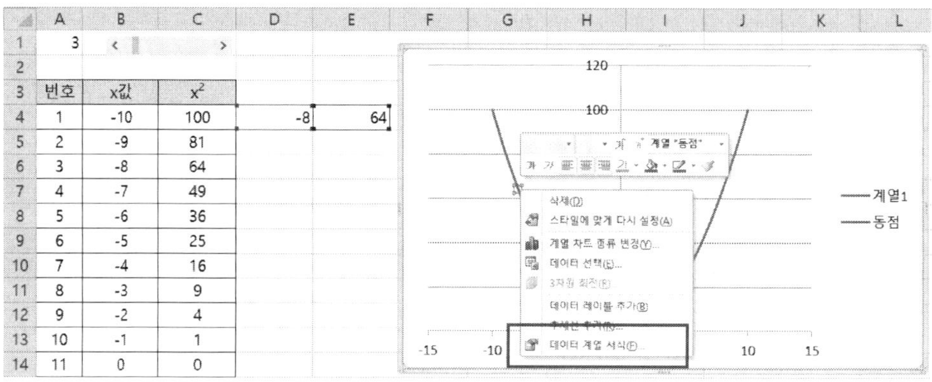

⑪ [데이터 계열 서식]-[표식 옵션]-[기본제공]을 선택한다. 형식과 크기는 자유롭게 선택한다.

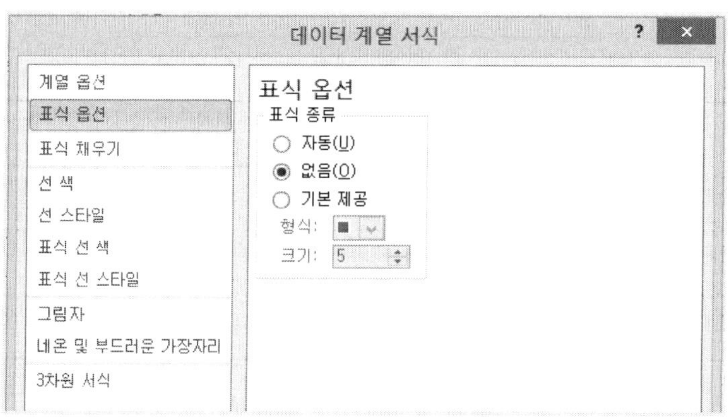

⑫ 다음 그림과 같이 그래프에 동점이 표시되고 스크롤 막대를 움직이면 동점이 그래프 위를 움직인다.

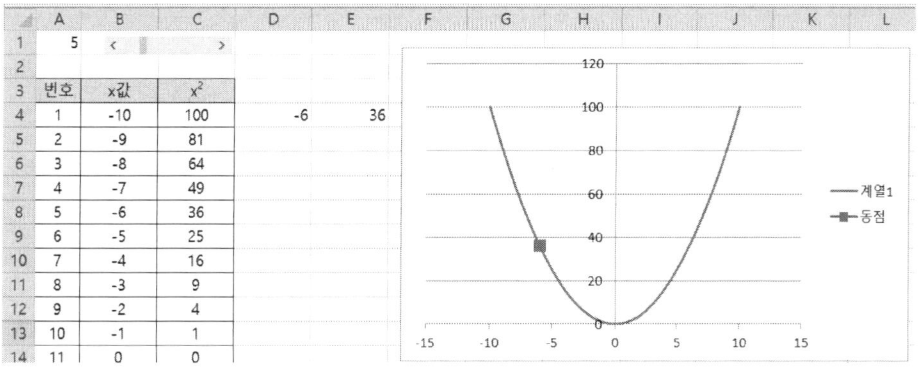

다 》 동점을 이용한 연립방정식 풀이1

연립방정식이 주어지면 '함수의 그래프 위를 움직이는 동점 만들기' 방법을 이용하여 연립방정식의 각각의 방정식 위를 움직이는 동점을 만들고, 동점을 움직이면서 동점이 겹치는 곳이 연립방정식의 해가 됨을 확인할 수 있다.

지도를 확대하여 원하는 장소를 찾는 것처럼, 그래프에서 연립방정식의 해를 읽기 어려운 경우 그래프를 확대하여 근삿값의 정확도를 높일 수 있다.

● 그래프를 이용하여 연립방정식 $\begin{cases} 8x+y=4 \\ x^2+y=-3 \end{cases}$ 을 풀어라.

① 스크롤 막대 2개를 만든다.

② 스크롤 막대의 컨트롤 서식에서 모두 최솟값에 '1', 최댓값에 '21'[1]을 입력하고, 첫 번째 막대는 '셀 연결'에 '$A$1', 두 번째 막대는 '셀 연결'에 '$A$2'를 입력한다.

③ 대응표 만들기

ⅰ. 첫 번째 열은 스크롤 막대의 최솟값, 최댓값에 맞춰 1부터 최댓값까지 적는다.

ⅱ. 두 번째 열은 스크롤 막대의 최댓값이 짝수이면, -(최댓값)/2부터 (최댓값)/2까지의 정수로 정하고, 최댓값이 홀수이면 -(최댓값-1)/2부터 (최댓값-1)/2까지의 정수로 정한다.

ⅲ. 세 번째 열은 연립방정식의 첫 번째 방정식에 해당한다. 셀 C5에 '=-8*B5+4'를 입력하고 셀을 드래그하여 다음 셀들을 채운다.

ⅳ. 네 번째 열은 연립방정식의 두 번째 방정식에 해당한다. 셀 D5에 '=-B5*B5-3'을 입력하고 셀을 드래그하여 다음 셀들을 채운다.

---

1) 최솟값은 항상 '1'로 정하고, 최댓값은 정의역의 개수로 정한다.

	A	B	C	D
1	21	<	>	
2	1	<	>	
3				
4		x	y=-8x+4	y=-x²-3
5	1	-10	84	-103
6	2	-9	76	-84
7	3	-8	68	-67
8	4	-7	60	-52
9	5	-6	52	-39
24	20	9	-68	-84
25	21	10	-76	-103

'=–8*B5+4' 입력

'=–B5*B5–3' 입력

④ 동점 만들기: 동점 1은 첫 번째 방정식 위를 움직이고, 동점 2는 두 번째 방정식 위를 움직이게 된다. VLOOKUP 함수를 이용하여 동점 1, 동점 2를 만든다. 다음을 입력한다. 2)

E1셀: '=VLOOKUP(A1, A5:D25, 2)'

F1셀: '=VLOOKUP(A1, A5:D25, 3)'

E2셀: '=VLOOKUP(A2, A5:D25, 2)'

F2셀: '=VLOOKUP(A2, A5:D25, 4)'

---

2) E1셀: '=VLOOKUP(A1, A5:D25, 2)' 대신 '=VLOOKUP(A1, $A$5:$D$25, 2)'을 입력하고 셀을 옆과 아래로 끌어 셀들을 채운 후, 함수식을 수정하면 훨씬 편하게 작업할 수 있다.

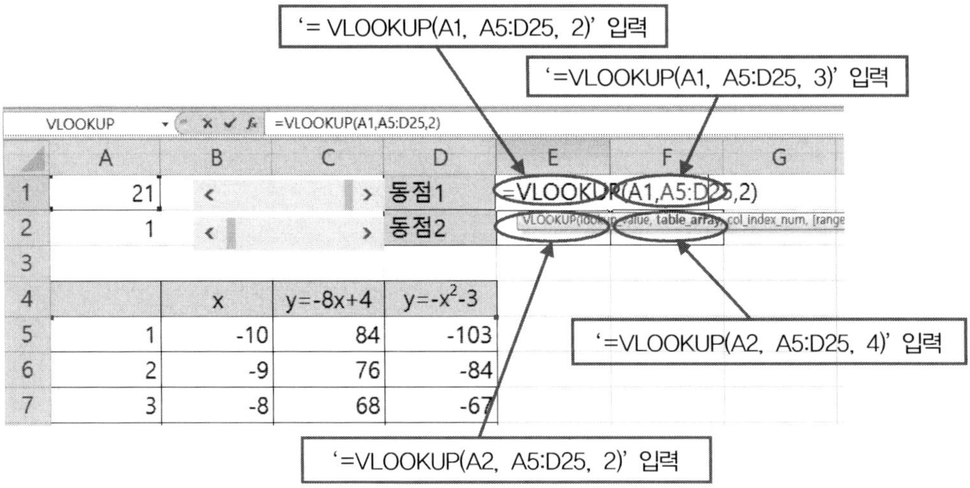

	A	B	C	D
1	21			동점1
2	1			동점2
3				
4		x	y=-8x+4	y=-x²-3
5	1	-10	84	-103
6	2	-9	76	-84
7	3	-8	68	-67

⑤ 함수의 그래프 그리기: 영역 B4:D25를 선택한 상태에서, [삽입]-[분산형]-[곡선이 있는 분산형]을 차례로 선택하면 다음과 같은 그래프가 그려진다.

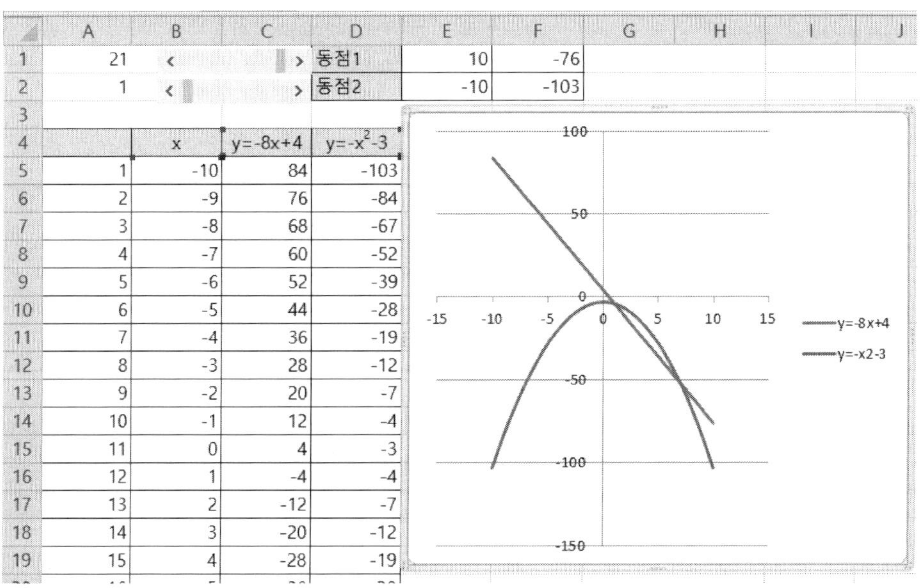

	A	B	C	D	E	F
1	21			동점1	10	-76
2	1			동점2	-10	-103
3						
4		x	y=-8x+4	y=-x²-3		
5	1	-10	84	-103		
6	2	-9	76	-84		
7	3	-8	68	-67		
8	4	-7	60	-52		
9	5	-6	52	-39		
10	6	-5	44	-28		
11	7	-4	36	-19		
12	8	-3	28	-12		
13	9	-2	20	-7		
14	10	-1	12	-4		
15	11	0	4	-3		
16	12	1	-4	-4		
17	13	2	-12	-7		
18	14	3	-20	-12		
19	15	4	-28	-19		

⑥ 동점 추가하기

ⅰ. 그래프를 선택하고 마우스를 누른다. 메뉴에서 [데이터 선택]을 누르면 다음과 같이 [데이터 원본 선택]이 팝업창으로 뜬다.

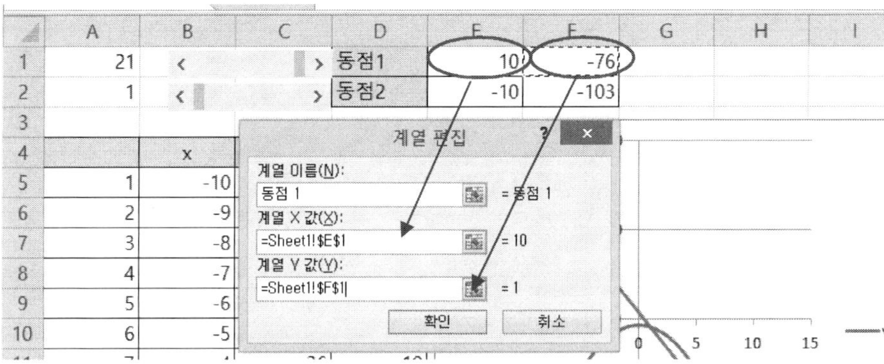

ⅱ. [데이터 원본 선택]에서 [범례 항목]-[추가]를 선택하면, [계열 편집] 창이 팝업된다. [계열 편집]에서 [계열 이름]에는 '동점 1', [계열 X값]에는 셀 E1을 선택, [계열 Y값]에는 셀 F1을 선택하여 입력한다.

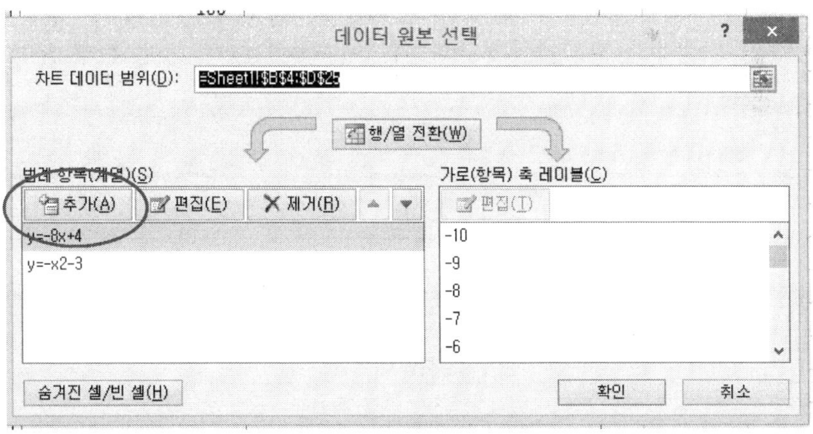

iii. 앞의 i, ii의 과정을 반복하면 [계열 편집] 창이 뜬다. [계열 이름]에는 '동점 2', [계열 X값]에는 셀 E2 선택, [계열 Y값]에는 셀 F2를 선택하여 입력한다. 다음 그림의 범례에는 동점 1, 동점 2가 새롭게 표시된다. 그러나 그래프에는 점이 바로 나타나지 않는다.

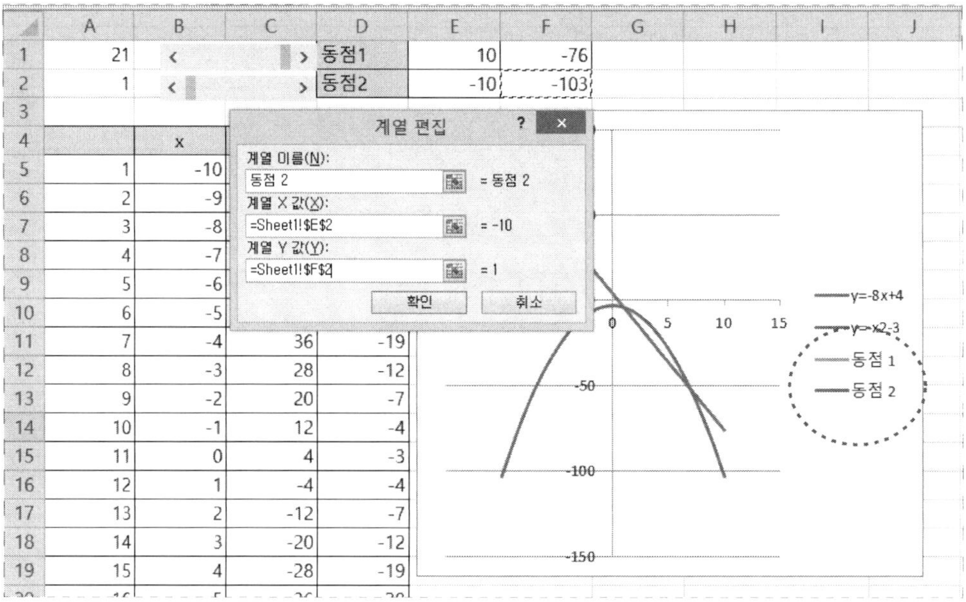

iv. 그래프를 클릭하면 다음 그림과 같이 그래프 위에 표시가 나타나면서 점과 연결된 데이터가 동시에 활성화 된다.

v. [데이터 계열 서식]-[표식 옵션]의 없음을 기본제공으로 바꾸어 준다. 이때 형식과 크기를 원하는 대로 조정한다.

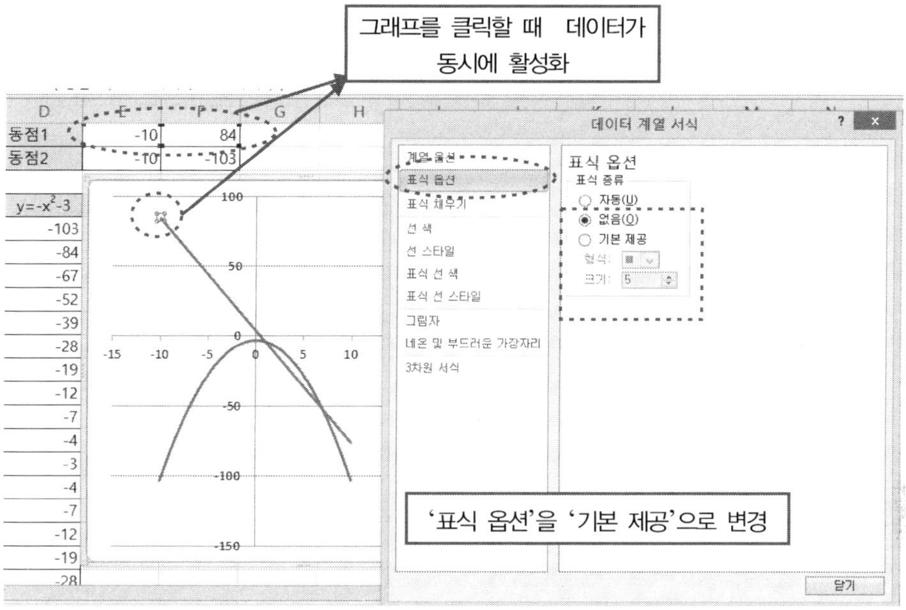

vi. 이차함수의 그래프를 클릭하면 다음과 같이 점 $(-10, -103)$에 표시가 나타나고, 셀 E2, F2가 활성화 된다.

vii. 점을 더블 클릭하면 [데이터 계열 서식]이 나타난다. [표식 옵션]에서 [기본 제공]을 선택하고 동점 1과 다른 표식을 선택한다.

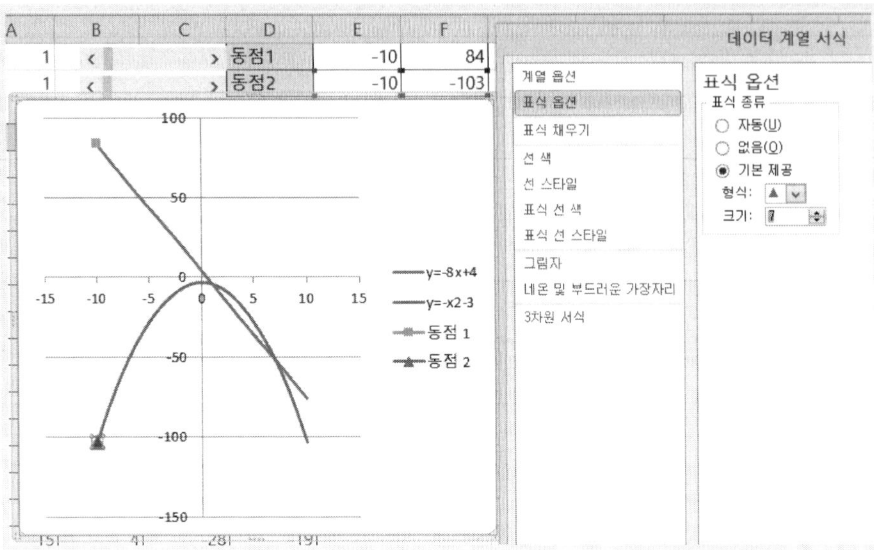

viii. 스크롤 막대를 움직여 두 동점이 만나는 점을 확인한다. 그림에서 보는 바와 같이 $(1,\ -4)$에서 동점 1, 동점 2가 포개짐을 알 수 있다.

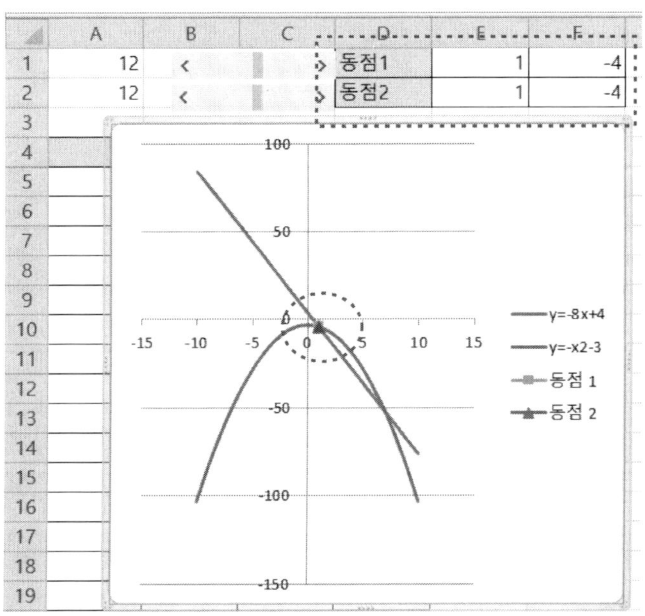

예비교사 활동지

1. 주어진 연립방정식 $\begin{cases} 8x+y=4 \\ x^2+y=-3 \end{cases}$을 각각 $y=f(x)$의 형태로 바꾸시오.

2. 대응표에서 y값들(C열과 D열)을 비교해보시오. 두 값이 일치하는 경우가 있는가? 만약 일치하는 경우를 찾았으면 좌표로 나타내시오.

3. 스크롤 막대를 이용하여 동점 1, 동점 2를 움직이자. 두 동점이 일치하는 점의 좌표를 읽으시오.

4. 2, 3번에서 구한 좌표를 비교해보시오.

5. 1번의 연립방정식을 직접 계산하여 해를 구하시오.

6. 2, 3, 5번의 결과를 비교해보시오.

7. 대응표, 그래프, 연립방정식 사이의 관계에 대해서 말해보시오.

학생 활동지

※ 학생들에게 연립방정식 $\begin{cases} 8x+y=4 \\ x^2+y=-3 \end{cases}$ 의 두 함수에 대한 대응표와 그래프가 담긴 파일을 제공한다.

1. 대응표에서 y값들(C열과 D열)을 비교해보자. 두 값이 일치하는 경우가 있는가? 만약 일치하는 점을 찾았으면 좌표로 나타내시오.

2. 스크롤 막대를 이용하여 동점 1, 동점 2를 움직이자. 두 동점이 일치하는 점의 좌표를 읽으시오.

3. 2, 3번에서 구한 좌표를 비교해보시오.

※ 학생들의 학년 수준에 따라 4번과 5번은 생략할 수 있다.

4. 1번의 연립방정식을 직접 계산하여 해를 구하시오.

5. 2, 3, 4번의 결과를 비교해보시오.

라 》 동점을 이용한 연립방정식 풀이2

● **그래프를 이용하여 연립방정식 $\begin{cases} y = ax + b \\ y = cx^2 + d \end{cases}$ 을 풀어라.**

위 연립방정식의 경우 변수 a, b, c, d의 값을 스크롤 막대를 이용하여 바꾸어 준다. 스크롤 막대를 움직임에 따라 그래프가 움직이고 두 그래프가 만나는 점이 연립방정식의 해가 된다. 연립방정식의 해를 정확히 읽기 위해 두 그래프 위를 움직이는 동점을 각각의 그래프 위에 추가하고 동점을 움직임으로써 해를 구할 수 있다.

① a, c는 영이 아닌 정수이고 b, d는 정수이면서 -3부터 3까지의 값을 갖도록 스크롤 막대를 만들자.[3]

ⅰ. 스크롤 막대 하나를 만든다.

ⅱ. 스크롤 막대의 컨트롤 서식에서 모두 최솟값에 '0', 최댓값에 '6'을 입력하고, 셀 연결에 '$C$1'을 입력한다.

3) a, c가 0이 아니도록 하기 위해 a, c가 양의 정수, 음의 정수인 경우를 따로 만들어야 하지만 파일이 복잡해지므로 a, c 모두 -3부터 3까지의 정수로 정하고 0이 되어선 안 된다고 옆에 표시하자.

iii. 스크롤 막대를 선택한 후, '여기에 복사'를 선택한다. 스크롤 막대가 생기면 D2셀과 E2셀에 스크롤 막대를 위치시키고, 컨트롤 서식에서 셀 연결을 '$C$2'로 바꾸어 준다.

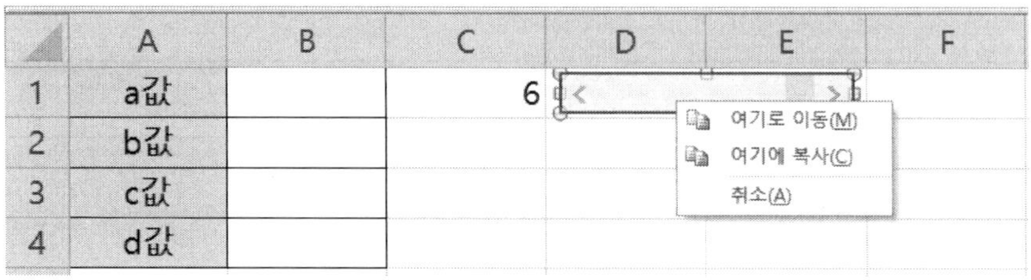

iv. iii와 같은 방법으로 스크롤 막대 2개를 더 만들고 각각 셀 연결을 '$C$3', '$C$4'로 바꾸어 준다.

v. B1셀에 '=C1-3'을 입력한다. 첫 번째 스크롤 막대를 움직이면, B1값이 －3에서 3까지 바뀐다.

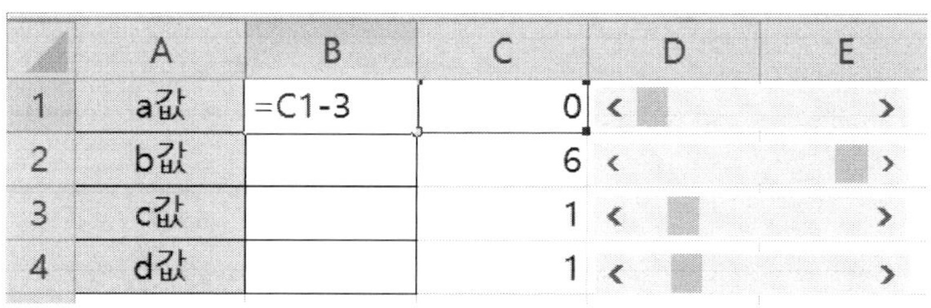

vi. B1셀을 아래로 끌어 자동 채우기를 한다. 즉 B2셀에 '=C2-3', B3셀에 '=C3-3', B4셀에 '=C4-3'을 입력한다.

② 다음 그림을 보면 스크롤 막대가 실제로 나타내는 값(C열)과 우리가 원하는 값(B열)이 동시에 보여지기 때문에 혼돈을 주는 것을 알 수 있다. C열의 숫자를 보이지 않게 하기 위해 글자색을 바탕색과 같게 바꾸거나 스크롤 막대를 이동하여 보이지 않게 하는 방법을 쓸 수 있다.

	A	B	C	D	E
1	a값(a≠0)	2	5	<	>
2	b값	3	6	<	>
3	c값(c≠0)	-2	1	<	>
4	d값	-2	1	<	>

③ A7셀에 정의구역의 원소의 개수만큼의 자연수열을 만든다. 예를 들어, 정의구역의 개수가 21개 인 경우 1, 2, 3, ⋯, 21을 A7:A27에 입력한다.

④ B7:B27에 정의구역의 원소를 입력한다.

⑤ C7셀에 '=$B$1*B7+B2'를 입력한다. C7셀을 아래로 끌어 자동 채우기를 한다.

VLOOKUP | =$B$1*B7+B2

	A	B	C	D	E
1	a값(a≠0)	2	<	>	
2	b값	3	<	>	
3	c값(c≠0)	-2	<	>	
4	d값	-2	<	>	
5					
6		x	y=ax+b	y=cx²+d	
7	1	-10	=$B$1*B7+B2		
8	2	-9			
9	3	-8			
10	4	-7			
11	5	-6			
12	6	-5			
13	7	-4			
14	8	-3			
15	9	-2			

'=$B$1*B7+B2' 입력

⑥ D7셀에 '=$B$3*B7*B7+B4'를 입력한다. D7셀을 아래로 끌어 자동 채우기를 한다.

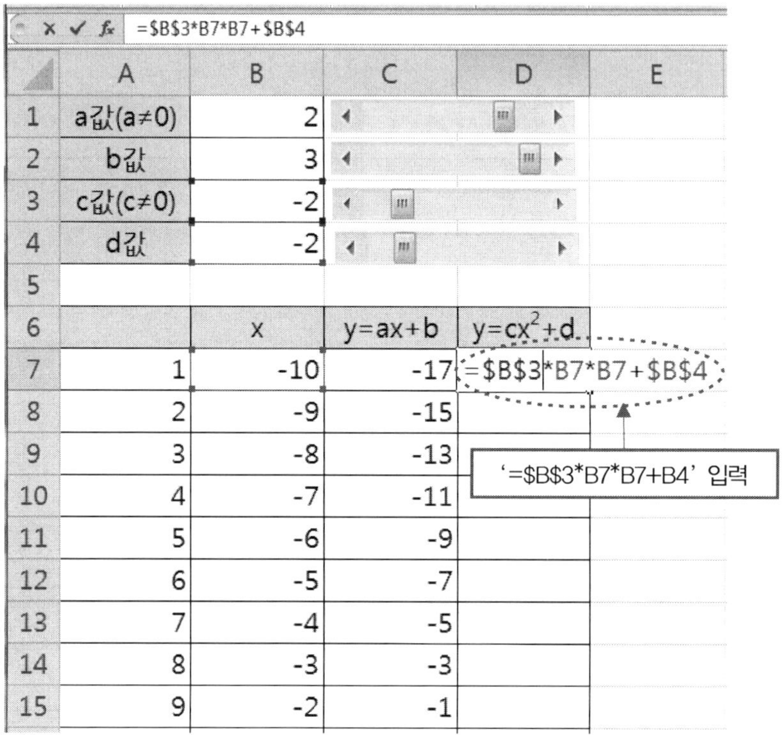

⑦ 그래프 위를 움직이는 동점을 제어하는 스크롤 막대 만들기

ⅰ. A7:A27의 값을 나타내는 스크롤 막대를 2개 만든다.

ⅱ. 스크롤 막대의 컨트롤 서식에서 모두 최솟값에 '1', 최댓값에 '21'을 입력하고, 첫 번째 막대는 셀 연결에 '$E$1', 두 번째 막대는 셀 연결에 '$E$2'를 입력한다.

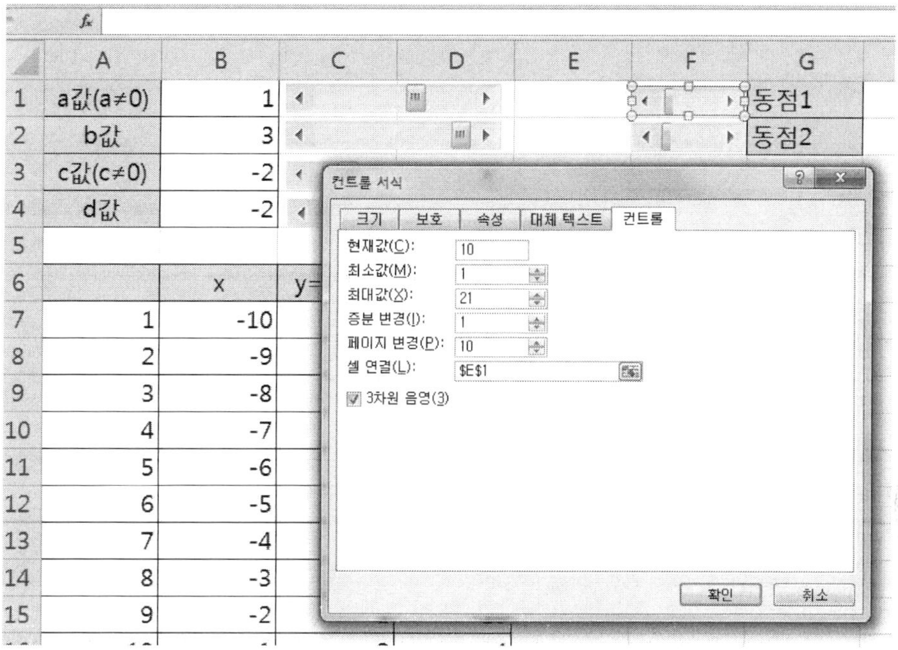

⑧ 동점 만들기: 동점 1은 첫 번째 방정식 위를 움직이고, 동점 2는 두 번째 방정식 위를 움직이게 된다. VLOOKUP 함수를 이용하여 동점 1, 동점 2를 만든다. 다음을 입력한다.

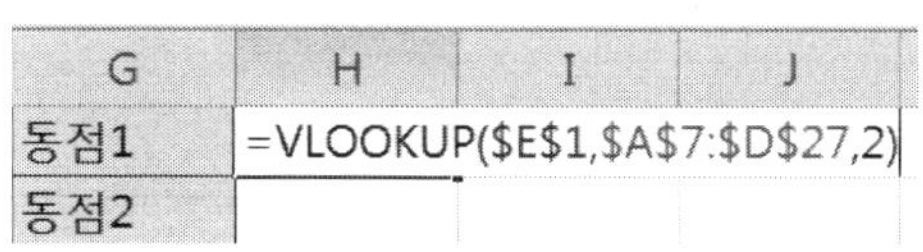

〈동점 1, 동점 2를 나타내는 순서쌍 만들기〉

H1셀: 연립방정식의 첫 번째 방정식 위를 움직이는 동점의 x좌표

I1셀: 연립방정식의 첫 번째 방정식 위를 움직이는 동점의 y좌표

H2셀: 연립방정식의 두 번째 방정식 위를 움직이는 동점의 x좌표

I2셀: 연립방정식의 두 번째 방정식 위를 움직이는 동점의 y좌표

H1셀: '=VLOOKUP(E1, A7:D27, 2)' 입력

I1셀: '=VLOOKUP(E1, A7:D27, 3)' 입력

H2셀: '=VLOOKUP(E2, A7:D27, 2)' 입력

I2셀: '=VLOOKUP(E2, A7:D27, 4)' 입력[4)]

G	H	I	J
동점1	=VLOOKUP($E$1,$A$7:$D$27,2)		
동점2	-3	-20	

G	H	I	J	K
동점1	-1	=VLOOKUP($E$1,$A$7:$D$27,3)		
동점2	-3	-20		

G	H	I	J
동점1	-1	2	
동점2	=VLOOKUP($E$2,$A$7:$D$27,2)		

G	H	I	J	K
동점1	-1	2		
동점2	-3	=VLOOKUP($E$2,$A$7:$D$27,4)		

⑨ 함수의 그래프 그리기: 영역 B7:D27를 선택한 상태에서, [삽입]-[분산형]-[곡선이 있는 분산형]을 차례로 선택하면 다음과 같은 그래프가 그려진다.

---

4) 위와 같이 함수의 변수가 유사한 경우 함수를 일일이 입력하기 보다는 위의 그림에서 처럼 셀 주소에서 F4 키를 눌러 $ 기호가 자동 입력되도록 한다. 그 다음 셀의 모서리를 끌어 자동 채우기를 한 후 약간의 수정을 거치면 매우 쉽게 함수를 입력할 수 있다.

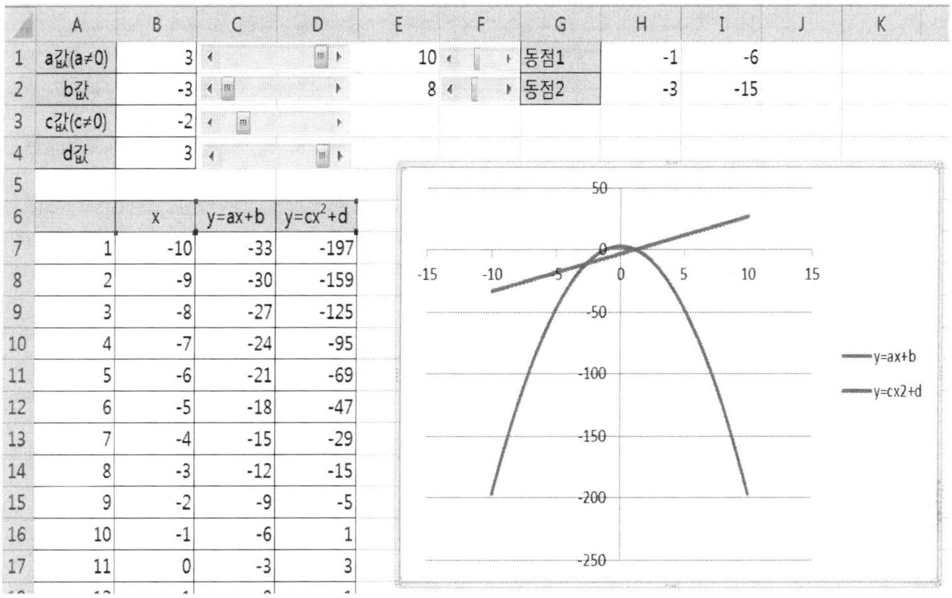

⑩ 동점 추가하기

i . 그래프를 선택하고 마우스를 누른다. 메뉴에서 [데이터 선택]을 누르면 다음과 같이 [데이터 원본 선택]이 팝업창으로 뜬다.

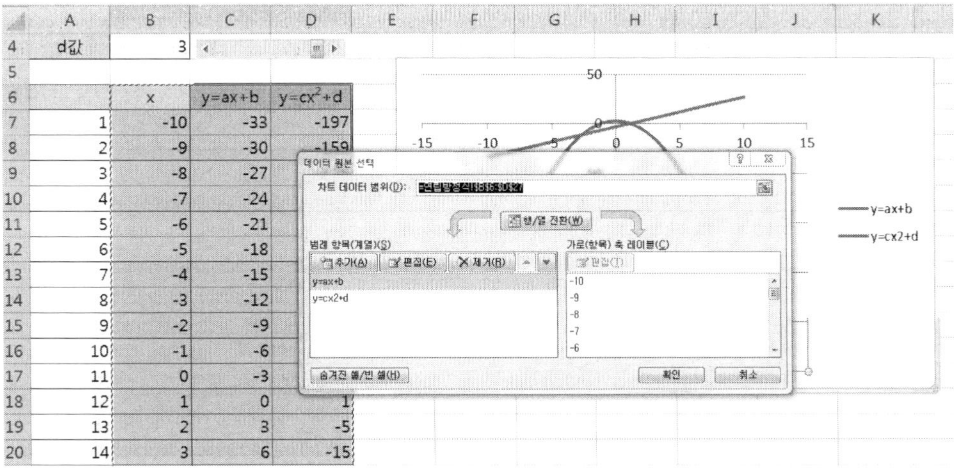

ⅱ. [데이터 원본 선택]에서 [범례 항목]-[추가]를 선택하면, [계열 편집] 창이 팝업 된다. [계열 편집]에서 [계열 이름]에는 '동점 1', [계열 X값]에는 H1셀 선택, [계열 Y값]에는 I1셀을 선택하여 입력한다.

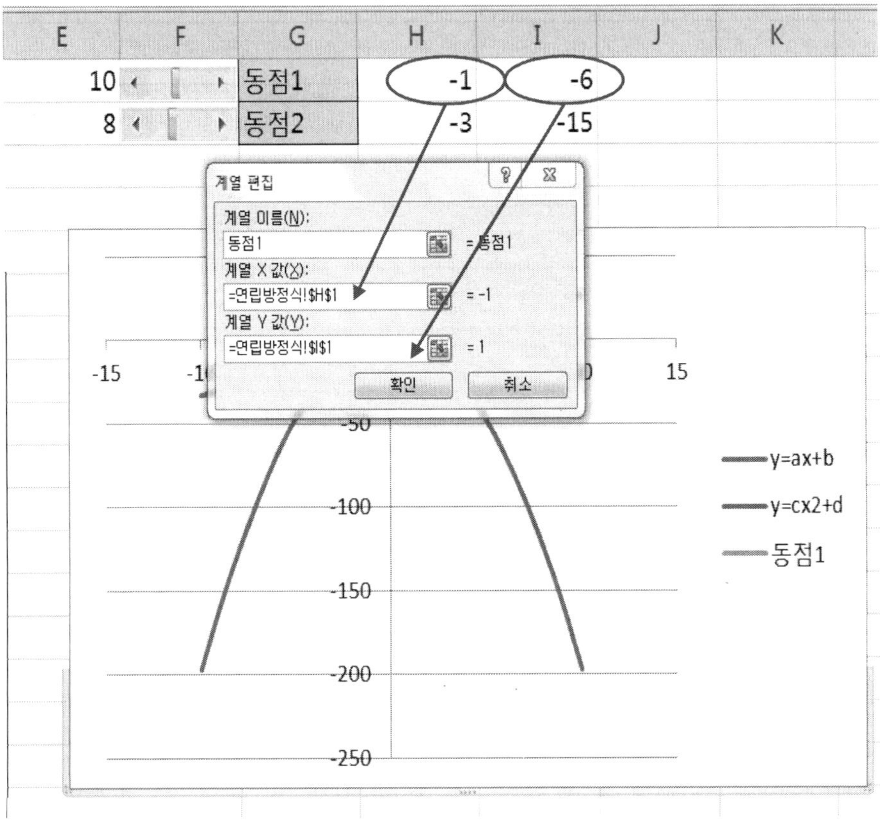

ⅳ. ⅲ과 유사하게 동점 2를 입력한다. 그래프 오른쪽 범례에 동점 1, 동점 2가 새롭게 표시되었지만 그래프 위에는 어떤 표시도 나타나지 않는다.

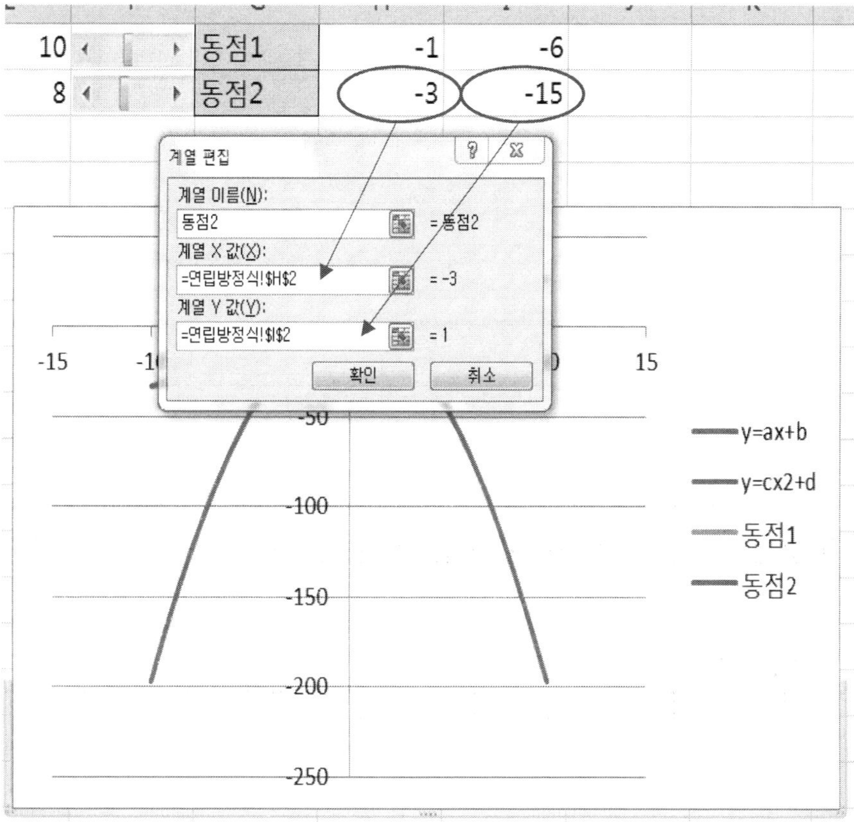

v. 그래프를 클릭하면 다음 그림과 같이 그래프 위에 표시가 나타나면서 점과 연결된 데이터가 동시에 활성화 된다.

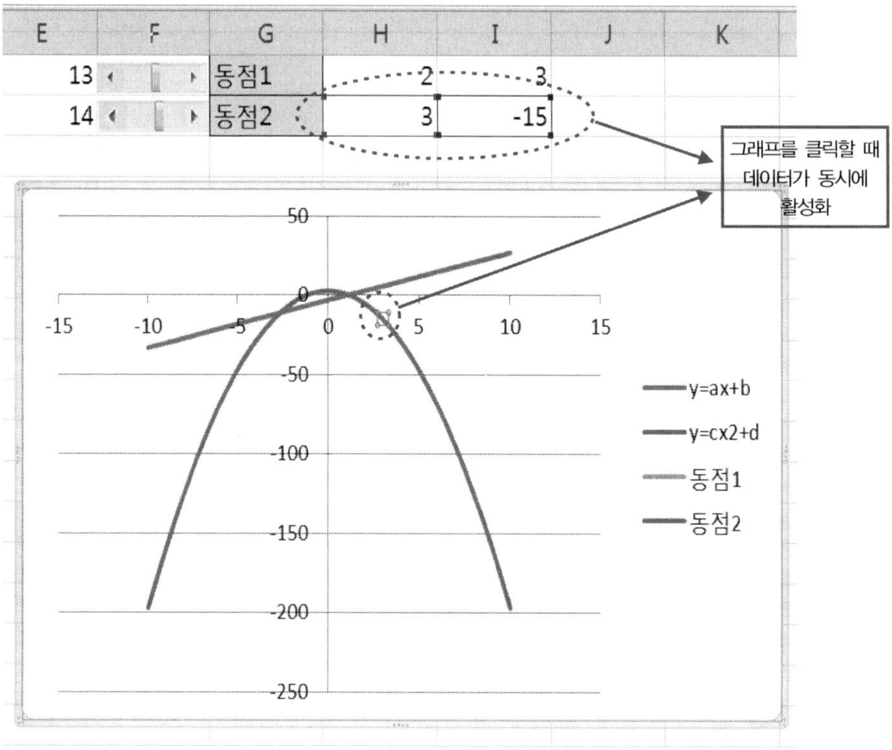

vi. [데이터 계열 서식]-[표식 옵션]의 [없음]을 [기본제공]으로 바꾸어준다. 이때 형식과 크기를 원하는 대로 조정한다.

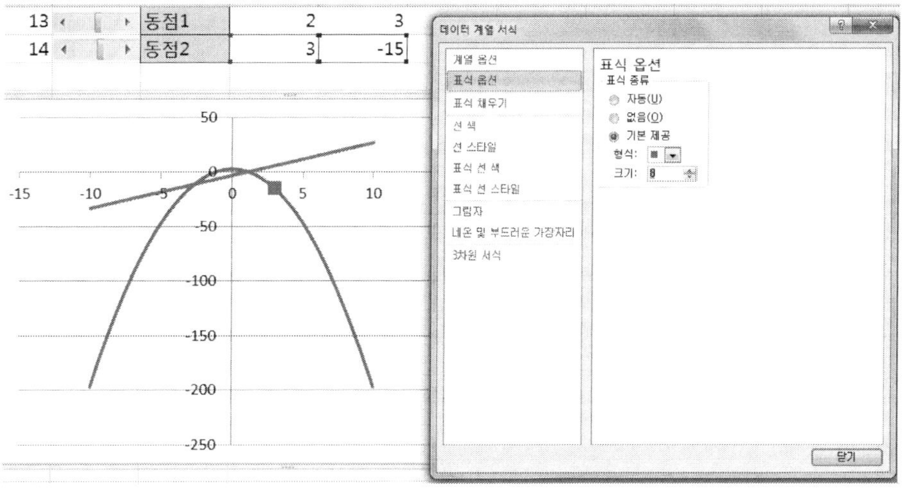

vii. 일차 함수의 그래프를 클릭하면 다음과 같이 점 (2, 3)에 표시가 나타나고, 셀 H1, I1이 활성화 된다.

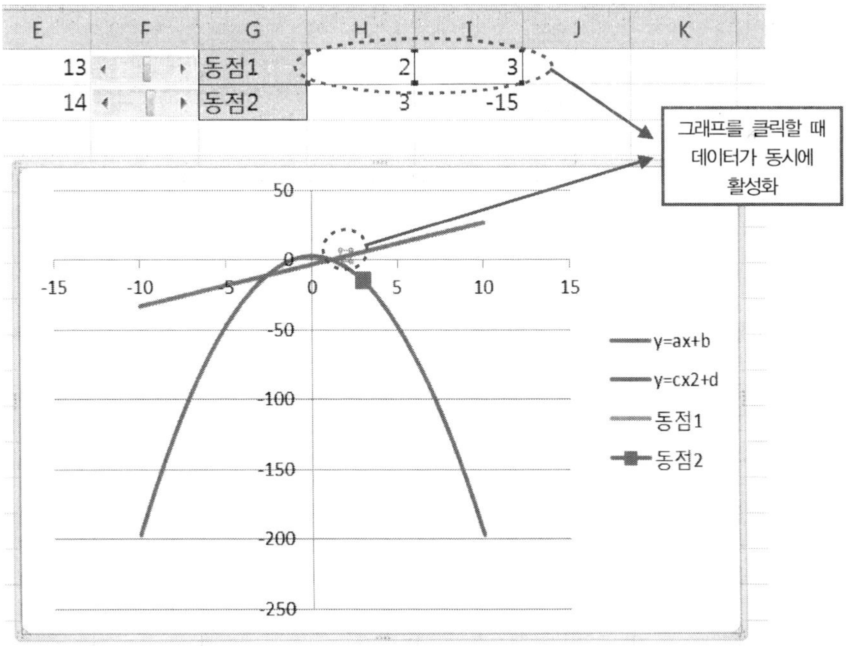

viii. 점을 더블 클릭하면 [데이터 계열 서식]이 나타난다. [표식 옵션]에서 [기본 제공]을 선택하고 동점 2와 다른 표식을 선택한다.

ix. 동점 1에 (2, 3), 동점 2에 (3, −15)가 각각 그래프 위에 표시된다.

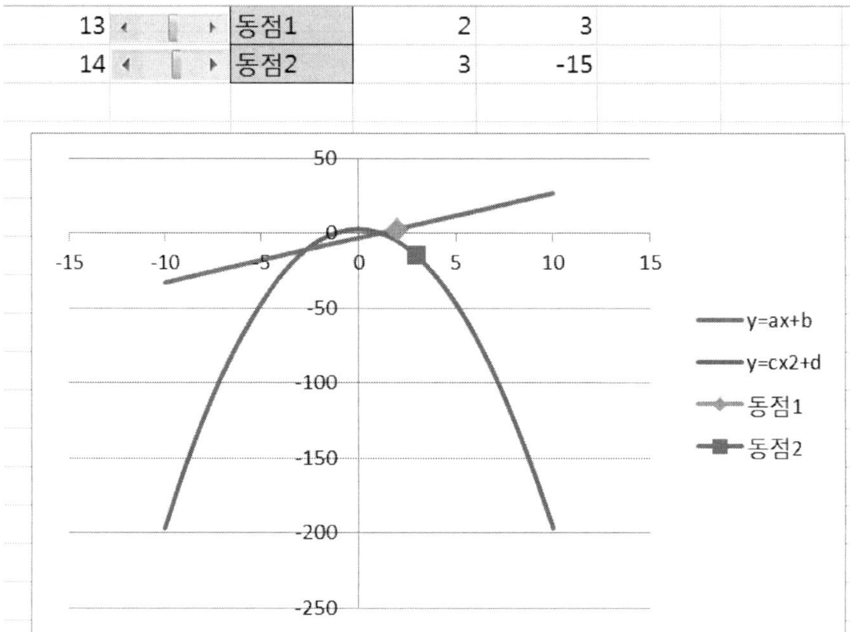

⑪ 스크롤 막대를 움직여 두 동점이 만나는 점을 확인한다. 다음의 동점이 포개져 보이지만 동점의 좌표가 (1, 0), (1, 1)로 완전히 포개지지 않으므로 그림을 확대하여 보다 정확하게 교점을 찾아야 한다.

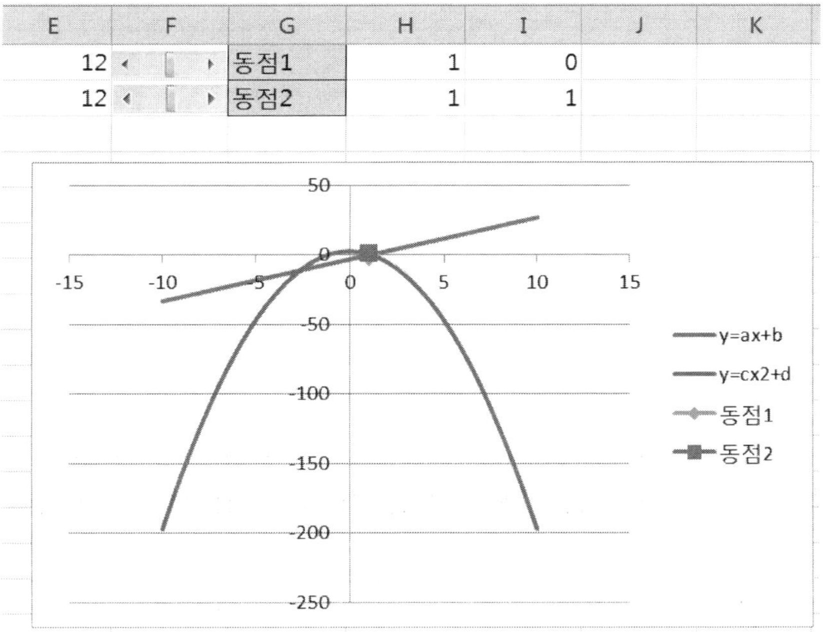

예비교사 활동지

1. 처음의 스크롤 막대 2개를 움직여서, 함수 $y=ax+b$의 a값, b값을 바꾸어라. 유사하게 아래의 스크롤 막대 2개를 움직여서, 함수 $y=cx^2+d$의 c값, d값을 바꾸어라. 대응표를 관찰하고 대응표에서 함숫값이 일치하는 점을 찾아보시오. 일치하는 점이 있으면 다음 표에 적고 일치하는 점이 없으면 스크롤 막대를 움직여서 함숫값을 바꾸시오.

	1회	2회
방정식 1		
방정식 2		
대응표에서 함숫값이 일치하는 점		

2. 1에서 변경된 방정식 1, 방정식 2에 대해 차트에서 그래프가 만나는 점의 좌표를 읽으시오.

	1회	2회
방정식 1		
방정식 2		
차트에서 두 그래프가 만나는 점		

3. 1번과 2번의 표를 비교하시오.

※ ⑩에서 두 동점이 완전히 겹쳐지지 않는 문제를 해결하자. 대응표에서 x좌표의 간격을 줄이면 연립방정식의 근사해를 구할 수 있다.

[1단계] ①~⑩에서 만든 파일을 복사한다. B열의 x값을 바꾸어 준다. B8셀에 -9.9를 입력하고 B7셀과 B8셀을 동시에 선택한 상태에서 B207셀까지 아래로 끌어 자동 채우기를 한다. A, C, D열도 207행까지 자동 채우기를 한다.

6		x	y=ax+b	y=cx^2+d
7	1	-10	17	-197
8	2	-9.9	16.8	-193.02
9	3	-9.8	16.6	-189.08
10	4	-9.7	16.4	-185.18
11	5	-9.6	16.2	-181.32
12	6	-9.5	16	-177.5
13	7	-9.4	15.8	-173.72
14	8	-9.3	15.6	-169.98
15	9	-9.2	15.4	-166.28
16	10	-9.1	15.2	-162.62
17	11	-9	15	-159
18	12	-8.9	14.8	-155.42
19	13	-8.8	14.6	-151.88
20	14	-8.7	14.4	-148.38
21	15	-8.6	14.2	-144.92
202	196	9.5	-22	-177.5
203	197	9.6	-22.2	-181.32
204	198	9.7	-22.4	-185.18
205	199	9.8	-22.6	-189.08
206	200	9.9	-22.8	-193.02
207	201	10	-23	-197

[2단계] 영역 A7:A207이 1부터 201까지 변화되므로 F1, F2에 위치한 스크롤 막대를의 최댓값을 21에서 201로 바꾸어 준다.

[3단계] H1, I1, H2, I2셀의 VLOOKUP 함수에서 영역을 바꾸어준다.

H1셀 '=VLOOKUP(E1, A7:D207, 2)' 입력

I1셀 '=VLOOKUP(E1, A7:D207, 3)' 입력

H2셀 '=VLOOKUP(E2, A7:D207, 2)' 입력

I2셀 '=VLOOKUP(E2, A7:D207, 4)' 입력

[4단계] 영역 B6:D207을 선택하고 [삽입]-[분산형]으로 그래프를 그린다. ⑩의 동점 추가하기 과정을 동일하게 적용한다.

[5단계] 동점을 움직여서 근삿값을 찾는다. 두 그래프가 겹치는 점이 대략 1.1 근처에서 생기므로 그래프의 x축, y축을 선택하고 최솟값과 최댓값을 바꾸어 준다.

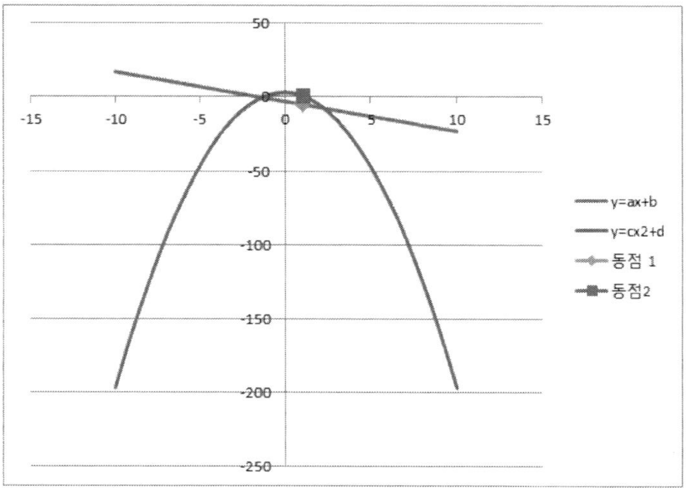

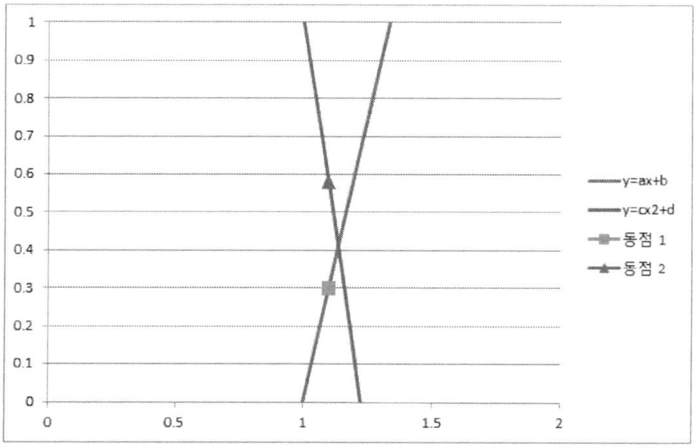

[6단계] 1단계에서 x값들 사이의 간격을 0.01로 바꾸고 나서 2단계부터 5단계를 반복한다.

4. [1단계]에서 새로 만든 대응표를 관찰하여 해의 범위를 유추하시오.

5. 위에 만든 파일에서 동점 스크롤 막대를 움직여 동점이 포개지는 점의 좌표를 읽어 보시오.

학생 활동지

※ ①~⑩에서 만든 파일을 학생에게 제공한다.

1. 처음의 스크롤 막대 2개를 움직여서, 함수 $y = ax + b$의 a값, b값을 바꾸시오. 유사하게 아래의 스크롤 막대 2개를 움직여서, 함수 $y = cx^2 + d$의 c값, d값을 바꾸시오. 대응표를 관찰하고 대응표에서 함숫값이 일치하는 점을 찾아보시오. 일치하는 점이 있으면 다음 표에 적고 일치하는 점이 없으면 스크롤 막대를 움직여서 함숫값을 바꾸시오.

	1회	2회
방정식 1		
방정식 2		
대응표에서 함숫값이 일치하는 점		

2. 1에서 변경된 방정식 1, 방정식 2에 대해 차트에서 그래프가 만나는 점의 좌표를 읽으시오.

	1회	2회
방정식 1		
방정식 2		
차트에서 두 그래프가 만나는 점		

3. 1번과 2번의 표를 비교하시오.

4. 차트에서 두 그래프가 만나는 점(교점)의 좌표를 읽을 수 없는 경우, 그 해결 방법에 대해 토의해보시오.

마 ⟫ 극좌표 그래프 작도1: r=a+bsinct 그래프

극좌표계는 평면의 위치를 각도와 거리를 사용해서 나타내는 2차원 좌표계이다. 두 점 사이의 관계가 각이나 거리로 쉽게 표현되는 경우 직교좌표계보다 극좌표를 사용하는 것이 더 간단하게 표현된다. 함수식이 극좌표로 주어진 경우 극좌표 그래프를 이용하면 계산이 용이한 경우가 많으므로 극좌표 그래프를 그리는 것이 대학 미적분을 공부하는 학생들에게 요구된다.

● $r=a+b\sin ct$의 그래프

① 상수 a, b, c값을 나타낼 스크롤 막대 3개를 만든다.

i . A1:B3에 그림과 같이 표를 그린다.

	A	B
1	a값	
2	b값	
3	c값	

ii . [양식 컨트롤]-[스크롤 막대]를 차례로 선택하고, D1:E1 영역에 스크롤 막대를 위치시킨다. 생성된 스크롤 막대를 복사하여 D2:E2 영역, D3:E3영역에 스크롤 막대를 만든다.

iii. 스크롤 막대의 컨트롤 서식에서 모두 최솟값에 '0', 최댓값에 '10'을 입력하고, 첫 번째 막대는 셀 연결에 '$C$1', 두 번째 막대는 셀 연결에 '$C$2', 세 번째 막대는 셀 연결에 '$C$3'를 입력한다.

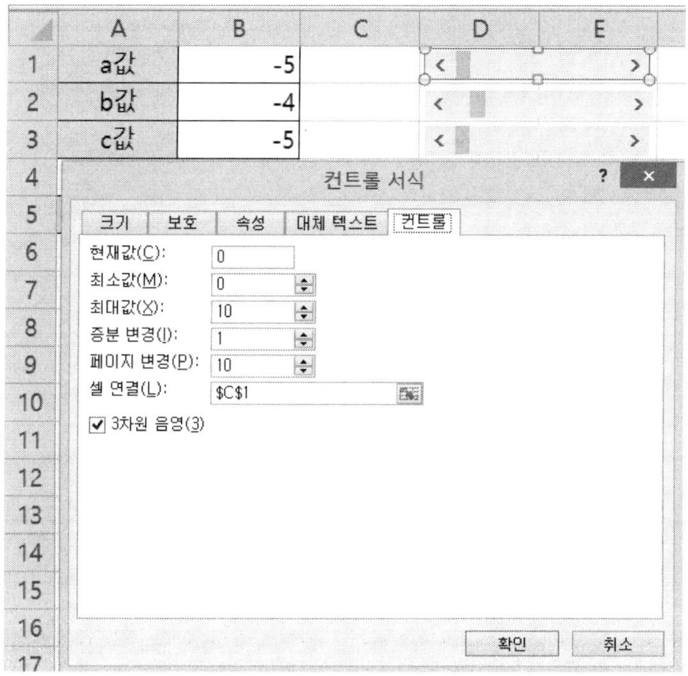

② ①에서 만든 스크롤 막대가 −5부터 5까지의 정수를 나타내도록 한다. 즉, B1셀에 '=C1−5', B2셀에 '=C2−5', B3셀에 '=C3−5'를 입력한다.[5)]

③ 스크롤 막대를 움직일 때마다 B열과 C열이 동시에 움직이므로 C열을 감추거나 보이지 않게 바탕과 같은 색으로 바꾸어 준다.

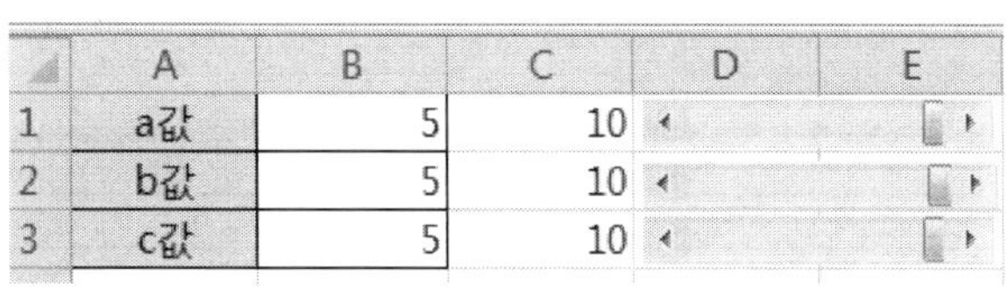

5) B1셀에 '=C1−5'을 입력한 후 B1셀을 아래로 끌어 자동 채우기를 해도 된다.

	A	B	C	D	E
1	a값	5			
2	b값	5			
3	c값	5			

④ 대응표 만들기

ⅰ. 영역 A6:A366은 자동 채우기를 이용하여 0, 1, 2, ⋯, 360을 적어 놓는다.

ⅱ. B6셀에 '=$B$1+$B$2*SIN(RADIANS $B$3*A6)'을 입력하고 나서, 영역 B6:B366까지 자동 채우기를 한다.6)

	A	B	C	D	E
1	a값	0			
2	b값	2			
3	c값	2			
4					
5	각(deg)	r	x	y	
6	0	=$B$1+$B$2*SIN(RADIANS($B$3*A6))			
7	1	0.069799			
8	2	0.139513			

ⅲ. 극좌표 $(r,\ \theta)$는 $x = r\cos\theta,\ y = r\sin\theta$ 관계에 의해서 직교좌표 $(x,\ y)$로 바뀐다. 영역 C6:C366과 영역 D6:D366은 영역 A6:A366, 영역 B6:B366의 극좌표를 직교좌표로 바꾸기 위해서 C6셀에 '=B6*COS(RADIANS(A6))'을 입력하고, D6셀에 '=B6*SIN(RADIANS(A6))'을 입력한다.

6) 엑셀에서 SIN 함수는 변수가 라디안이어야 한다.

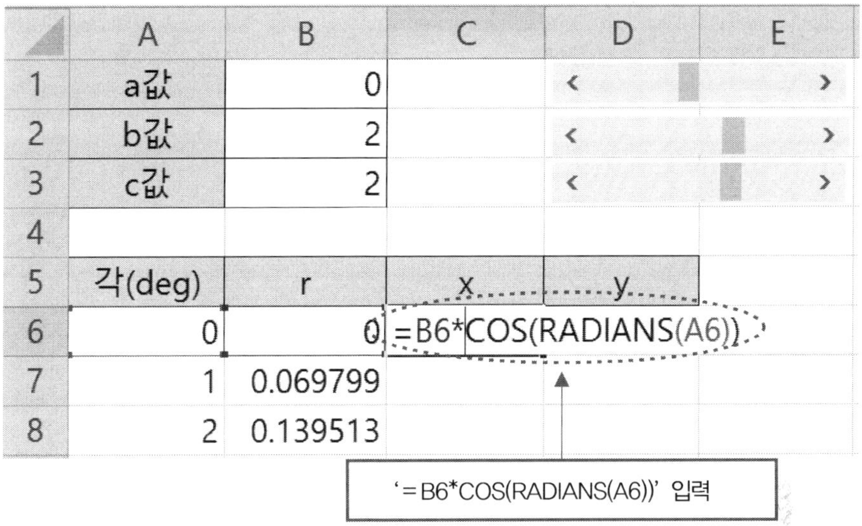

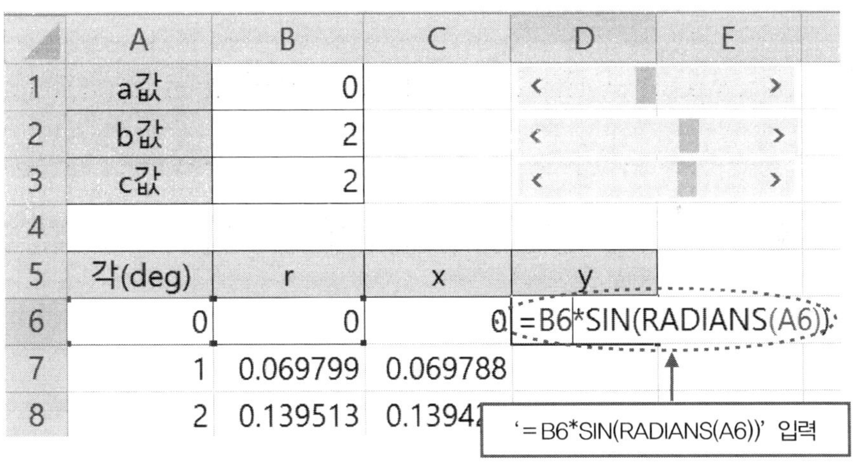

C6셀: '=B6*COS(RADIANS(A6))'

D6셀: '=B6*SIN(RADIANS(A6))'

⑤ 함수의 그래프 그리기: 영역 C6:D366을 선택한 상태에서, [삽입]-[분산형]-[곡선이 있는 분산형]을 차례로 선택하면 다음과 같은 그래프가 그려진다.

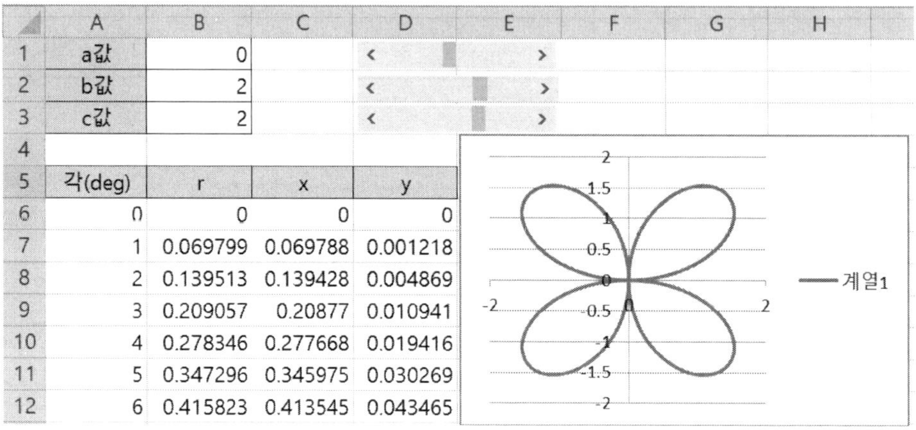

	A	B	C	D
1	a값	0		
2	b값	2		
3	c값	2		
4				
5	각(deg)	r	x	y
6	0	0	0	0
7	1	0.069799	0.069788	0.001218
8	2	0.139513	0.139428	0.004869
9	3	0.209057	0.20877	0.010941
10	4	0.278346	0.277668	0.019416
11	5	0.347296	0.345975	0.030269
12	6	0.415823	0.413545	0.043465

⑥ 축 고정: 스크롤 막대를 움직일 때 축이 함께 바뀌면 값의 변화에 따른 그래프 개형의 변화를 판단하기 어렵게 된다. 따라서 축을 고정시키자.

i . 가로축을 더블 클릭(또는 가로축에서 마우스 오른쪽 버튼 클릭)하면 [축 서식]이 팝업된다. 여기에서 최댓값과 최솟값을 고정으로 바꾸고 10과 −10을 입력한다.[7]

7) r=a+bsinct는 최댓값이 a+b, 최솟값이 a−b가 되므로 축 서식에서 최댓값은 a+b, 최솟값은 a−b로 정하면 된다.

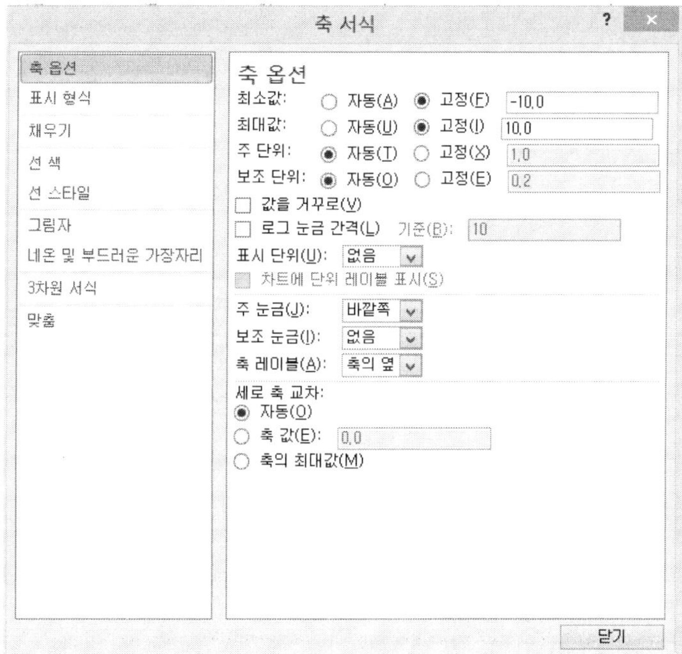

ⅱ. ⅰ과 유사하게 세로축의 값도 최댓값은 10, 최솟값은 −10으로 고정한다.

ⅲ. 범례 수정: 그래프를 더블 클릭한 후, [차트도구]-[데이터 선택]을 하면 [데이터 원본 선택]이 팝업된다. [범례항목 계열]에서 그래프의 범례의 이름과 같은 계열 1을 선택한 상태에서 편집 버튼을 누른다.

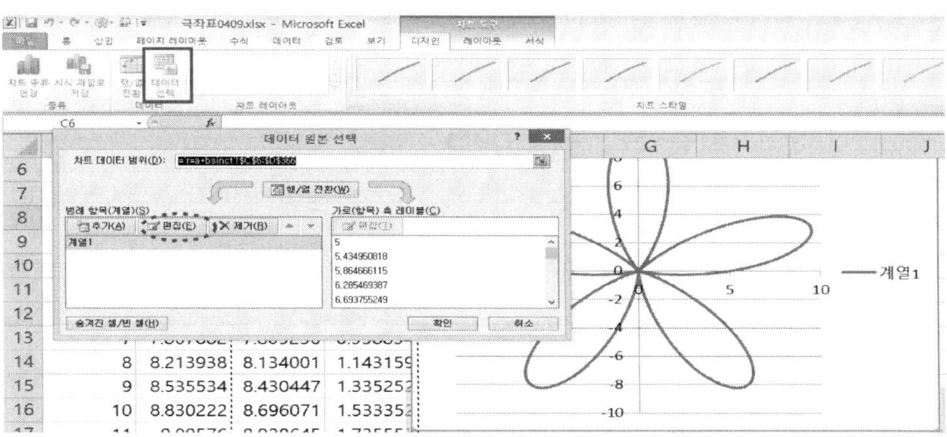

ⅳ. 계열 편집 창에서 계열 이름 창에 그래프의 식을 입력한다. 그래프의 범례가 바뀌는 것을 볼 수 있다.

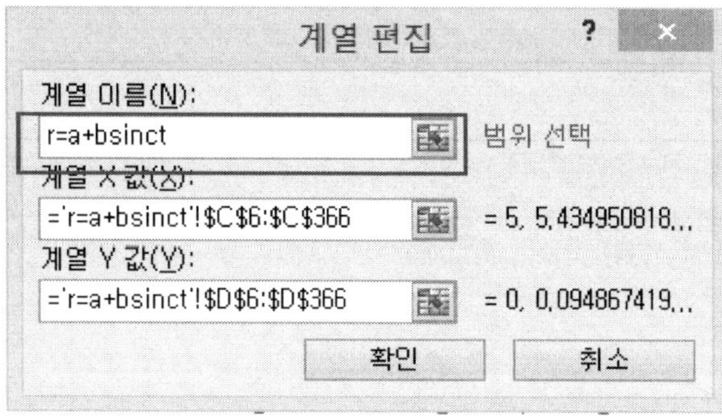

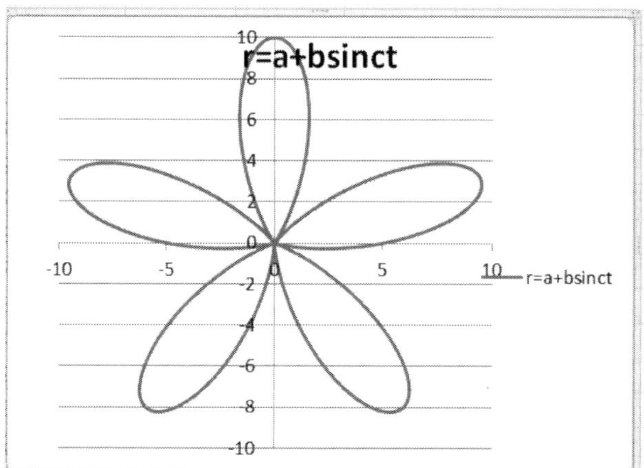

예비교사 활동지

1. 스크롤 막대를 움직여서 극좌표 그래프의 개형을 알아보고 다음 표를 완성하시오.

식	$r=\sin t$	$r=\sin 2t$	$r=\sin 3t$	$r=\sin 4t$
그래프				

식	$r=\sin(-t)$	$r=\sin(-2t)$	$r=\sin(-3t)$	$r=\sin(-4t)$
그래프				

2. 1에서 관찰한 극좌표 그래프 $r=\sin ct$의 특징에 대해 기술하시오.

3. 위와 같은 특징이 나타난 원인에 대해 생각해보시오.

4. $b=2$로 고정하고, 세 번째 스크롤 막대를 움직여서 극좌표 그래프의 개형을 알아보고 다음 표를 완성하시오.

식	$r=2\sin t$	$r=2\sin 2t$	$r=2\sin 3t$	$r=2\sin 4t$
그래프				

식	$r=2\sin(-t)$	$r=2\sin(-2t)$	$r=2\sin(-3t)$	$r=2\sin(-4t)$
그래프				

5. 1번과 4번의 그래프를 비교하시오.

6. $b=-2$로 고정하고, 스크롤 막대를 움직여서 극좌표 그래프의 개형을 알아보고 다음 표를 완성하시오.

식	$r=-2\sin t$	$r=-2\sin 2t$	$r=-2\sin 3t$	$r=-2\sin 4t$
그래프				

7. 4번과 6번의 극좌표 그래프를 비교하여라. $r=b\sin ct$에서 b의 역할에 대해서 추측하시오.

8. 함수 $r=a+\sin 2t$에서 a값을 여러 가지로 바꾸어보자. 다음 표에 그래프의 개형을 그려보시오.

식	$r=1+\sin 2t$	$r=2+\sin 2t$	$r=3+\sin 2t$	$r=4+\sin 2t$
그래프				

식	$r=-1+\sin 2t$	$r=-2+\sin 2t$	$r=-3+\sin 2t$	$r=-4+\sin 2t$
그래프				

9. 8번의 그래프를 관찰하여라. 그리고 $r=a+b\sin ct$에서 a의 역할에 대해 설명해보시오.

바 》 극좌표 그래프 작도2: r=a+bcosct 그래프

앞에서 만든 $r=a+b\sin ct$ 파일을 이용하여 $r=a+b\cos ct$ 그래프를 그려보시오.

● $r=a+b\cos ct$의 그래프

① $r=a+b\sin ct$ 그래프 만들기의 ①~③ 과정을 반복하거나 스크롤 막대 부분을 복사해 와서 상수 a, b, c값이 -5부터 5까지의 정수값을 나타내도록 스크롤 막대 3개를 만든다.

	A	B	C	D	E
1	a값	5			
2	b값	5			
3	c값	5			

② 대응표 만들기

a. 영역 A6:A366은 자동 채우기를 이용하여 0, 1, 2, ⋯, 360을 적어 놓는다.

b. B6셀에 '=$B$1+$B$2*COS(RADIANS($B$3*A6))'을 입력한 후 영역 B6:B366까지 자동 채우기를 한다.

	A	B	C	D	E
1	a값	0			
2	b값	2			
3	c값	2			
4					
5	각(deg)	r	x	y	
6	0	=$B$1+$B$2*COS(RADIANS($B$3*A6))			
7	1	1.998782			
8	2	1.995128			

'=$B$1+$B$2*COS(RADIANS $B$3*A6)' 입력

c. 극좌표 $(r,\ \theta)$는 $x = r\cos\theta,\ y = r\sin\theta$ 관계에 의해서 직교좌표 $(x,\ y)$로 바뀐다. 영역 C6:C366과 D6:D366은 영역 A6:A366, 영역 B6:B366의 극좌표를 직교좌표로 바꾸기 위해서 C6셀에 '=B6*COS(RADIANS(A6))'을 입력하고, D6셀에 '=B6*SIN(RADIANS(A6))'을 입력한다.

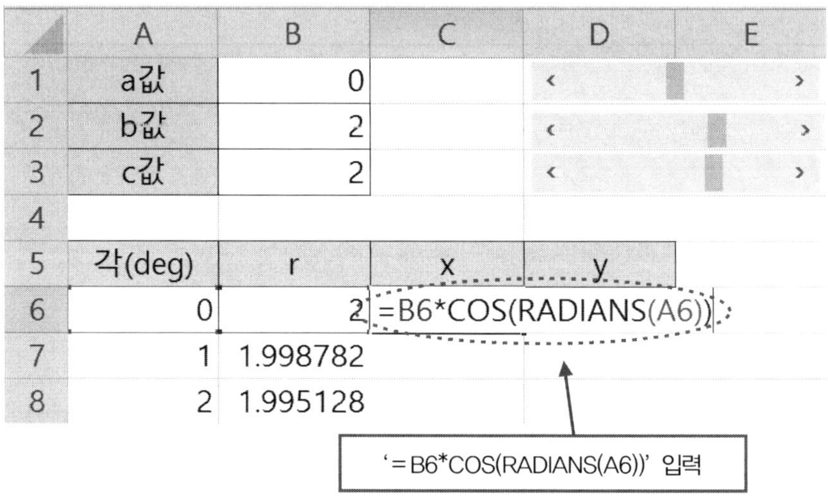

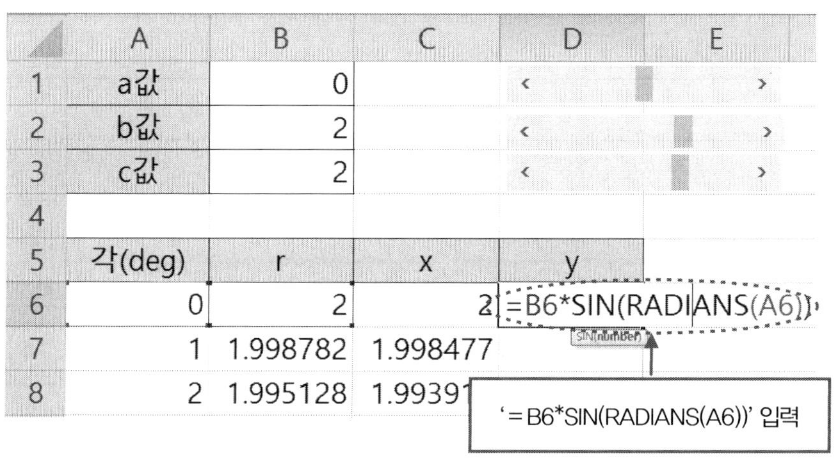

C6셀: '=B6*COS(RADIANS(A6))'

D6셀: '=B6*SIN(RADIANS(A6))'

③ 함수의 그래프 그리기: 영역 C6:D366을 선택한 상태에서, [삽입]-[분산형]-[곡선이 있는 분산형]을 차례로 선택하면 다음과 같은 그래프가 그려진다.

	A	B	C	D
1	a값	0		
2	b값	2		
3	c값	2		
4				
5	각(deg)	r	x	y
6	0	2	2	0
7	1	1.998782	1.998477	0.034884
8	2	1.995128	1.993913	0.069629
9	3	1.989044	1.986318	0.104099
10	4	1.980536	1.975712	0.138155
11	5	1.969616	1.962121	0.171663
12	6	1.956295	1.945578	0.204489

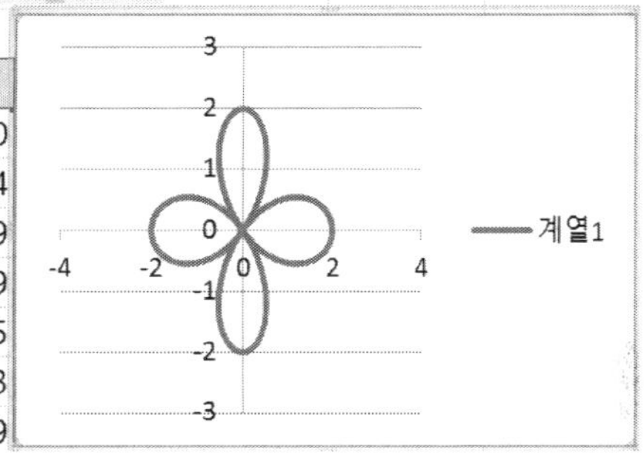

④ 축 고정: 스크롤 막대를 움직일 때 축이 따라서 바뀌면 값의 변화에 따른 그래프 개형의 변화를 판단하기 어렵게 된다. 따라서 축을 고정시키자.

ⅰ. 가로축을 더블 클릭(또는 가로축에서 마우스 오른쪽 버튼을 누름)하면 [축 서식]이 팝업된다. 여기에서 최댓값과 최솟값을 고정으로 바꾸고 10과 −10을 입력한다.

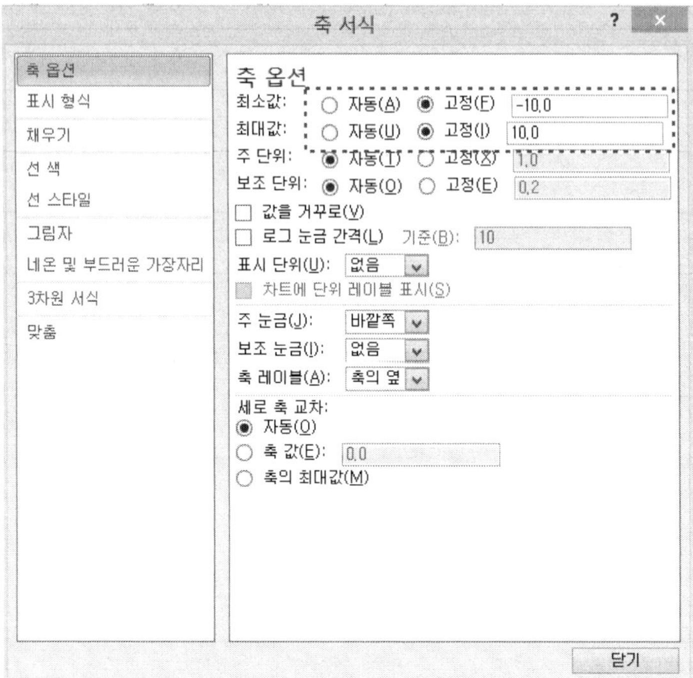

ii. i 과 유사하게 세로축의 값도 최댓값 10, 최솟값 −10으로 고정한다.

iii. 범례 수정: 그래프를 더블 클릭한 후, [차트도구]-[데이터 선택]을 하면 [데이터 원본 선택]이 팝업된다. [범례항목 계열]에서 그래프의 범례의 이름과 같은 계열 1을 선택한 상태에서 편집 버튼을 누른다.

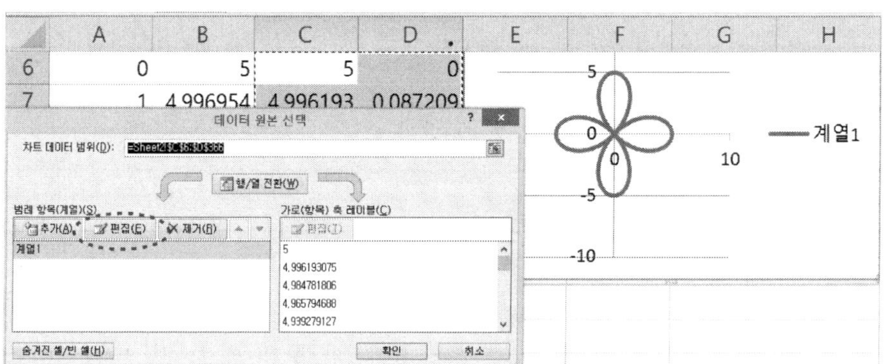

ⅳ. 계열 편집 창에서 계열 이름 창에 그래프의 식을 입력한다. 그래프의 범례가 바뀌는 것을 볼 수 있다.

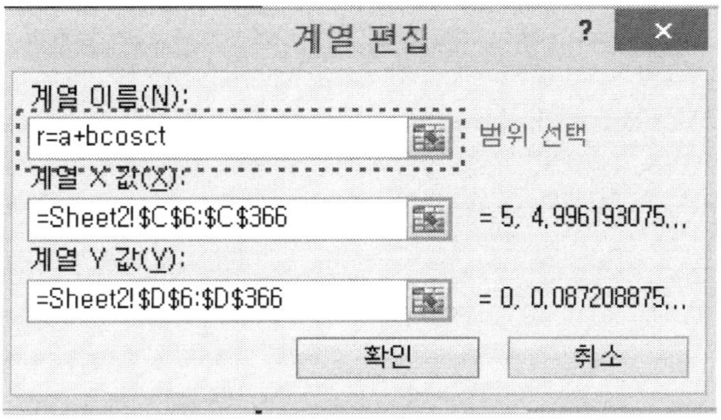

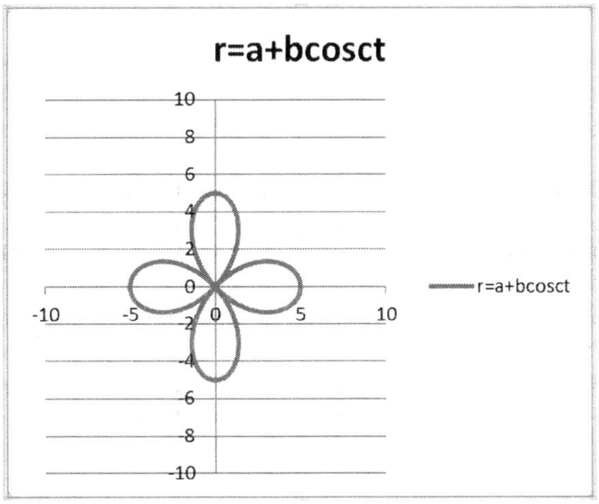

예비교사 활동지

1. 스크롤 막대를 움직여서 극좌표 그래프의 개형을 알아보고 다음 표를 완성하시오.

식	$r=\cos t$	$r=\cos 2t$	$r=\cos 3t$	$r=\cos 4t$
그래프				

식	$r=\cos(-t)$	$r=\cos(-2t)$	$r=\cos(-3t)$	$r=\cos(-4t)$
그래프				

2. 1에서 관찰한 극좌표 그래프 $r=\cos ct$의 특징에 대해 기술하시오.

3. 위와 같은 특징이 나타난 원인에 대해 생각해보시오.

4. $b=2$로 고정하고, 세 번째 스크롤 막대를 움직여서 극좌표 그래프의 개형을 알아보시오. 그리고 다음 표를 완성하시오.

식	$r=2\cos t$	$r=2\cos 2t$	$r=2\cos 3t$	$r=2\cos 4t$
그래프				

식	$r=2\cos(-t)$	$r=2\cos(-2t)$	$r=2\cos(-3t)$	$r=2\cos(-4t)$
그래프				

5. 1번과 4번의 그래프를 비교하시오.

6. $b=-2$로 고정하고, 스크롤 막대를 움직여서 극좌표 그래프의 개형을 알아보시오. 그리고 다음 표를 완성하시오.

식	$r=-2\cos t$	$r=-2\cos 2t$	$r=-2\cos 3t$	$r=-2\cos 4t$
그래프				

7. 4번과 6번의 극좌표 그래프를 비교하시오. 그리고 $r=b\cos ct$에서 b의 역할에 대해서 추측해보시오.

8. 함수 $r=a+\cos 2t$에서 a값을 여러 가지로 바꾸어 보시오. 그리고 다음 표에 그래프의 개형을 그려보시오.

식	$r=1+\cos 2t$	$r=2+\cos 2t$	$r=3+\cos 2t$	$r=4+\cos 2t$
그래프				

식	$r=-1+\cos 2t$	$r=-2+\cos 2t$	$r=-3+\cos 2t$	$r=-4+\cos 2t$
그래프				

9. 8번의 그래프를 관찰하시오. 그리고 $r=a+b\cos ct$에서 a의 역할에 대해 설명해보시오.

사 》 극좌표 그래프와 동점

극좌표에서 함수 $r = f(\theta)$의 그래프 개형을 작도하려면, 정의역에 해당하는 모든 θ의 값에 대해 대응하는 r값을 구해서 평면 위에 순서쌍 $(r,\ \theta)$를 점으로 나타내어야 한다. 직접 손으로 일일이 점을 찍어서 그래프를 그려나가는 과정을 엑셀에서 구현해보자. 극좌표 그래프 위를 움직이는 동점을 작도하고, 각이 바뀜에 따라 점이 찍히면서 그래프가 그려지는 것처럼 보이도록 움직이는 효과를 넣는다.

● r=a+bsinct 그래프 위를 움직이는 동점

'마'에서 작성한 [$r = a + b\sin ct$ 그래프] 워크시트를 복사해서 그 위에 작업을 하자.

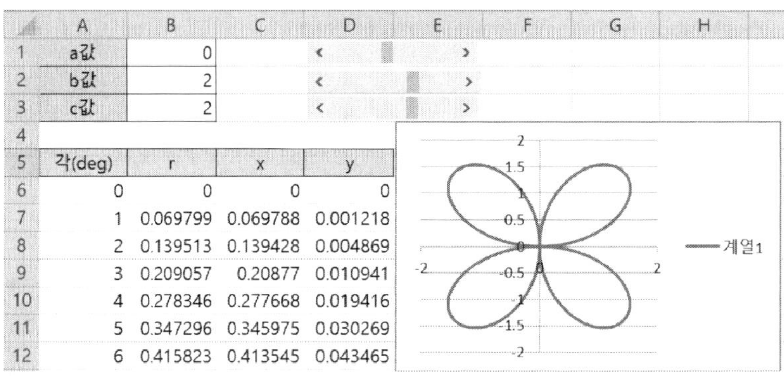

	A	B	C	D	E
1	a값	0			
2	b값	2			
3	c값	2			
4					
5	각(deg)	r	x	y	
6	0	0	0	0	
7	1	0.069799	0.069788	0.001218	
8	2	0.139513	0.139428	0.004869	
9	3	0.209057	0.20877	0.010941	
10	4	0.278346	0.277668	0.019416	
11	5	0.347296	0.345975	0.030269	
12	6	0.415823	0.413545	0.043465	

① 영역 F1:G2을 선택하고, [테두리]-[모든 테두리]를 선택하여 표 모양을 만든다.

② 스크롤 막대 삽입

ⅰ. [컨트롤 삽입]-[양식 컨트롤]-[스크롤 막대]를 차례로 선택하고 스크롤 막대를 영역 F1:G2 옆에 삽입한다.

ⅱ. 스크롤 막대의 컨트롤 서식에서 모두 최솟값에 '0', 최댓값에 '360'을 입력하고, 셀 연결에 '$G$2'를 입력한다.

③ 각 θ에 대응하는 원점에서부터 거리를 영역 A6:D366에서 찾아서 F2셀에 입력하기 위해 VLOOKUP( ) 함수를 이용한다. F2셀에 'VLOOKUP(G2, A6:D366, 2)'를 입력한다.

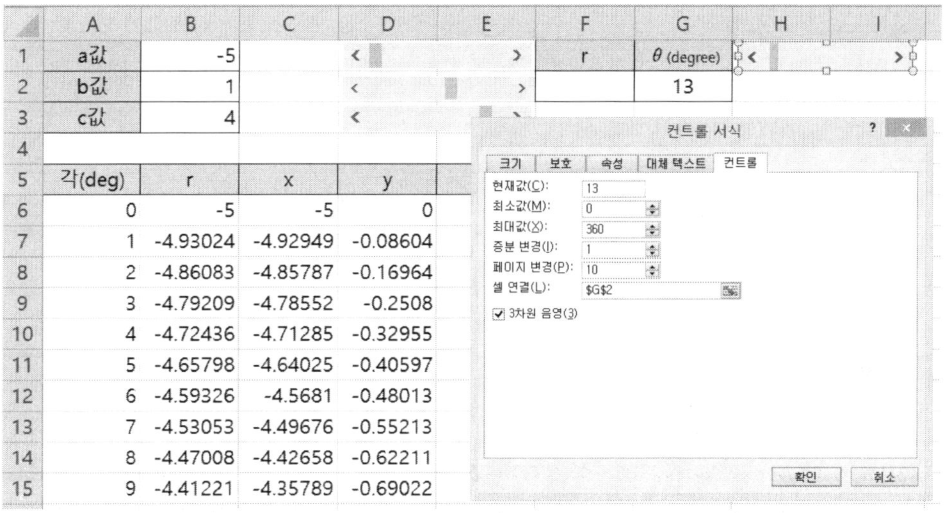

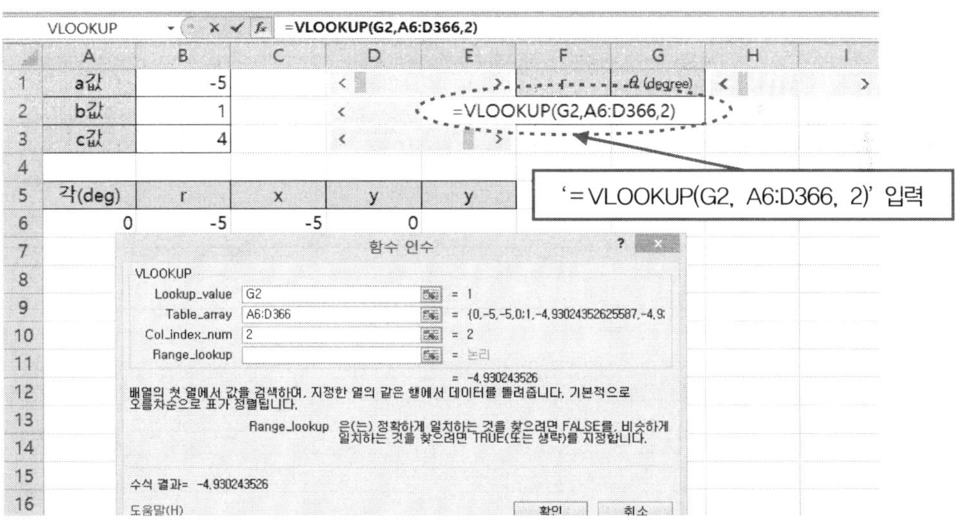

④ 대응표 확장: 영역 A6: D366을 선택하여 그래프를 그리면 한 번에 극좌표로 주어진 그래프가 그려진다. 이제 0부터 G2셀에 주어진 각까지만 극좌표 그래프가 나타나도록 하기 위해서 IF( ) 함수를 이용하여 영역 A6:D366에 영역 E6:E366를 추가하여 대응표를 확장한다.

i . E6셀에 'IF(A6<=$G$2, D6, NA( ))'[8]를 입력한다.

ii . E6셀을 아래로 끌어 E366셀까지 자동 채우기를 한다.

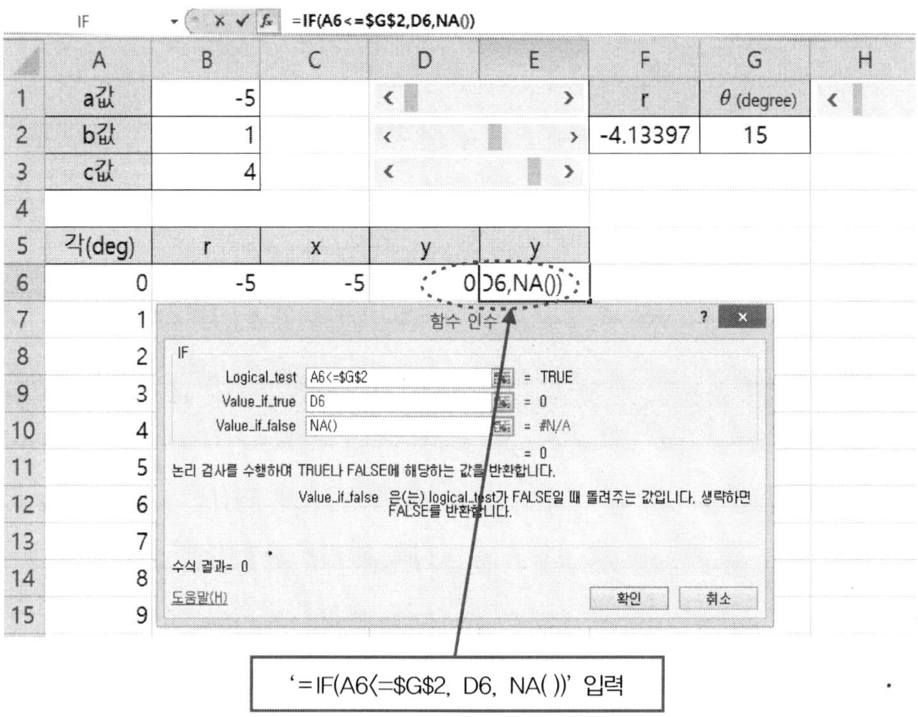

8) 이 명령문은 A6셀의 값을 G2셀의 값과 비교하여 A6셀의 값이 G2셀의 값보다 작거나 같으면, 두 번째 조건인 D6값을 E6셀에 그대로 복사하고, 그렇지 않으면 E6셀에 #NA이 표시되도록 한다.

확인: A1, A2, A3, A4, A5는 G2셀의 값이 5보다 작거나 같으므로 E6, E7, E8, E9, E10, E11은 D6, D7, D8, D9, D10, D11을 그대로 복사한다. A6셀부터는 G2셀의 값이 5보다 크므로 #NA가 표시된다.

	A	B	C	D	E	F	G	H
1	a값	-5		<	>	r	θ (degree)	<
2	b값	1		<	>	-4.65798	5	
3	c값	4		<	>			
4								
5	각(deg)	r	x	y	y			
6	0	-5	-5	0	0			
7	1	-4.93024	-4.92949	-0.08604	-0.08604			
8	2	-4.86083	-4.85787	-0.16964	-0.16964			
9	3	-4.79209	-4.78552	-0.2508	-0.2508		비교	
10	4	-4.72436	-4.71285	-0.32955	-0.32955			
11	5	-4.65798	-4.64025	-0.40597	-0.40597			
12	6	-4.59326	-4.5681	-0.48013	#N/A			
13	7	-4.53053	-4.49676	-0.55213	#N/A			
14	8	-4.47008	-4.42658	-0.62211	#N/A			
15	9	-4.41221	-4.35789	-0.69022	#N/A			
16	10	-4.35721	-4.29102	-0.75662	#N/A			
17	11	-4.30534	-4.22624	-0.8215	#N/A			

⑤ 그래프 그리기

i. 영역 C6:C366과 영역 E6:E366을 동시에 선택(Ctrl 키를 누름)한다. 그래프에서 C열의 값이 x좌표, E열의 값이 y좌표의 역할을 하며 점 $(x,\ y)$를 찍어 그래프를 작도하게 된다.

ii. [삽입]-[차트]-[분산형]-[곡선이 있는 분산형]을 차례로 선택한다.

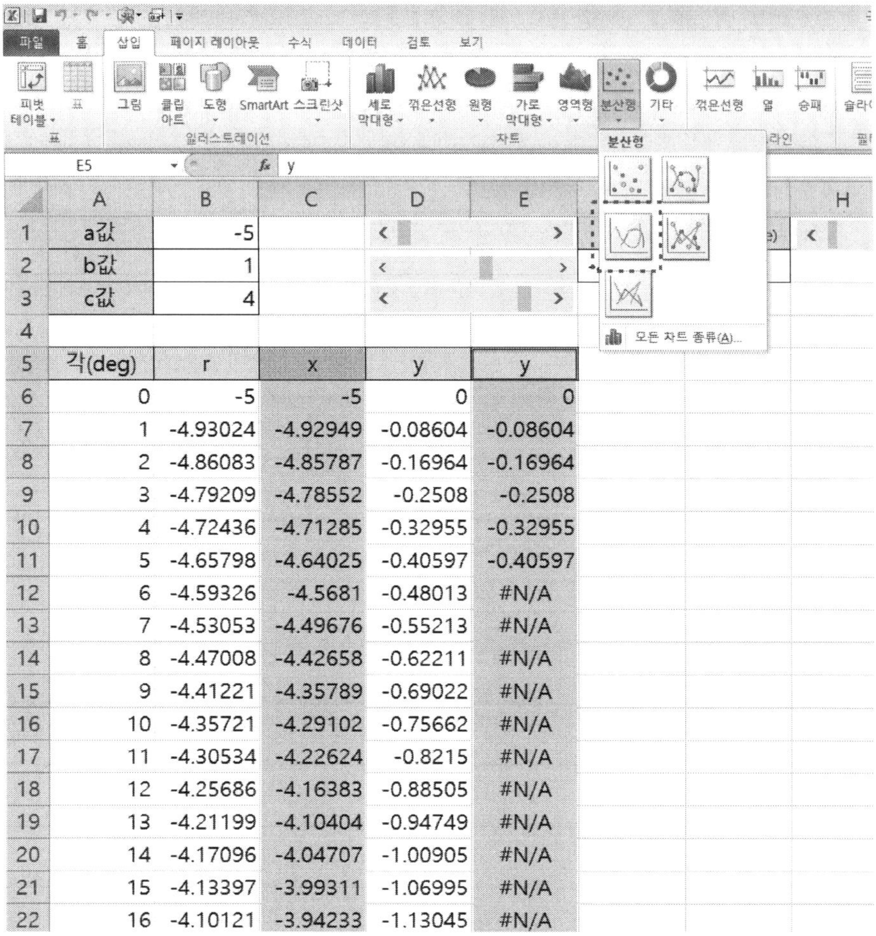

	A	B	C	D	E
1	a값	-5			
2	b값	1			
3	c값	4			
4					
5	각(deg)	r	x	y	y
6	0	-5	-5	0	0
7	1	-4.93024	-4.92949	-0.08604	-0.08604
8	2	-4.86083	-4.85787	-0.16964	-0.16964
9	3	-4.79209	-4.78552	-0.2508	-0.2508
10	4	-4.72436	-4.71285	-0.32955	-0.32955
11	5	-4.65798	-4.64025	-0.40597	-0.40597
12	6	-4.59326	-4.5681	-0.48013	#N/A
13	7	-4.53053	-4.49676	-0.55213	#N/A
14	8	-4.47008	-4.42658	-0.62211	#N/A
15	9	-4.41221	-4.35789	-0.69022	#N/A
16	10	-4.35721	-4.29102	-0.75662	#N/A
17	11	-4.30534	-4.22624	-0.8215	#N/A
18	12	-4.25686	-4.16383	-0.88505	#N/A
19	13	-4.21199	-4.10404	-0.94749	#N/A
20	14	-4.17096	-4.04707	-1.00905	#N/A
21	15	-4.13397	-3.99311	-1.06995	#N/A
22	16	-4.10121	-3.94233	-1.13045	#N/A

iii. 분산형 그래프를 그리면 다음 그림과 같이 그래프가 나타난다. 스크롤 막대를 움직이면 G2값이 바뀌므로 그것에 따라서 점이 찍힌다. 처음 제공되는 그래프는 좌표축이 고정되어 있지 않아서 어색하다. 일반적으로 그래프를 손으로 그릴 때는 축을 먼저 그리고 나서 점을 찍어가며 그려나가는데, 컴퓨터는 점을 찍어나가면서 그래프에 맞춰서 그래프의 모양이 바뀌기 때문이다. 따라서 그래프의 옵션을 미리 변경하는 것이 좋다.

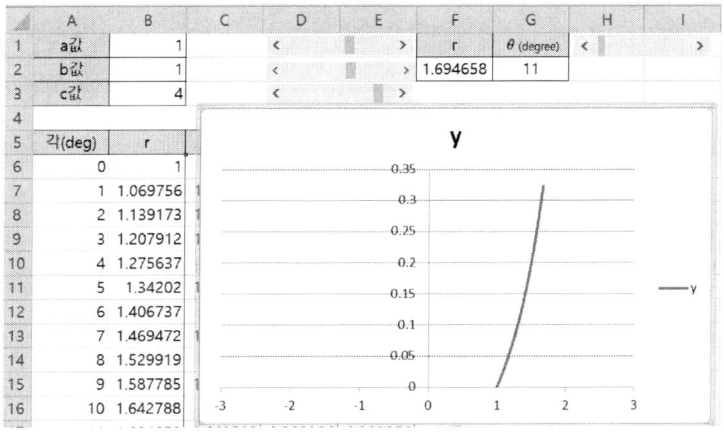
a값 1
b값 1
c값 4
r
θ (degree)
1.694658
11
각(deg)
r
0 1
1 1.069756
2 1.139173
3 1.207912
4 1.275637
5 1.34202
6 1.406737
7 1.469472
8 1.529919
9 1.587785
10 1.642788
y

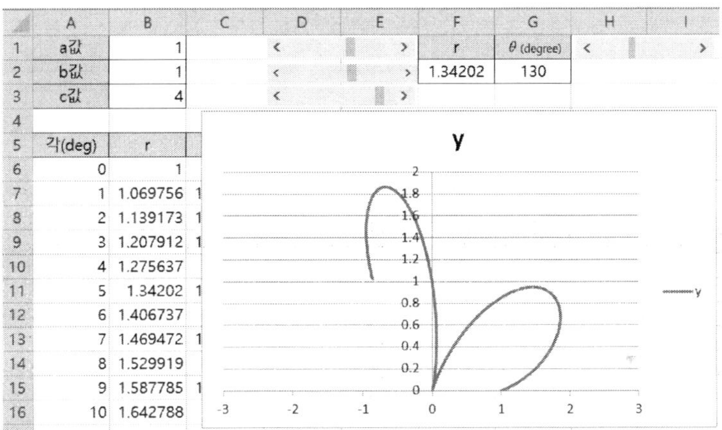
a값 1
b값 1
c값 4
r
θ (degree)
1.34202
130
각(deg)
r
0 1
1 1.069756
2 1.139173
3 1.207912
4 1.275637
5 1.34202
6 1.406737
7 1.469472
8 1.529919
9 1.587785
10 1.642788
y

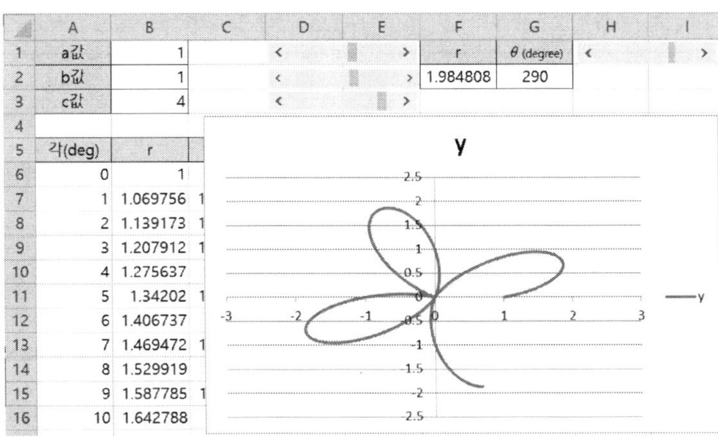
a값 1
b값 1
c값 4
r
θ (degree)
1.984808
290
각(deg)
r
0 1
1 1.069756
2 1.139173
3 1.207912
4 1.275637
5 1.34202
6 1.406737
7 1.469472
8 1.529919
9 1.587785
10 1.642788
y

ⅳ. 축 옵션 변경: 축(가로축 또는 세로축)을 선택한 후 마우스 오른쪽 버튼을 클릭하면 축 서식이 나타난다. 축 서식에서 축 옵션의 최댓값과 최솟값을 자동에서 고정으로 바꾸어 준다. 이때 고정 값은 $a+b$의 최댓값과 최솟값으로 정하면 된다.

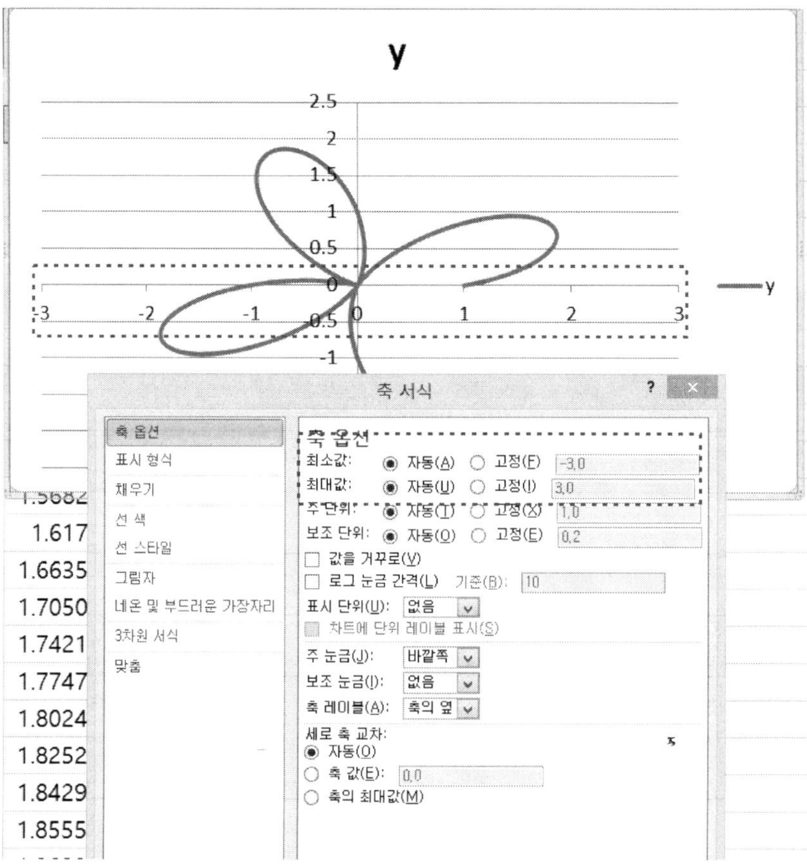

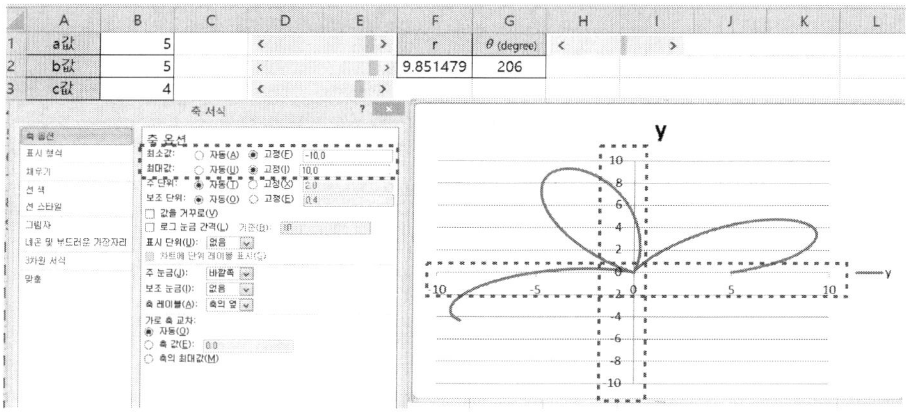

⑥ 동점(끝점) 만들기:

i. 극좌표 그래프의 끝점의 (x, y) 좌표를 표시할 표를 만든다. 여기서는 영역 F6:G6에 테두리를 표시하여 표를 만든다.

ii. VLOOKUP( ) 함수 입력: F6셀에 '=VLOOKUP(G2, A6:E366, 3)' 입력하고, G6셀에 '=VLOOKUP(G2, A6:E366, 4)' 입력한다.

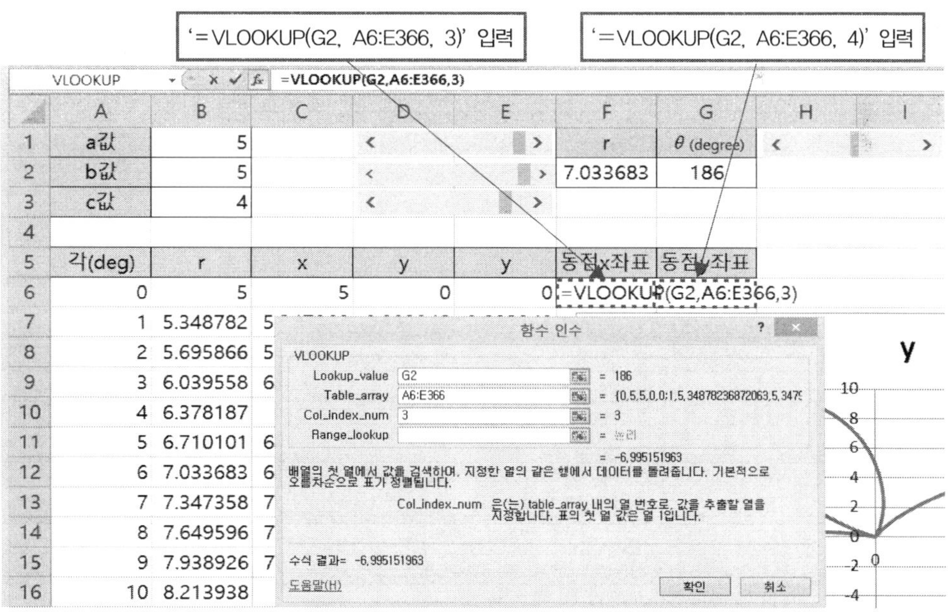

iii. ii에서 입력한 VLOOKUP( )함수의 결과 확인: G2셀의 값이 4이므로 영역 A6:A366 중에서 셀의 값이 4인 A10셀을 기준으로 세 번째 셀 값(C10)과 네 번째 셀 값(D10)이 F6셀과 G6셀에 표시되었다.

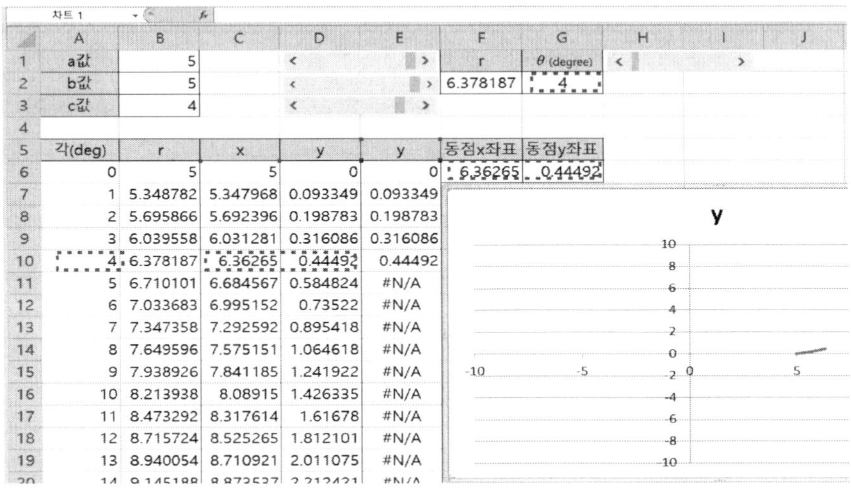

	A	B	C	D	E	F	G
1	a값	5				r	θ (degree)
2	b값	5				6.378187	4
3	c값	4					
4							
5	각(deg)	r	x	y	y	동점x좌표	동점y좌표
6	0	5	5	0	0	6.36265	0.44492
7	1	5.348782	5.347968	0.093349	0.093349		
8	2	5.695866	5.692396	0.198783	0.198783		
9	3	6.039558	6.031281	0.316086	0.316086		
10	4	6.378187	6.36265	0.44492	0.44492		
11	5	6.710101	6.684567	0.584824	#N/A		
12	6	7.033683	6.995152	0.73522	#N/A		
13	7	7.347358	7.292592	0.895418	#N/A		
14	8	7.649596	7.575151	1.064618	#N/A		
15	9	7.938926	7.841185	1.241922	#N/A		
16	10	8.213938	8.08915	1.426335	#N/A		
17	11	8.473292	8.317614	1.61678	#N/A		
18	12	8.715724	8.525265	1.812101	#N/A		
19	13	8.940054	8.710921	2.011075	#N/A		

⑦ 동점의 그래프로의 삽입: (F6, G6)를 그래프에 삽입하여 그래프의 끝점이 표시되도록 한다.

i. 그래프를 선택하면 화면 윗부분에 [차트도구]가 나타난다. 그래프를 더블 클릭하면 차트 도구 메뉴가 함께 나타난다.

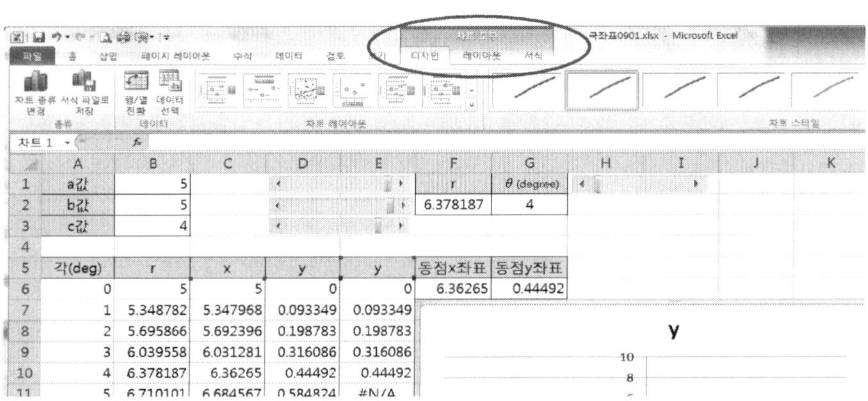

	A	B	C	D	E	F	G
1	a값	5				r	θ (degree)
2	b값	5				6.378187	4
3	c값	4					
4							
5	각(deg)	r	x	y	y	동점x좌표	동점y좌표
6	0	5	5	0	0	6.36265	0.44492
7	1	5.348782	5.347968	0.093349	0.093349		
8	2	5.695866	5.692396	0.198783	0.198783		
9	3	6.039558	6.031281	0.316086	0.316086		
10	4	6.378187	6.36265	0.44492	0.44492		

ⅱ. 메뉴에서 [데이터 선택]을 선택한다.

ⅲ. [데이터 원본 선택]이라는 팝업창이 뜬다. 이때, 범례 항목 계열에서 [추가] 버튼을 선택한다. 그러면 [계열 편집] 창이 팝업된다.

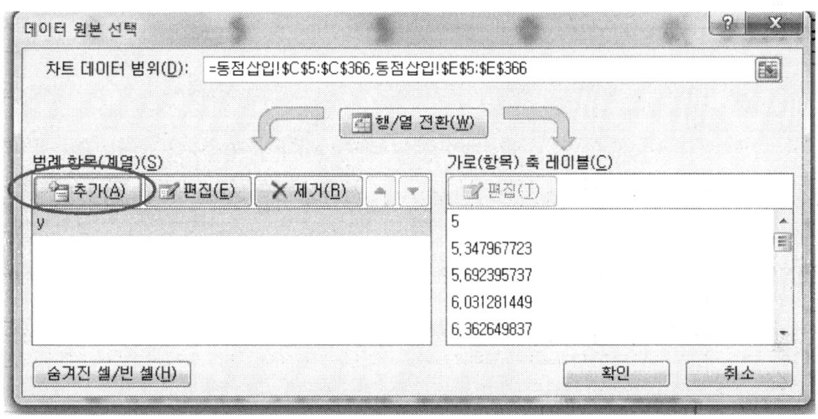

ⅳ. [계열 편집] 창에서 [계열 이름]에는 동점을 입력한다. [계열 X값]에는 F6셀을 클릭하고, [계열 Y값]에는 G6셀을 클릭하면 자동 입력된다.

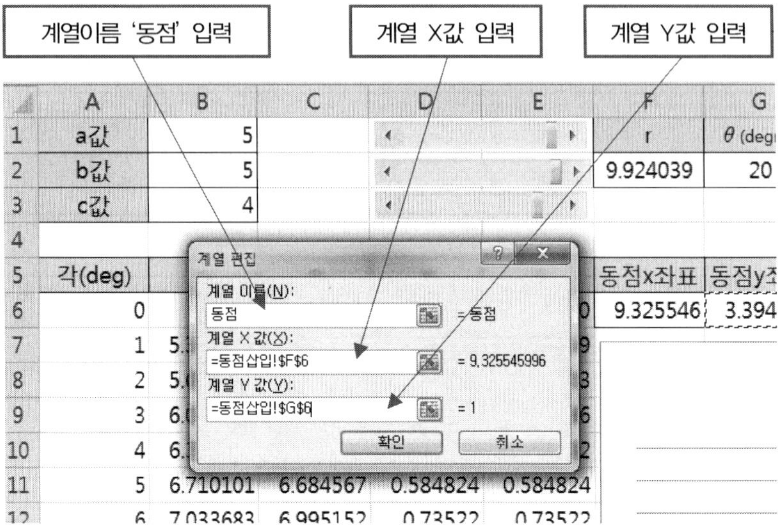

v. 데이터가 추가 되면 다음 그림과 같이 범례 항목에 동점이 추가된다. 그러나 대개의 경우 그래프에는 변화가 없다. 이것은 새로 추가된 데이터의 표식이 없음으로 지정되어 있기 때문이다.

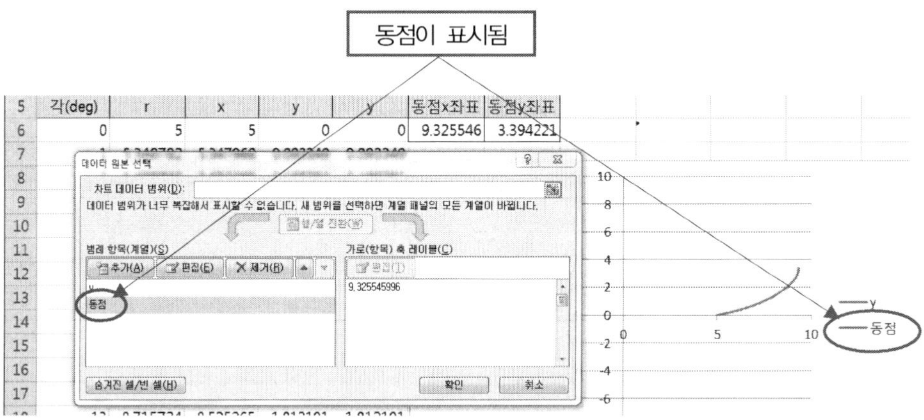

⑧ 동점 표시: ⑦에서 동점 (F6, G6)를 그래프에 삽입하여 범례에는 동점이 표시되었지만 그래프에서는 동점이 보이지 않는다. 그래프에 동점이 보이도록 만들자.

ⅰ. 마우스를 그래프 위로 움직이면 선택된 그래프 위의 점의 계열이 표 위에서 활성화 된다. 이제 끝점을 선택하면 다음 그림처럼 그래프 끝에 네모표시가 나타나고 (F6셀, G6셀)이 활성화 된 것을 볼 수 있다.

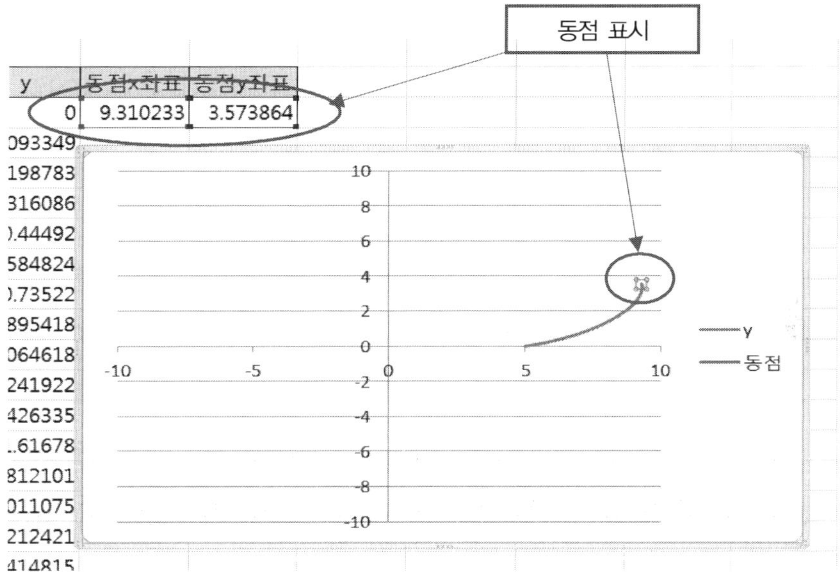

ⅱ. 동점에서 마우스 오른쪽 클릭을 하여 메뉴 중 [데이터 계열 서식]을 선택한다. [표식 옵션]을 선택하고 기본 제공을 체크한다. 형식을 클릭하여 마음에 드는 모양을 택하고 크기도 정한다.

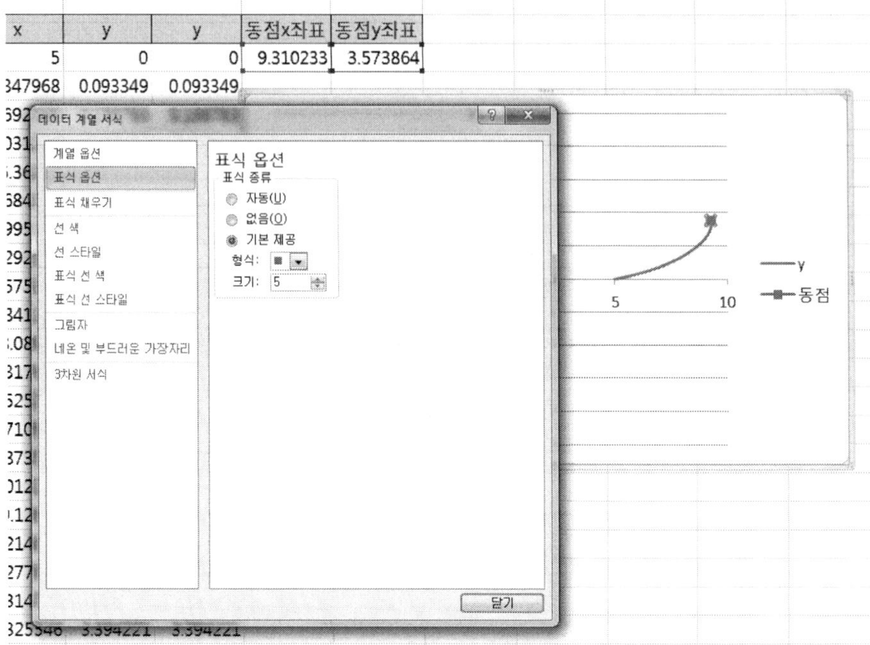

iii. 스크롤 막대를 움직이면 다음 그림과 같이 동점이 움직이면서 극좌표 그래프가 그려진다.

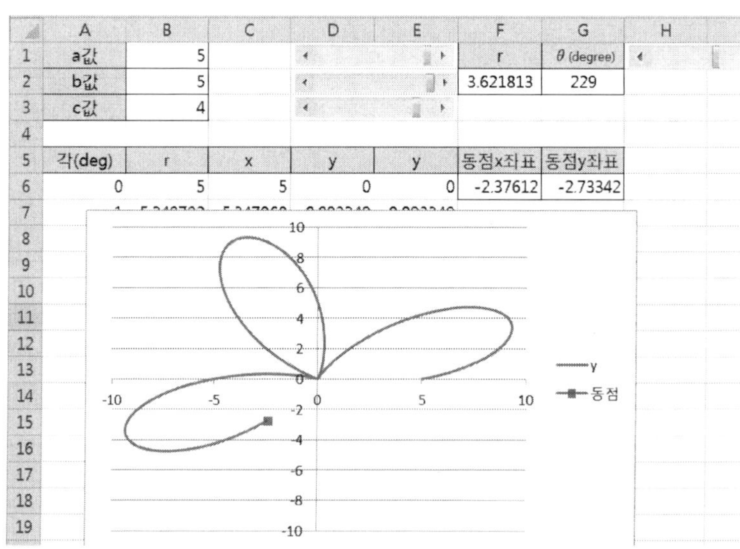

예비교사 활동지

1. a, b, c 값을 조정하고 스크롤 막대를 움직여서 극좌표 그래프의 개형을 알아보시오. 그리고 다음 표를 완성하시오.

각도	90°	180°	360°
$r=5\sin 2t$			

각도	90°	180°	360°
$r=5\sin(-2t)$			

2. 1에서 관찰한 극좌표 그래프 $r=5\sin ct$의 특징에 대해 기술하시오.

3. a, b, c의 값을 변화시키고, 스크롤 막대를 움직여서 $r=a+b\sin ct$의 그래프가 그려지는 과정을 관찰하시오.

4. 극좌표 그래프가 그려지는 방법에 대해 기술하시오.

CHAPTER

5

시뮬레이션

가 동전 1개 던지기

나 동전 2개 던지기

다 주사위 던지기

수학학습에서 실제 사물이나 구체물을 이용하면 학생들의 수학적 개념 이해를 도울 수 있으며, 구체물을 이용하는 경우에도 단지 보는 것보다는 실험을 통해서 학생들이 실제로 해보는 것이 교육효과가 더 클 것으로 기대된다. 그러나 교실 수업에서 실제로 실행하기에는 시간적 물리적 제약이 따르는 상황이 많이 있다. 이처럼 실제로 실행하기 어려운 실험을 행하는 모의실험을 시뮬레이션이라 한다. 엑셀을 이용하여 컴퓨터 시뮬레이션을 구현하는 방법을 알아보자. 다음 그림 5-1은 중학교 확률 단원에서 소개된 동전 던지기 시뮬레이션이다.

컴퓨터로 수학 하기

컴퓨터를 사용한 확률 실험

두 개의 동전을 동시에 던질 때, 둘 다 앞면이 나올 확률을 계산하면 $\frac{1}{4}$이다. 그러나 실제로 동전 두 개를 동시에 던지는 실험을 4회 한다고 할 때, 정확하게 4회 중 1회만 두 동전이 모두 앞면이 되는 경우는 많지 않다. 동전 두 개를 동시에 던지는 실험을 40회, 400회 하면 어떤 결과가 나타날까? 컴퓨터를 사용하여 짧은 시간에 많은 횟수의 실험을 할 수 있다.

인터넷에서 이러한 실험을 할 수 있는 사이트를 찾아 접속하여 실험하여 보자.

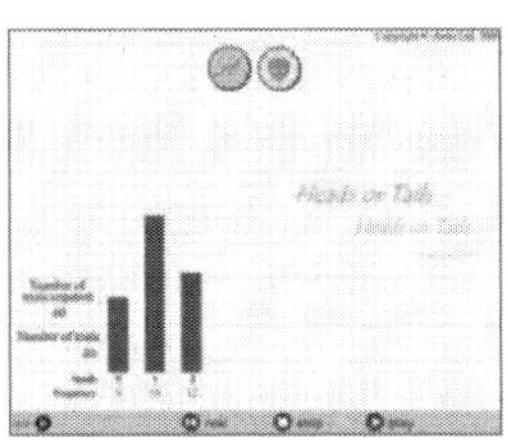

동전 2개를 40회 던지는 실험

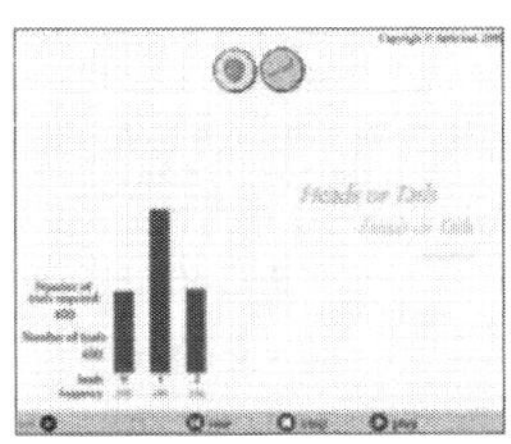

동전 2개를 400회 던지는 실험

[그림 5-1] 중학 수학2 두산동아 우정호 외 (2014)

가 》 동전 1개 던지기

앞의 3장과 4장의 그래프에서는 표와 그래프가 한 화면에 나타나도록 하였다. 엑셀에서 표와 그래프 함수식을 한 화면에 배치하면 수학적 표현양식 간의 번역능력을 발달시키는 장점이 있다. 그러나 화면 구성이 복잡하여 학생들을 강조하고 싶은 부분에만 집중시키기 어려운 문제점도 있다. 따라서 5장에서는 시뮬레이션과 데이터 테이블을 다른 시트에 배치하여 시뮬레이션 화면이 간단하고 강조점이 분명히 드러나도록 만들어보자.

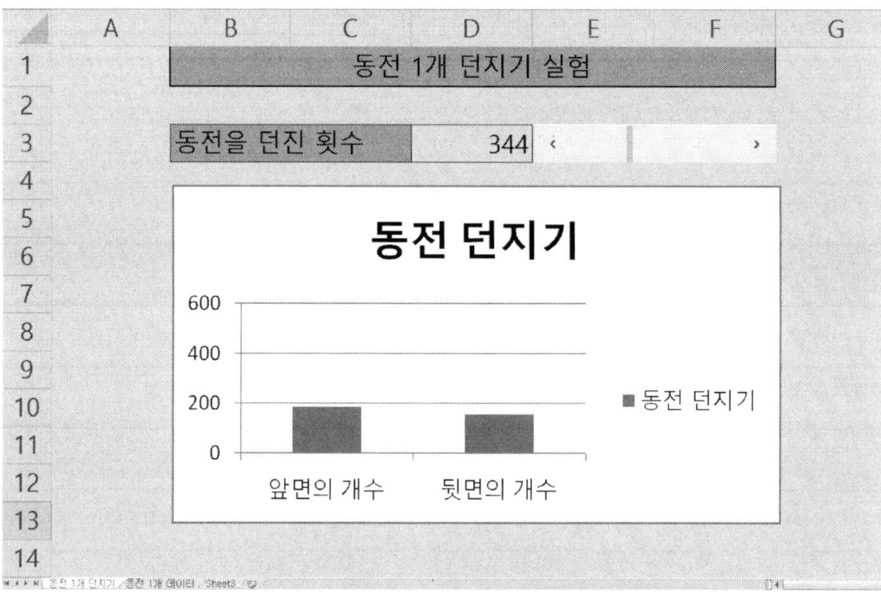

[그림 5-2] 동전 1개 던지기 시뮬레이션 시트

	A	B	C	D	E	F
1	횟수	동전(앞/뒤)	동전		앞면의 개수	뒷면의 개수
2	1	0	0		164	175
3	2	1	1			
4	3	0	0			
5	4	0	0			
6	5	1	1			
7	6	0	0			
8	7	1	1			
9	8	1	1			
10	9	1	1			
11	10	0	0			
12	11	0	0			
13	12	1	1			
14	13	1	1			
15	14	1	1			
16	15	0	0			
17	16	0	0			
18	17	0	0			
19	18	0	0			
20	19	0	0			
21	20	1	1			
22	21	1	1			
23	22	1	1			
24	23	1	1			

동전1개던지기 | 동전1개 데이터 | Sheet3

[그림 5-3] 동전 1개 던지기 데이터 시트

① [동전 1개 던지기]와 [동전 1개 데이터] 2개의 시트에서 작업을 진행한다.

② [동전 1개 데이터] 시트에서 동전을 1000번 던지는 경우로 데이터를 만든다.

i . A1:C1001에 [홈]-[삽입]-[테두리]-[모든 테두리]로 표를 만들고, A1, B1, C1셀에 '횟수', '동전(앞/뒤)', '동전'과 같은 열 이름을 기입한다.

ii . A2:A1001에 1, 2, 3, 4, …, 1000을 입력한다.

iii. B2셀에 '=INT(2*RAND( ))'를 입력한다. 이렇게 입력하는 것은 동전의 앞면은 '0', 뒷면은 '1'이 되도록 난수를 생성하기 위한 것이다. RAND( )는 0이상 1미만의 난수를 생성하므로 2*RAND( )로 랜덤하게 생성된 숫자의 정수부분을 선택하면, 0과 1이 랜덤하게 나오고 결국 동전 던지기를 했을 때 앞면과 뒷면이 랜덤하게 나오는 것과 같게 된다.

iv. B열에는 1000번의 동전 던지기가 모두 적혀있으므로 A, B열을 이용하여 표를 만들면 시뮬레이션의 효과가 없다. 따라서 동전을 1번, 2번, 3번, …, 1000번 던지는 효과를 내기 위해서 C열을 만든다. C열을 만들기 전에 [동전 1개 던지기] 시트에 스크롤 막대를 먼저 만들어야 한다.

③ [동전 1개 던지기] 시트에 제목 입력: 마우스로 원하는 부분(영역 B1:F1)을 선택하고, 메뉴에서 [맞춤]-[병합하고 가운데 맞춤]을 선택한다.

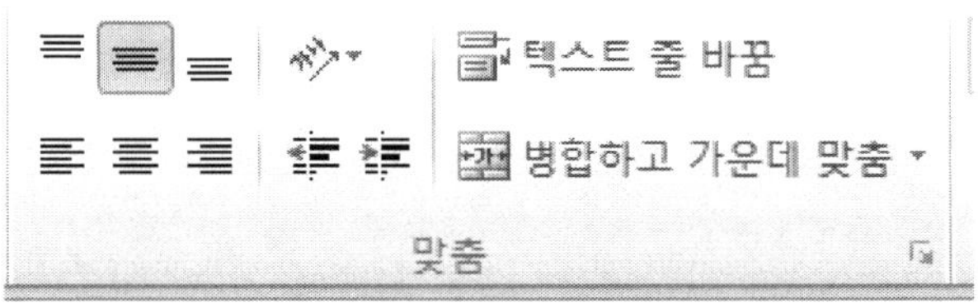

④ [동전 1개 던지기] 시트에 스크롤 막대 삽입

i. 메뉴의 기본 탭에서 [개발 도구]-[삽입]-스크롤 막대 순으로 선택한다.

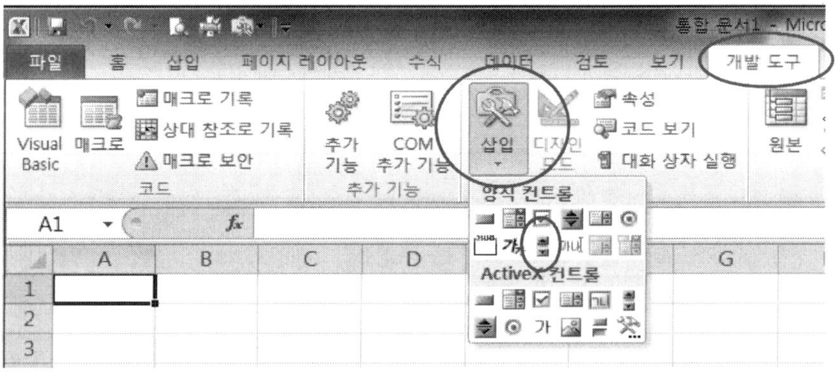

ii. [개발 도구] 탭이나 [삽입] 아이콘이 보이지 않으면 맨 윗줄의 [엑셀 옵션]-[리본 사용자 지정]-[기본 탭]에서 [개발 도구]를 선택한다. 확인을 하고 나면 기본 탭에 [개발 도구]가 표시된다.

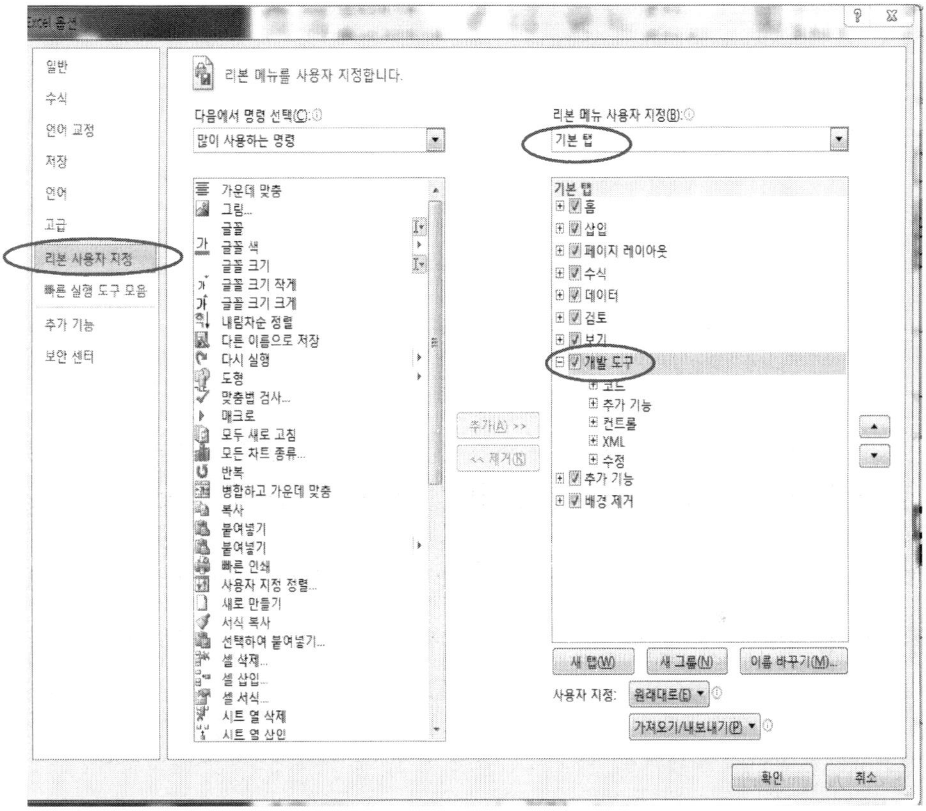

iii. i 에서 선택한 스크롤 막대를 선택하고 시트에 삽입한다.

iv. 스크롤 막대를 선택한 채 마우스 오른쪽 버튼을 누르고 [컨트롤 서식]을 선택한다. 최솟값을 '1', 최댓값을 '1000'으로 입력한다. 이때, 최댓값은 동전을 던지고 싶은 횟수를 입력하면 된다. 셀 연결에 'D3'를 입력한다. D3는 동전을 던진 횟수를 나타낼 셀 주소를 의미한다.

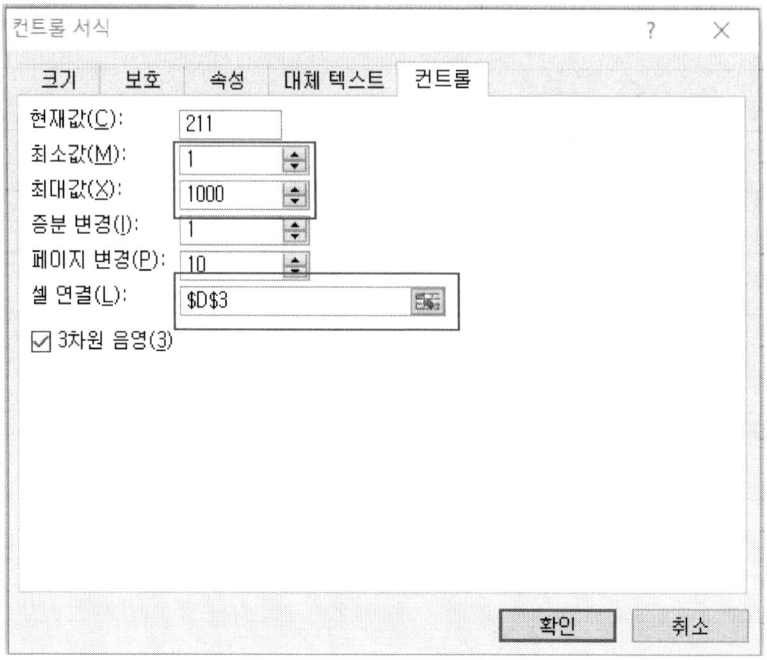

⑤ [동전 1개 데이터]의 C열을 완성한다. C2셀에 '=IF(A2<=동전 1개 던지기!$D$3, B2, NA())'를 입력한다. 입력식에서 '동전 1개 던지기!$D$3'는 [동전 1개 던지기] 시트의 스크롤 막대의 셀 연결에 입력한 셀 주소이다. C2셀을 선택하고 아래로 드래그 하여 C열을 채운다. [동전 1개 던지기] 시트의 스크롤 막대를 움직여 8에 놓으면 다음 그림과 같이 C2, C3, …, C9에는 1과 0으로 채워지지만 C10부터는 #N/A가 표시된다. 스크롤 막대를 움직이면 C열에 표시되는 숫자의 개수가 스크롤 막대가 나타내는 숫자와 일치함을 알 수 있다.

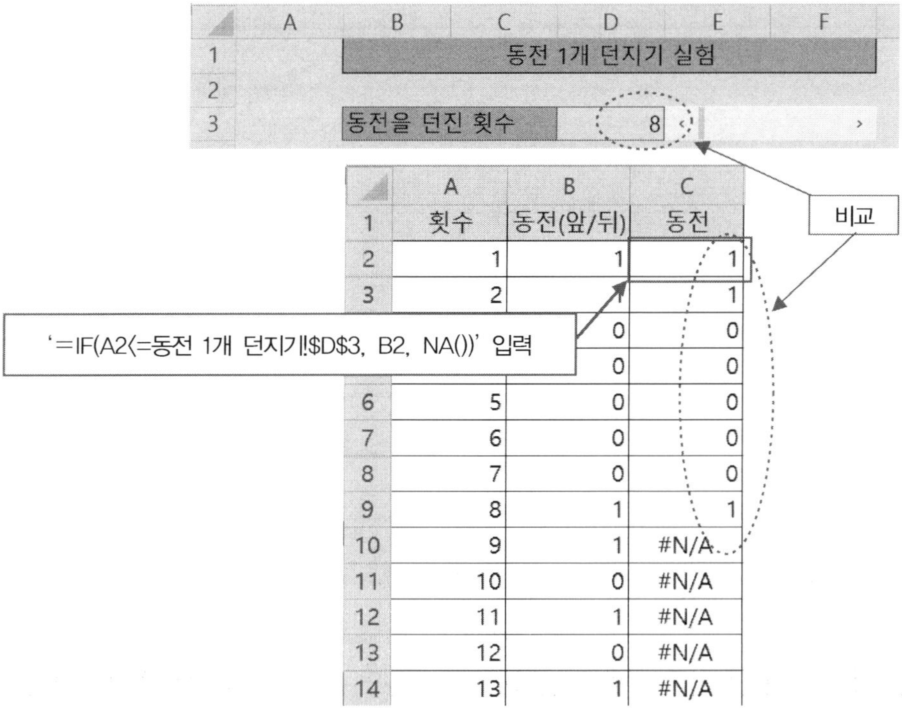

⑥ C열의 0과 1의 개수를 나타내는 표를 만들자. 예를 들어, 위의 그림에서 C2:C9 영역에 '0'이 5개, '1'이 3개이므로 앞면의 개수 5, 뒷면의 개수 3이라고 표시되도록 표를 만든다.

i. E1:F2 영역을 선택하고, [홈]-[테두리]-[모든 테두리]를 선택하여 표를 만든다.

ii. E1셀에 '앞면의 개수', F1셀에 '뒷면의 개수'를 입력한다.

iii. E2셀에 '=COUNTIF(C2:C1001, 0)', F2셀에 '=COUNTIF(C2:C1001, 1)'를 입력한다. COUNTIF(범위, 조건) 함수는 해당 범위에서 조건에 맞는 셀의 개수를 세는 기능을 한다.

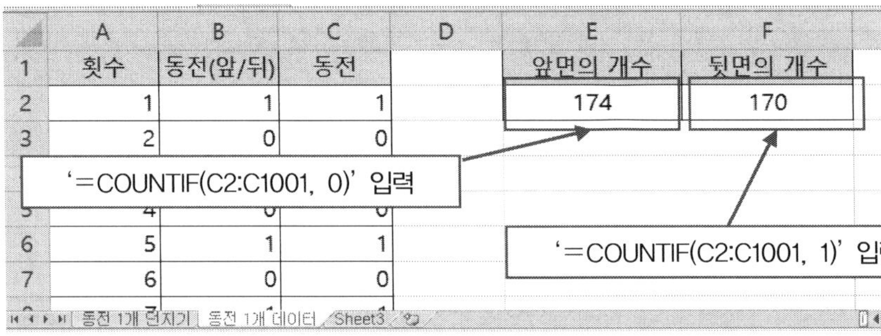

⑦ [동전 1개 던지기] 시트에 그래프 삽입한다.

ⅰ. [삽입]-[세로 막대형]-[2차원 세로 막대형]에서 묶은 세로 막대형을 선택한다.

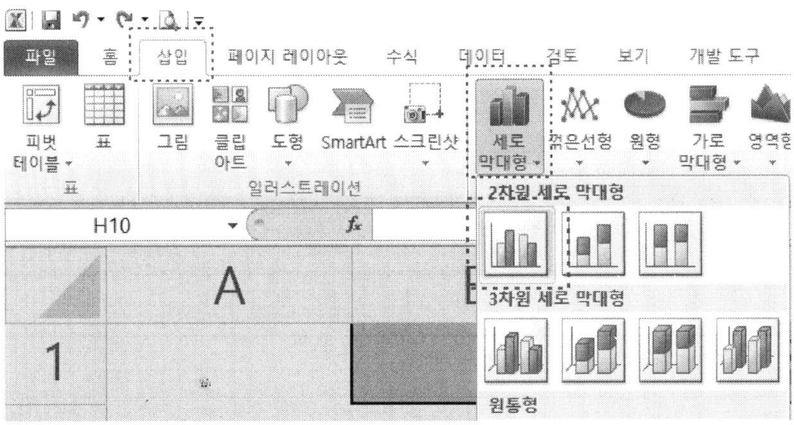

ⅱ. [데이터 선택] 아이콘을 누르면 다음과 같은 팝업창이 뜬다. 이때, 차트 데이터 범위에 마우스를 놓고 클릭한 후, [동전 1개 데이터] 시트를 클릭하면 시트가 바뀐다. 여기에서 E1:F2영역을 선택하면 다음 그림과 같이 범례 항목과 가로축 레이블이 나타난다. [확인]을 누르고 [동전 1개 던지기] 시트를 열면 그래프가 생성되어 있다.

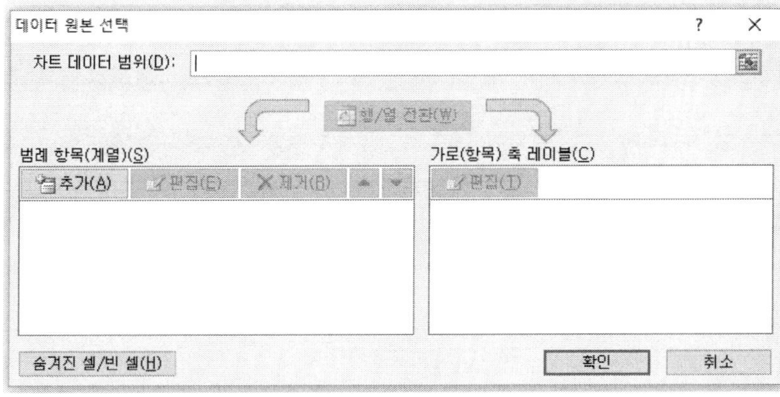

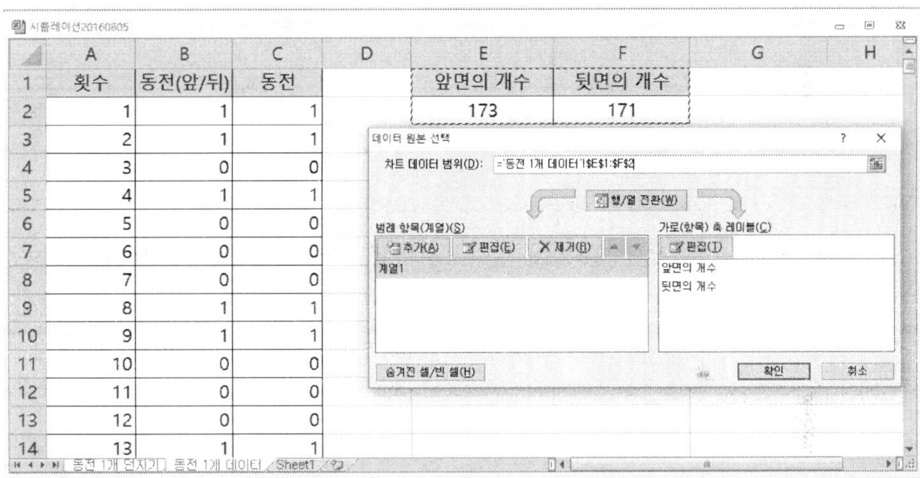

iii. [차트 도구]-[디자인]-[차트 레이아웃]에서 원하는 형태를 선택한다. 차트 제목과 범례를 바꾸어 준다.

예비교사 활동지

1. 동전을 10, 100, 1000번 던지면 앞면과 뒷면은 각각 몇 번 나올지 추측하시오.

2. [동전 던지기 시뮬레이션]을 이용하여 다음 표를 완성하시오.

동전을 던진 횟수	20	40	100	200	500	700	900	1000
앞면이 나온 횟수								
뒷면이 나온 횟수								

3. 2번의 표에서 앞면과 뒷면의 상대도수의 변화에 대해 기술하시오.

4. 동전 던지기 시뮬레이션을 다시 시행해보자. 이번 시행을 2번의 결과와 비교해서 기술하시오.

5. 시행횟수를 10,000으로 늘리면 어떻게 될지 예측해보시오.

6. 위에서 만든 [동전 1개 던지기] 시뮬레이션의 데이터를 늘여서 10,000번 시행이 가능하게 수정한 [동전 1개 던지기] 시뮬레이션을 제작하시오. 새로 만든 [동전 1개 던지기] 시뮬레이션을 이용하여 동전 던지기를 10,000번 시행하고 5번의 예측과 비교하시오.

7. 큰 수의 법칙(law of great numbers)을 이용하여 지금까지의 결과를 해석해보시오.

학생 활동지

1. 동전을 10번 던지면 앞면과 뒷면은 각각 몇 번 나올지 추측하시오.

2. 동전을 100번 던지면 앞면과 뒷면은 각각 몇 번 나올지 추측하시오.

3. 동전을 1000번 던지면 앞면과 뒷면은 각각 몇 번 나올지 추측하시오.

4. [동전 1개 던지기 시뮬레이션]을 이용하여 다음 표를 완성하시오.

동전을 던진 횟수	10	50	100	200	500	700	900	1000
앞면이 나온 횟수								
뒷면이 나온 횟수								

5. 4번의 표에서 앞면과 뒷면의 상대도수의 변화에 대해 기술하시오.

6. 동전 던지기 시뮬레이션을 다시 시행해보자. 이번 시행을 4번의 결과와 비교해서 기술하시오.

7. 시행횟수를 10,000번, 20,000번으로 늘리면 어떻게 될지 예측해보시오.

8. 교과서, 인터넷 등을 이용하여 큰 수의 법칙(law of great numbers)이 무엇인지 알아보시오.

9. [동전 1개 던지기] 시뮬레이션 결과를 큰 수의 법칙으로 설명해보시오.

나 》 동전 2개 던지기

앞의 교과서에 나온 것처럼 동전 2개를 던지는 확률실험을 만들어보자. 다음 그림과 같은 형태로 [동전 2개 던지기] 시뮬레이션 시트를 만들어 보자. [동전 2개 던지기]는 [동전 1개 던지기]를 만드는 방법을 바탕으로 추가되는 부분만 간단히 설명하기로 한다.

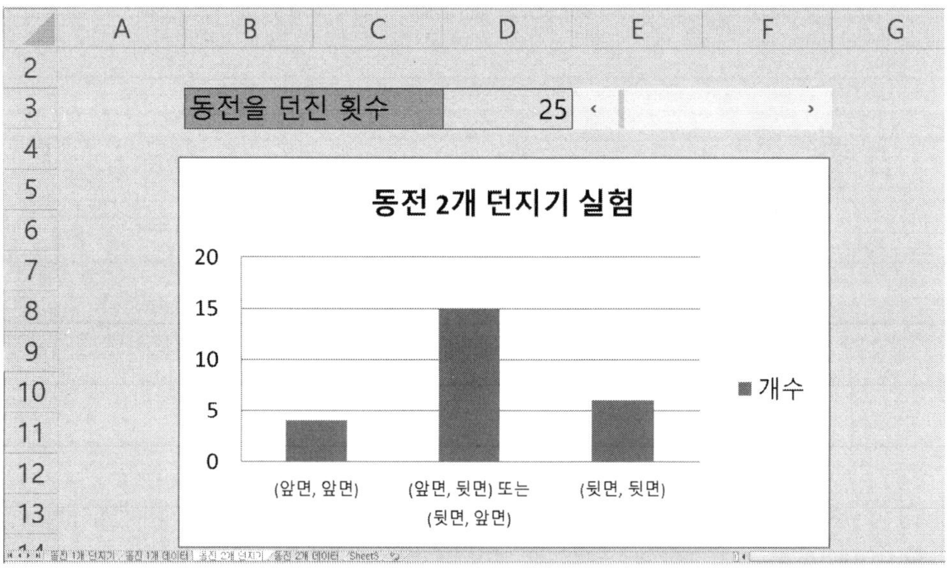

① [동전 2개 데이터] 시트에 [동전 1개 데이터]의 A열, B열을 복사해 온다. 또는 A2:A1001 영역에는 1, 2, 3, …, 1000을 입력한다. B2에는 '=INT(2*RAND( ))'을 입력하고 B1001셀까지 복사한다. C2에도 '=INT(2*RAND( ))'을 입력하고 C1001셀까지 복사한다. D2셀에 '=SUM(B2+C2)'을 입력한다.

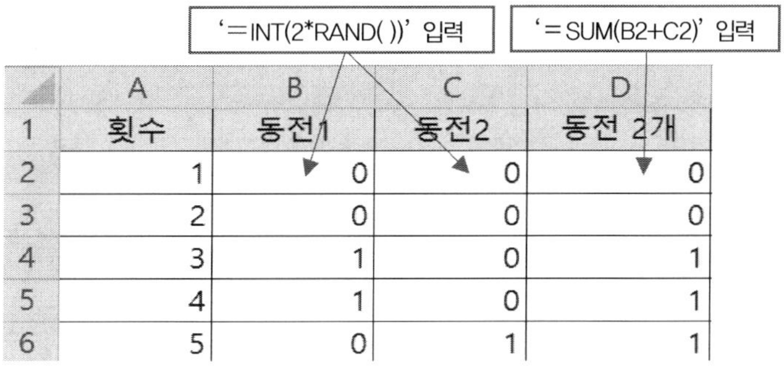

② [동전 1개 던지기] 시트를 복사하여 수정한다. 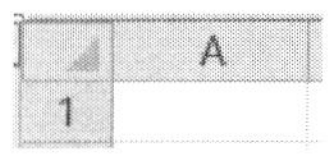 모서리 부분을 더블 클릭하면 시트 전체를 복사할 수 있다. 제목을 수정하고 그래프를 삭제한다. 동전 2개 던지기 시트에는 제목과 스크롤 막대만 있게 된다.

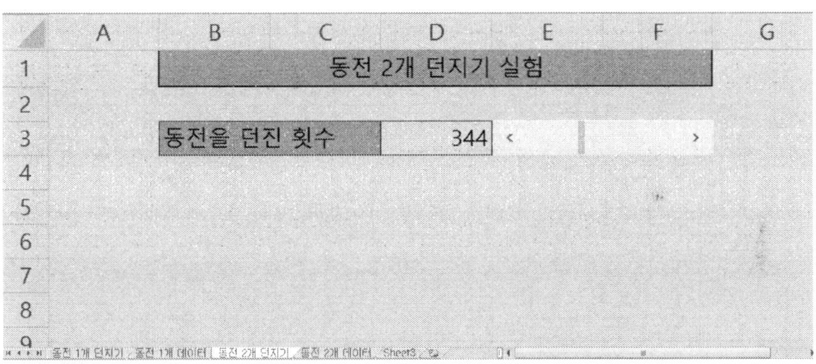

③ E2셀에 '=IF(A2<='동전 2개 던지기'!$D$3, D2, NA( ))'을 입력한다. 셀 복사를 통하여 E1001셀까지 셀을 채운다. [동전 2개 던지기] 시트의 스크롤 막대가 4를 나타내면 [동전 2개 데이터]의 D2:D5 영역은 0, 1, 2 숫자가 나타나고 D6:D1001에는 #N/A로 표시된다.

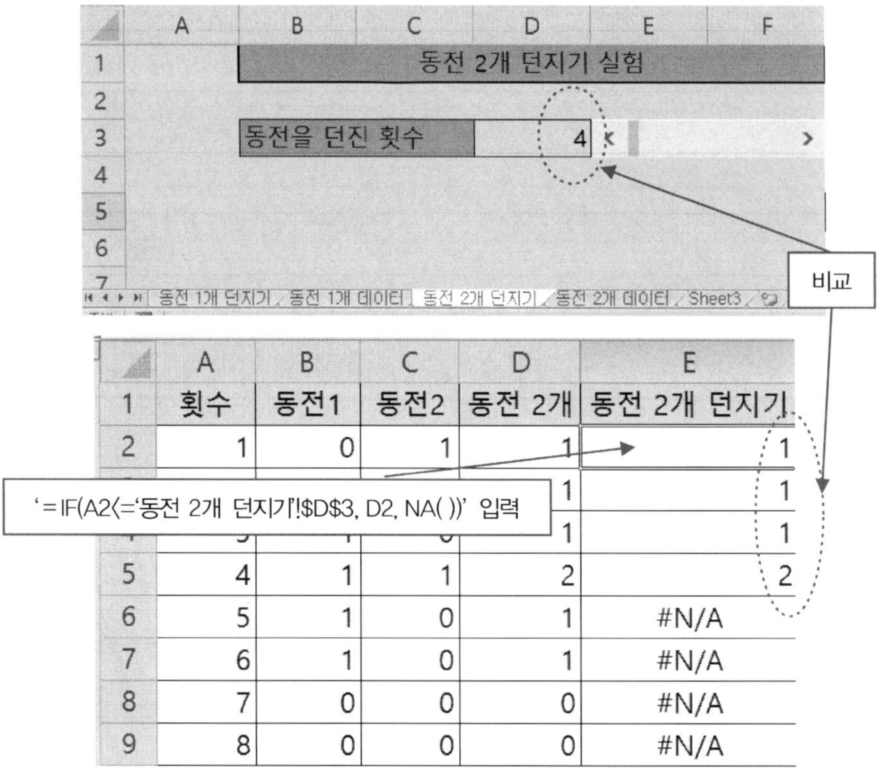

④ E열의 0, 1, 2의 개수를 나타내는 표를 만들자. 예를 들어, 위의 그림에서 E2:E5 영역에 '0'이 0개, '1'이 2개, '2'가 2개이므로 (앞면, 앞면)의 개수 0개, (앞면, 뒷면) 또는 (뒷면, 앞면)의 개수 2개, (뒷면, 뒷면)의 개수 2개라고 표시되도록 표를 만든다.

i. G1:I2 영역을 선택하고, [홈]-[테두리]-[모든 테두리]를 선택하여 표를 만든다.

ii. G1셀에 '(앞면, 앞면)', H1셀에 '(앞면, 뒷면) 또는 (뒷면, 앞면)', I1셀에 '(뒷면, 뒷면)'을 입력한다.

iii. G2셀에 '=COUNTIF(E2:E1001, 0)', H2셀에 '=COUNTIF(E2:E1001, 1)', I2에 '=COUNTIF(E2:E1001, 2)'를 입력한다. COUNTIF(범위, 조건) 함수는 해당 범위에서 조건에 맞는 셀의 개수를 세는 기능을 한다.

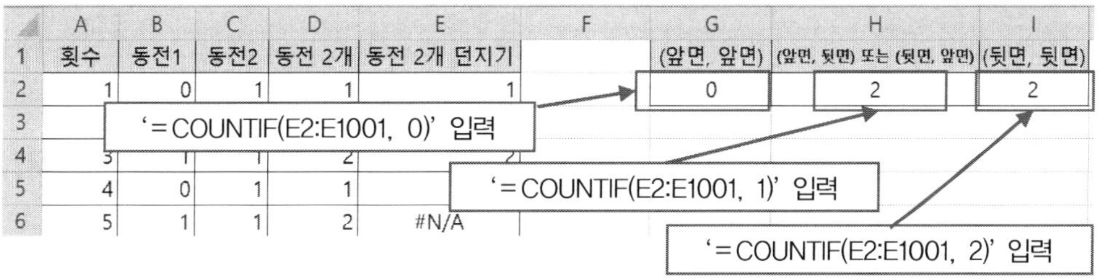

⑤ [동전 2개 던지기] 시트에 그래프 삽입한다.

i. [삽입]-[세로 막대형]-[2차원 세로 막대형]에서 묶은 세로 막대형을 선택한다.

ii. [데이터 선택] 아이콘을 누르면 다음과 같은 팝업창이 뜬다. 이때, 차트 데이터 범위에 마우스를 놓고 클릭한 후, [동전 2개 데이터] 시트를 클릭하면 시트가 바뀐다. 여기에서 G1:I2 영역을 선택하면 다음 그림과 같이 범례 항목과 가로 축 레이블이 나타난다. [확인]을 누르고 [동전 2개 던지기] 시트를 열면 그래프가 생성되어 있다.

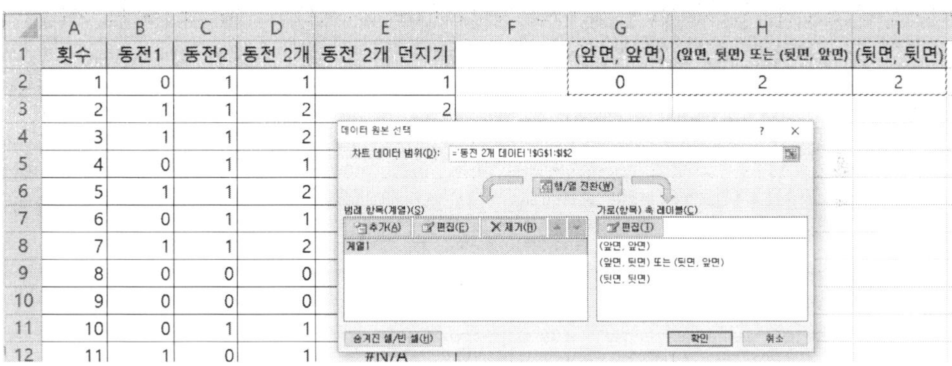

iii. [차트 도구]-[디자인]-[차트 레이아웃]에서 원하는 형태를 선택한다. 차트 제목과 범례를 바꾸어 준다.

예비교사 활동지

1. 동전 2개를 던지는 시행을 10, 100, 1000번 실시할 때, (앞면, 앞면), (앞면, 뒷면) 또는 (뒷면, 앞면), (뒷면, 뒷면)은 각각 몇 번 나올지 추측하시오.

2. [동전 2개 던지기] 시뮬레이션을 이용하여 다음 표를 완성하시오.

동전을 던진 횟수	20	40	100	200	500	700	900	1000
(앞면, 앞면)								
(앞면, 뒷면) 또는 (뒷면, 앞면)								
(뒷면, 뒷면)								

3. 2번의 표에서 (앞면, 앞면), (앞면, 뒷면) 또는 (뒷면, 앞면), (뒷면, 뒷면)의 상대도수의 변화에 대해 기술하시오. 어떤 특징이 있는가?

4. [동전 2개 던지기] 시뮬레이션을 다시 시행해보시오. 이번 시행을 2번의 결과와 비교해서 기술하시오.

5. 시행횟수를 10,000번으로 늘리면 어떻게 될지 예측해보시오.

6. 위에서 만든 [동전 2개 던지기] 시뮬레이션의 데이터를 늘여서 10,000번 시행이 가능하게 수정한 [동전 2개 던지기] 시뮬레이션을 제작하시오. 새로 만든 [동전 2개 시뮬레이션]을 이용하여 동전 던지기를 10,000번 시행하고 5번의 예측과 비교하시오.

7. 큰 수의 법칙(law of great numbers)을 이용하여 지금까지의 결과를 해석해보시오.

학생 활동지

1. 동전을 12번 던지면 (앞면, 앞면), (앞면, 뒷면) 또는 (뒷면, 앞면), (뒷면, 뒷면)은 각각 몇 번 나올지 추측하시오.

2. 동전을 300번 던지면 (앞면, 앞면), (앞면, 뒷면) 또는 (뒷면, 앞면), (뒷면, 뒷면)은 각각 몇 번 나올지 추측하시오.

3. 동전을 1000번 던지면 (앞면, 앞면), (앞면, 뒷면) 또는 (뒷면, 앞면), (뒷면, 뒷면)은 각각 몇 번 나올지 추측하시오.

4. [동전 2개 던지기] 시뮬레이션을 이용하여 다음 표를 완성하시오.

동전을 던진 횟수	20	40	100	200	500	700	900	1000
(앞면, 앞면)								
(앞면, 뒷면) 또는 (뒷면, 앞면)								
(뒷면, 뒷면)								

5. 4번의 표에서 (앞면, 앞면), (앞면, 뒷면) 또는 (뒷면, 앞면), (뒷면, 뒷면)의 상대도수의 변화에 대해 기술하시오.

6. 동전 던지기 시뮬레이션을 다시 시행해보자. 이번 시행을 4번의 결과와 비교해서 기술하시오.

7. 시행횟수를 10,000번, 20,000번으로 늘리면 어떻게 될지 예측해보시오.

8. 교과서, 인터넷 등을 이용하여 큰 수의 법칙(law of great numbers)이 무엇인지 알아보고 간략하게 기술하시오.

9. [동전 2개 던지기] 시뮬레이션 결과를 큰 수의 법칙으로 설명해보시오.

다 》 주사위 던지기

주사위를 1000번 던지는 시행을 할 수 있는 시뮬레이션을 만들어보자. 다음 그림과 같이 [주사위 1개 던지기]와 [주사위 1개 데이터] 워크시트를 2개로 만든다. [주사위 1개 던지기] 워크시트에는 스크롤 막대와 그래프를 삽입하고, [주사위 1개 데이터] 워크시트에는 무작위로 주사위를 던지는 시행을 한 데이터와 시행결과 나온 주사위의 각 눈의 수에 대한 테이블을 삽입한다. 경우에 따라서 시행결과 나온 주사위의 각 눈의 수에 대한 테이블을 [주사위 1개 던지기]에 포함시키는 것이 더 효과적일 수 도 있다. 또한, 워크시트를 분리하지 않고 하나의 워크시트에 데이터, 표, 스크롤 막대, 그래프를 모두 포함시키는 것이 가능하며 의사소통 능력을 기르는 데 효과적이다. 그러나 이 절에서는 학생들이 주사위를 던지는 시행을 하면 그에 따라 그래프가 변하는 시뮬레이션을 강조하기 위해 그 둘을 분리해서 워크시트를 만들어 본다.

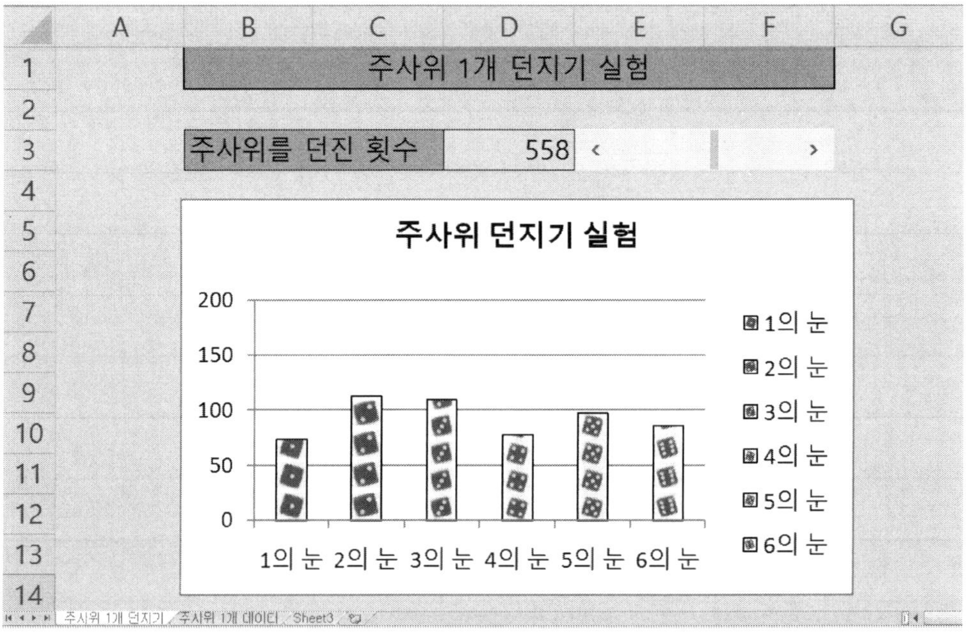

	A	B	C	D	E	F	G	H	I	J	K
1	횟수	주사위	N번 시행		주사위의 눈	1의 눈	2의 눈	3의 눈	4의 눈	5의 눈	6의 눈
2	1	2	2		도수	74	113	110	78	97	86
3	2	2	2								
4	3	2	2								
5	4	3	3								
6	5	2	2								
7	6	1	1								

① [주사위 1개 던지기]와 [주사위 1개 데이터] 2개의 시트에서 작업을 진행한다.

② [주사위 1개 데이터] 시트에서 주사위를 1000번 던지는 경우로 데이터를 만든다.

i . A1:C1001에 [홈]-[삽입]-[테두리]-[모든 테두리]로 표를 만들고, A1, B1, C1셀에 각각 '횟수', '주사위', 'N번 시행'과 같은 열 이름을 기입한다.

ii . A2:A1001에 1, 2, 3, 4, ⋯, 1000을 입력한다.

iii. B2셀에 '=INT(6*RAND( ))+1'을 입력한다. 이렇게 입력하는 것은 주사위의 6면의 눈(0, 1, 2, 3, 4, 5, 6)을 랜덤하게 생성하기 위한 것이다. RAND( )는 0 이상 1 미만의 난수를 생성하므로 6*RAND( )로 랜덤하게 생성된 숫자의 정수 부분을 선택하면, 0, 1, 2, 3, 4, 5가 랜덤하게 나오고 여기에 1을 더하여 주면, 1, 2, 3, 4, 5, 6이 나오므로 결국 주사위 던지기를 했을 때 주사위의 각 눈이 랜덤하게 나오는 것과 같게 된다.

B2 fx =INT(6*RAND())+1

	A	B	C
1	횟수	주사위	N번 시행
2	1	2	
3	2	3	3
4	3	2	2

'= INT(6*RAND( )) +1' 입력

iv. B열에는 1000번의 주사위 던지기가 모두 적혀있으므로 A, B열을 이용하여 표를 만들면 시뮬레이션의 효과가 없다. 따라서 주사위를 1번, 2번, 3번, ⋯,

1000번 던지는 효과를 내기 위해서 C열을 만든다. C열을 만들기 전에 [주사위 1개 던지기] 시트에 스크롤 막대를 먼저 만들어야 한다.

③ [주사위 1개 던지기] 시트에 제목 입력: 마우스로 원하는 부분(영역 B1:F1)을 선택하고, 메뉴에서 [맞춤]-[병합하고 가운데 맞춤]을 선택한다.

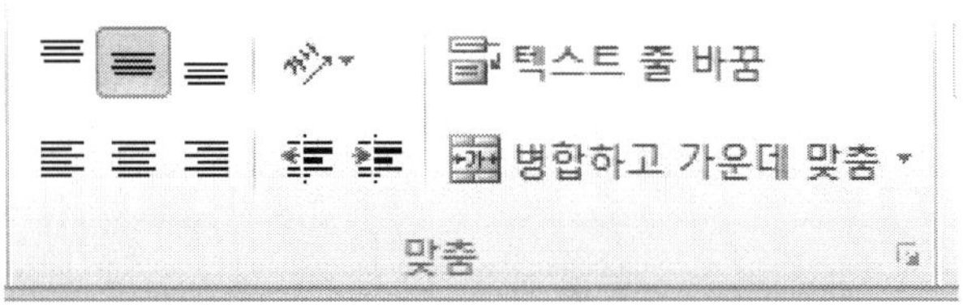

④ [주사위 1개 던지기] 시트에 스크롤 막대 삽입

i. 메뉴의 기본 탭에서 [개발 도구]-[삽입]-스크롤 막대 순으로 선택한다.

ii. [개발 도구] 탭이나 [삽입] 아이콘이 보이지 않으면 맨 윗줄의 [엑셀 옵션]-[리본 사용자 지정]-[기본 탭]에서 [개발 도구]를 선택한다. 확인을 하고 나면 기본 탭에 [개발 도구]가 표시된다.

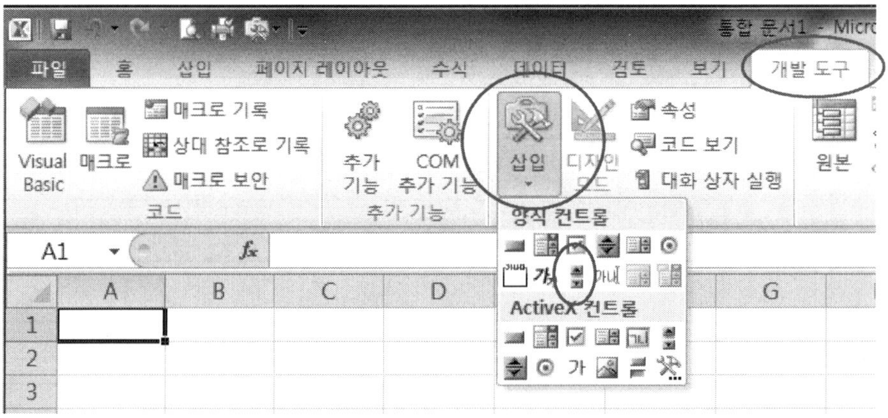

ii. [개발 도구] 탭이나 [삽입] 아이콘이 보이지 않으면 맨 윗줄의 [엑셀 옵션]-[리본 사용자 지정]-[기본 탭]에서 [개발 도구]를 선택한다. 확인을 하고 나면 기본

탭에 [개발 도구]가 표시된다.

iii. i 에서 선택한 스크롤 막대를 선택하고 시트에 삽입한다.

iv. 스크롤 막대를 선택한 채 마우스 오른쪽 버튼을 누르고 [컨트롤 서식]을 선택한다. 최솟값을 '1', 최댓값을 '1000'으로 입력한다. 이때, 최댓값은 주사위를 던지고 싶은 횟수를 입력하면 된다. 셀 연결에 'D3'를 입력한다. D3는 주사위를 던진 횟수를 나타낼 셀 주소를 의미한다.

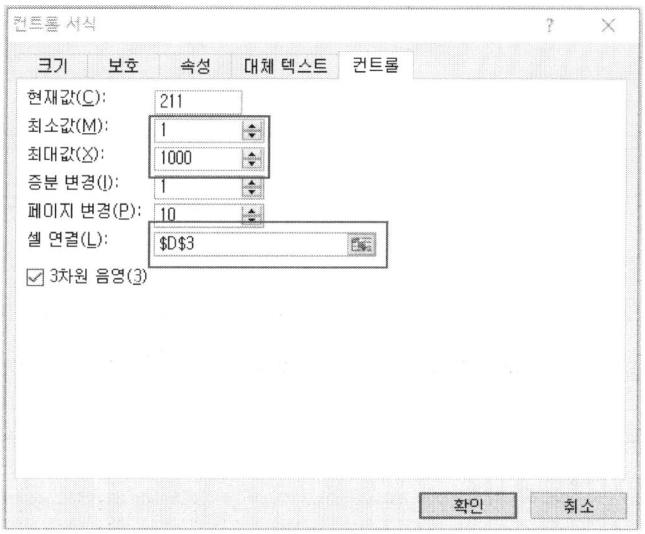

⑤ [주사위 1개 데이터]의 C열을 완성한다. C2셀에 '=IF(A2<=주사위 1개 던지기!$D$3, B2, NA( ))'를 입력한다. 입력 식에서 '주사위 1개 던지기!$D$3'는 [주사위 1개 던지기] 시트의 스크롤 막대의 셀 연결에 입력한 셀 주소이다. C2셀을 선택하고 아래로 드래그하여 C열을 채운다. [주사위 1개 던지기] 시트의 스크롤 막대를 움직여 10에 놓으면 다음 그림과 같이 C2, C3, …, C11셀에는 1, 2, …, 6이 랜덤하게 채워지지만 C12부터는 #N/A가 표시된다. 스크롤 막대를 움직이면 C열에 표시되는 숫자의 개수가 스크롤 막대가 나타내는 숫자와 일치함을 알 수 있다.

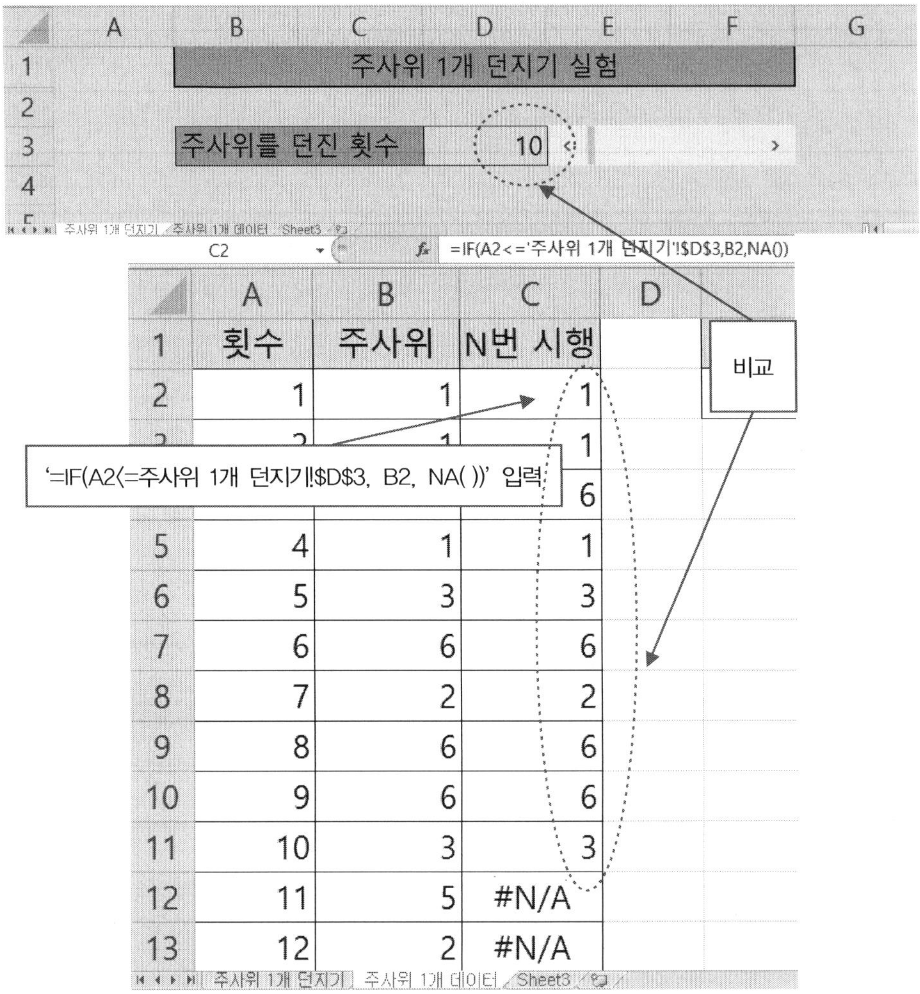

⑥ C열의 1, 2, 3, 4, 5, 6의 개수를 나타내는 표를 만들자. 예를 들어, 위의 그림에서 C2:C11 영역에 '1'이 3개, '2'가 1개, '3'이 2개, '4'가 0개, '5'가 0개, '6'이 4개이므로 [주사위 1개 데이터] 시트의 E1:K2 영역에 각 눈의 개수가 표시되도록 표를 만든다.

ⅰ. E1:K2 영역을 선택하고, [홈]-[테두리]-[모든 테두리]를 선택하여 표를 만든다.
ⅱ. E1셀에 '주사위의 눈', F1셀에 '1의 눈', …, K1셀에 '6의 눈'을 입력한다.
ⅲ. E2셀에 '도수'라고 적고, F2셀에 함수식 '=COUNTIF(C2:C1001, 1)', G2셀에 '=COUNT IF(C2:C1001, 2)', …, K2셀에 '=COUNTIF(C2:C1001, 6)'을 입력한다. COUNTIF(범위, 조건) 함수는 해당 범위에서 조건에 맞는 셀의 개수를 세는 기능을 한다.

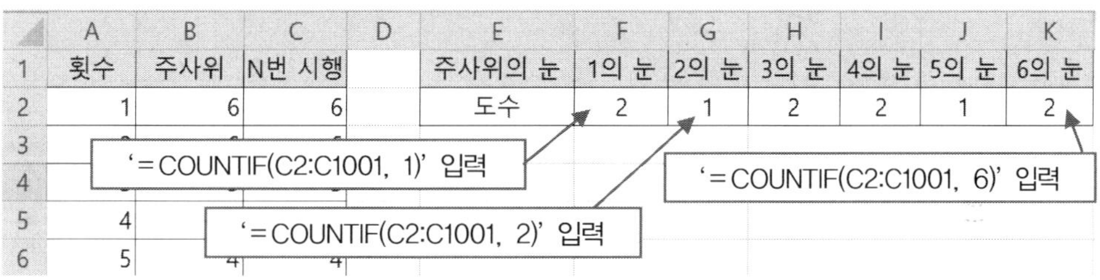

⑦ [주사위 1개 던지기] 시트에 그래프를 삽입한다.

ⅰ. [삽입]-[세로 막대형]-[2차원 세로 막대형]에서 묶은 세로 막대형을 선택한다.
ⅱ. [데이터 선택] 아이콘을 누르면 다음과 같은 팝업창이 뜬다. 이때 차트 데이터 범위에 마우스를 놓고 클릭한 후, [주사위 1개 데이터] 시트를 클릭하면 시트가 바뀐다. 여기에서 E1:F2 영역을 선택하면 다음 그림과 같이 범례 항목과 가로축 레이블이 나타난다. [확인]을 누르고 [동전 1개 던지기] 시트를 열면 그래프가 생성되어 있다.

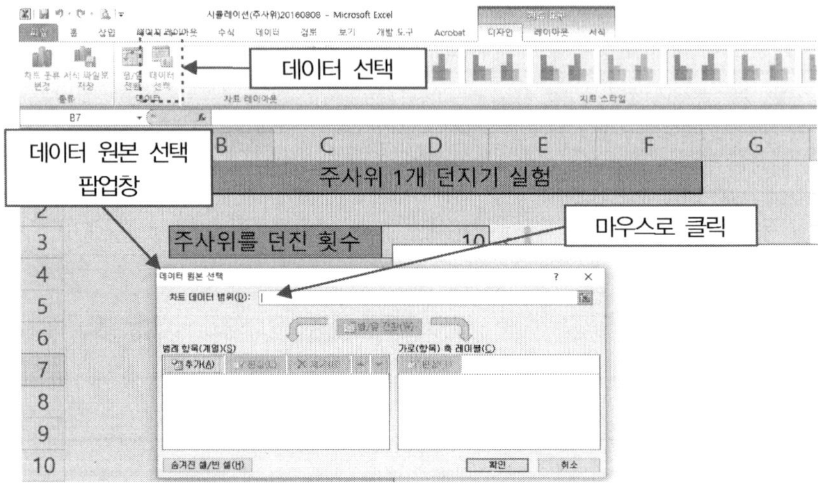

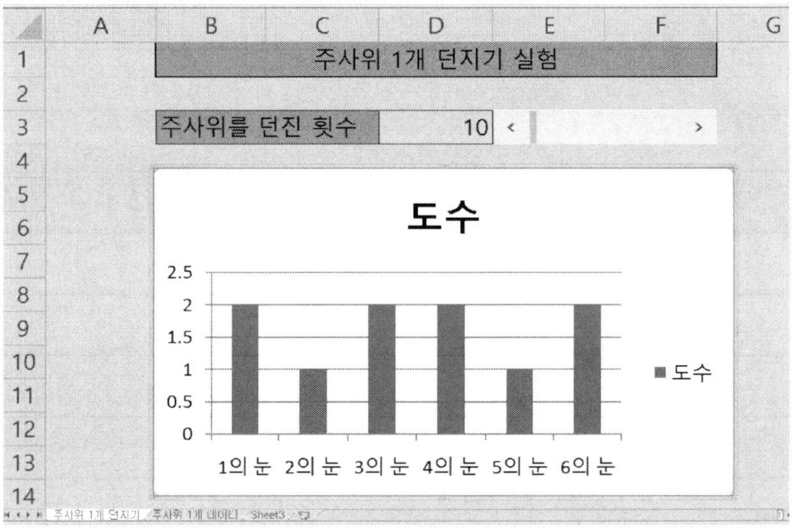

iii. 그래프를 클릭하고, [차트 도구]-[디자인]-[차트 레이아웃]에서 원하는 형태를 선택한다. 차트 제목과 범례를 바꾸어 준다.

⑧ 스크롤 막대를 움직이면 그래프가 다음과 같이 변하므로 1000번을 시행하는 느낌을 가질 수 없는데 그 이유는 세로축이 자동으로 설정되어 있기 때문이다.

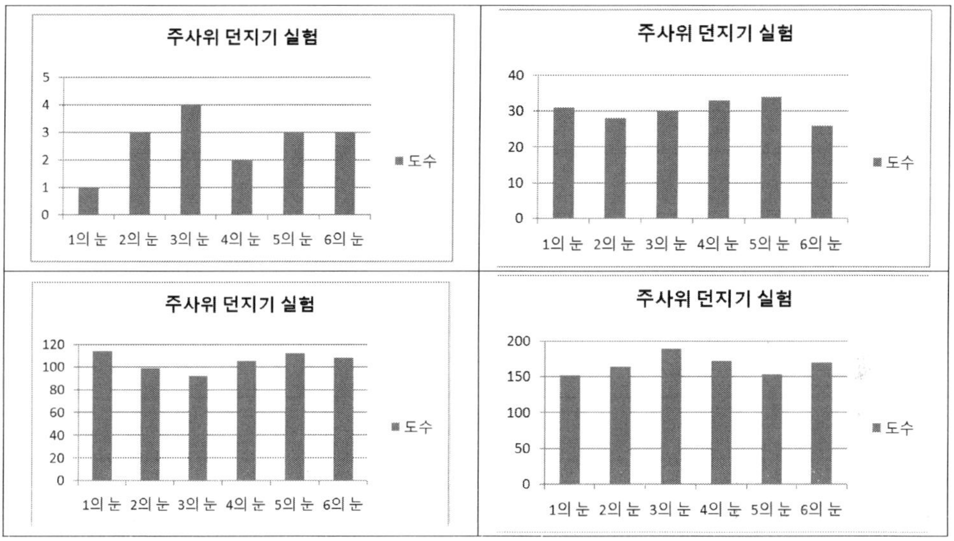

i. 그래프의 세로축을 마우스로 클릭하고 나서, 마우스 오른쪽 버튼을 클릭하고, 메뉴 중에서 [축 서식]을 선택한다.

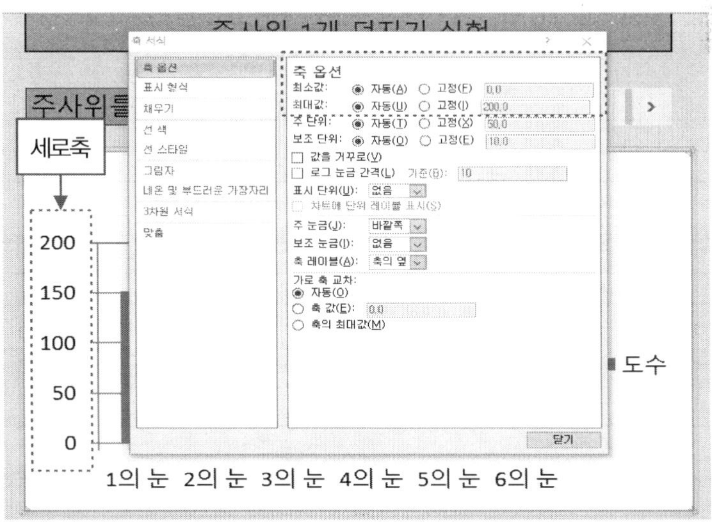

ⅱ. 위 그림에서 [축 서식]-[축 옵션]이 자동으로 설정되어 있음을 볼 수 있다. 최솟값과 최댓값에서 '고정'을 선택하고, 최솟값에 '0', 최댓값에 '200'을 입력한다. 최댓값은 반드시 200을 입력해야 하는 것은 아니지만, 스크롤 막대를 움직여서 1000번을 시행했을 때 최댓값보다 크게 적어주면 된다.

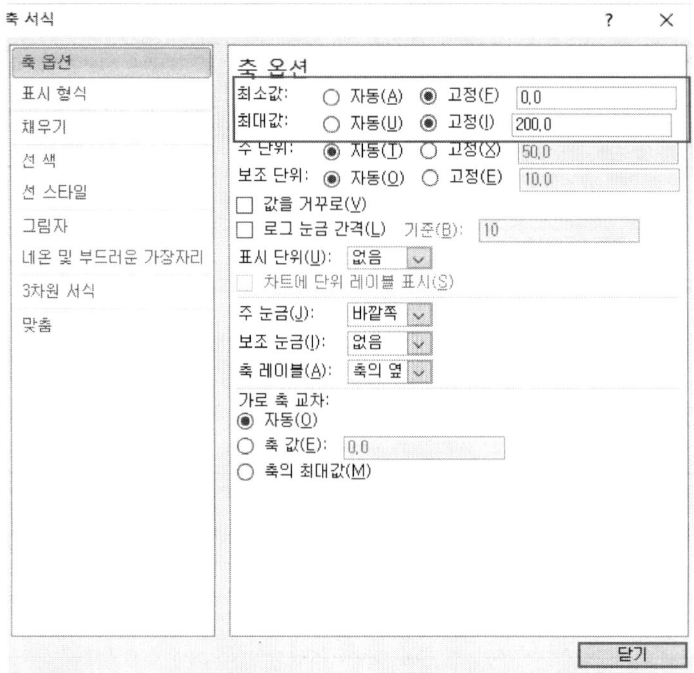

⑨ 막대그래프에 주사위 그림을 삽입하여 주사위를 던지는 효과를 내자.

ⅰ. 먼저 주사위 모양의 그림 파일을 준비한다.

ⅱ. 그래프의 첫 번째 막대를 더블 클릭하면, [데이터 요소 서식]이 팝업 창이 뜬다. [채우기]-[그림 또는 질감 채우기]를 선택한다.

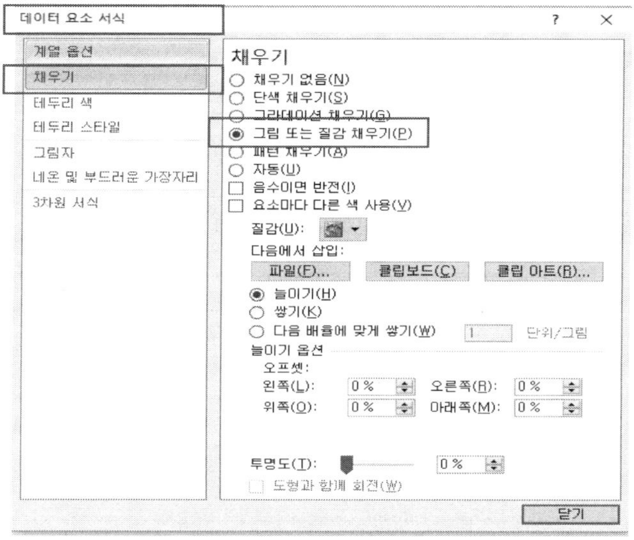

iii. 다음에서 삽입: 파일을 누르고 파일 위치를 찾아 클릭한다.

iv. 채우기에서 〈늘이기〉와 〈쌓기〉 옵션을 선택하는 것에 따라 다음 그림처럼 나타난다. 〈쌓기〉 옵션이 여러 번 시행한 느낌을 주므로 여기서는 〈쌓기〉를 선택하자.

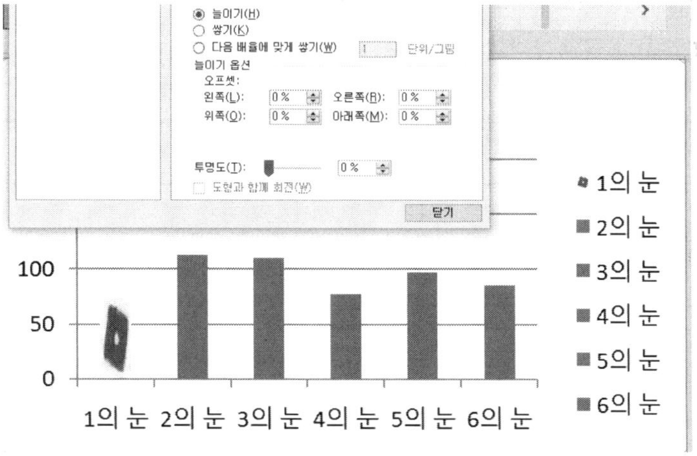

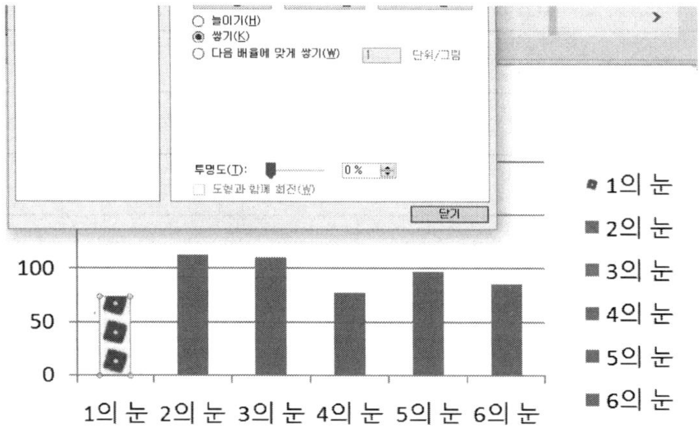

ⅴ. 주사위 그림을 삽입하고 나서 막대의 테두리가 나타나지 않았으면, 막대를 더블 클릭한 후 [데이터 계열 서식]-[테두리 색]-[실선]을 차례로 선택하고, [테두리 스타일]에서 테두리의 모양을 수정한다.

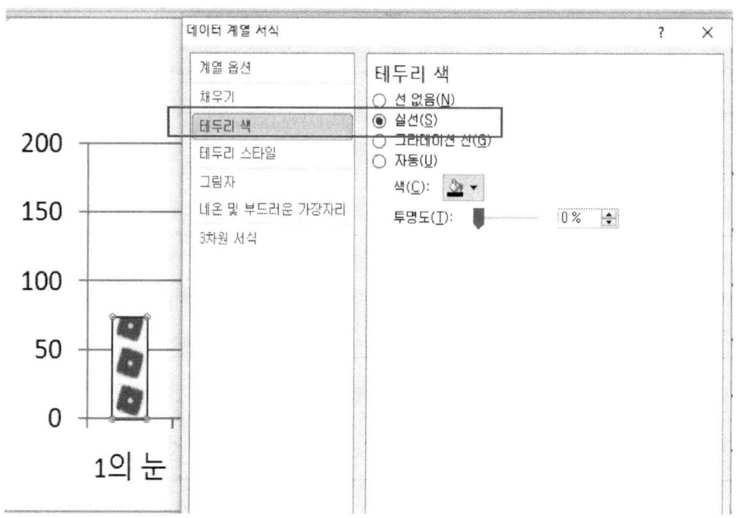

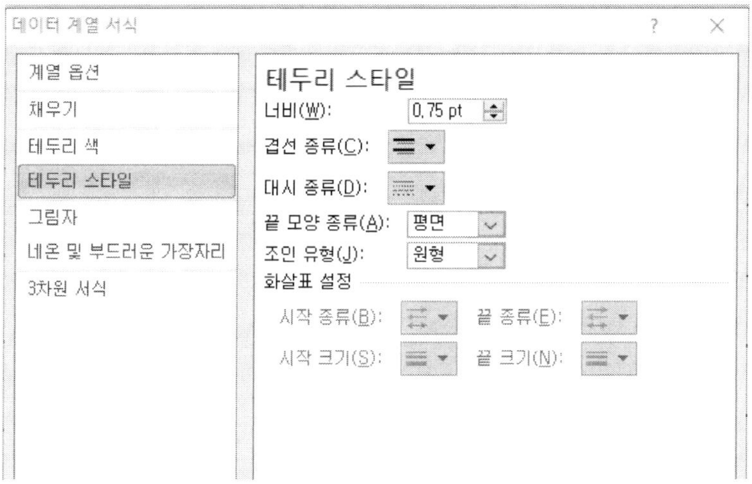

vi. 다른 막대에도 ii~v를 반복 시행하여 다음 그림과 같이 막대 그래프에 주사위 그림을 삽입한다.

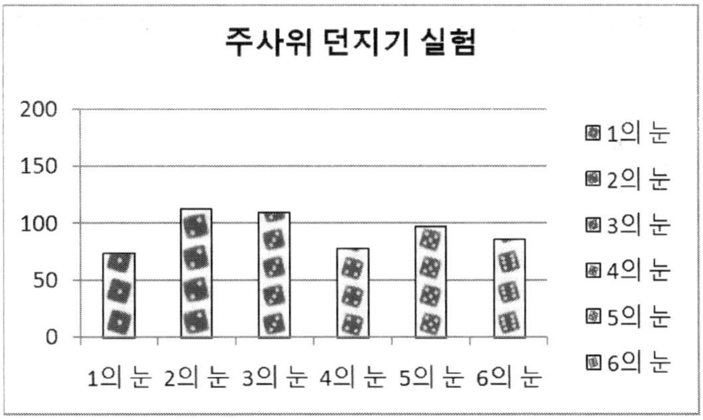

예비교사 활동지

1. 주사위를 10, 100, 1000번 던지면 1의 눈은 몇 번 나올지 추측하시오. 2, 3, 4, 5, 6의 눈은 각각 몇 번 나올지 추측하시오.

2. [주사위 던지기 시뮬레이션]을 이용하여 다음 표를 완성하시오.

주사위를 던진 횟수	20	40	100	200	500	700	900	1000
1의 눈이 나온 횟수								
2의 눈이 나온 횟수								
3의 눈이 나온 횟수								
4의 눈이 나온 횟수								
5의 눈이 나온 횟수								
6의 눈이 나온 횟수								

3. 2번의 표에서 각 눈의 상대도수를 구하고 상대도수의 변화에 대해 기술하시오.

동전을 던진 횟수	20	40	100	200	500	700	900	1000
1의 눈의 상대도수								
2의 눈의 상대도수								
3의 눈의 상대도수								
4의 눈의 상대도수								
5의 눈의 상대도수								
6의 눈의 상대도수								

4. 주사위 던지기 시뮬레이션을 다시 시행해보자. 이번 시행을 2번의 결과와 비교해서 기술하시오.

5. 주사위 던지기 시행횟수를 10,000번으로 늘리면 각 눈의 상대도수가 어떻게 될지 다시 예측해보시오.

6. 위에서 만든 [주사위 1개 던지기] 시뮬레이션의 데이터를 늘여서 10,000번 시행이 가능하도록 수정한 [주사위 1개 던지기] 시뮬레이션을 제작하시오. 새로 만든 [주사위 1개 던지기] 시뮬레이션을 이용하여 주사위 던지기를 10,000번 시행하고 5번의 예측과 비교하시오.

7. 큰 수의 법칙(law of great numbers)을 이용하여 지금까지의 결과를 해석해보시오.

학생 활동지

1. 주사위를 10번 던지면 각 눈은 각각 몇 번 나올지 추측하시오.

2. 주사위를 100번 던지면 앞면과 뒷면은 각각 몇 번 나올지 추측하시오.

3. 주사위를 1000번 던지면 앞면과 뒷면은 각각 몇 번 나올지 추측하시오.

4. [주사위 1개 던지기 시뮬레이션]을 이용하여 다음 표를 완성하시오.

주사위를 던진 횟수	20	40	100	200	500	700	900	1000
1의 눈이 나온 횟수								
2의 눈이 나온 횟수								
3의 눈이 나온 횟수								
4의 눈이 나온 횟수								
5의 눈이 나온 횟수								
6의 눈이 나온 횟수								

5. 4번의 표에서 각 눈의 상대도수를 구하고 상대도수의 변화에 대해 기술하시오.

동전을 던진 횟수	20	40	100	200	500	700	900	1000
1의 눈의 상대도수								
2의 눈의 상대도수								
3의 눈의 상대도수								
4의 눈의 상대도수								
5의 눈의 상대도수								
6의 눈의 상대도수								

6. 동전 던지기 시뮬레이션을 다시 시행해보자. 이번 시행을 4번의 결과와 비교해서 기술하시오.

7. 주사위 던지기의 시행횟수를 10,000번, 20,000번으로 늘리면 각 눈의 상대도수가 어떻게 될지 예측해보시오.

8. 교과서, 인터넷 등을 이용하여 큰 수의 법칙(law of great numbers)이란 무엇인지 알아보시오.

9. [주사위 1개 던지기] 시뮬레이션 결과를 큰 수의 법칙으로 설명해보시오.

참고문헌

1. 강수철 외, 《미분적분학》, 경문사, 2011.
2. 교육과학기술부, 수학과 교육과정, 2011.
3. 박상태, 《Excel VBA를 활용한 물리 시뮬레이션》, 국립공주대학교출판부, 2012.
4. 신보미·이경화, 〈컴퓨터 시뮬레이션을 통한 통계적 확률 지도에 대한 연구〉, 수학교육학연구, 2006, vol.16, no. 2, pp.139-156.
5. 신보미·이경화, 〈시뮬레이션을 활용한 확률지식의 교수학적 변환〉, 수학교육학연구, 2008, vol.18, no. 1, pp.125-50.
6. 우정호 외, 《중학교 수학1》, 두산동아, 2016.
7. 우정호 외, 《중학교 수학2》, 두산동아, 2016.
8. 우정호 외, 《중학교 수학3》, 두산동아, 2016.
9. 우정호 외, 《고등학교 수학1》, 두산동아, 2016.
10. 우정호 외, 《고등학교 확률과 통계》, 두산동아, 2016.
11. 허혜자, 《엑셀과 함께 하는 수학》, 경문사, 2007.
12. Burns, M. (2003). Beyond show and tell: using spreadsheets to solve problems. *Learning & Leading with technology, 31*(2), 22-27.
13. Cornel, R. & Siegfried, E. Schroeder. (1991). Incorporating recursion and functions in the secondary school mathematics curriculum. In M. Kenney and C. Hirsch (Eds.), *Discrete mathematics across the curriculum, K-12: 1991 yearbook.* Reston, VA: NCTM.
14. Drier, H. S. (2001). Teaching and learning mathematics with interactive spreadsheets. *School Science and Mathematics, 101*(4), p.170.
15. Dugdale, S. (1998). A spreadsheet investigation of sequences and series for middle grades through precalculus. *The Journal of Computers in Mathematics and Science*

Teaching, 17(2-3), 203-222.

16. Masalski, W. J. (1999). *How to use the spreadsheet as a tool in the secondary school mathematics classroom.* NCTM.
17. Mulkerrin, P. (2000). Scroll bars in Excel, Micromath, vol. 16, no. 2, pp. 24-27.
18. Neuwirth, E. & Arganbright, D. (2004). *The Active Modeler: Mathematical Modeling with Micrisoft Excel.* Thomson Brooks/Cole.
19. Ploger, D., Klinger, Lee, & Rooney Micheal (1997). Spreadsheets, patterns, and algerbraic thinking, *Teaching Children Mathematics, 3,* pp.330-4.
20. Rojano, T. (1996). Developing algebraic aspects of problem solving within a spreadsheet environment. In N. Bednarz et al. (Eds.), *Approaches to Algebra* (pp.137-145). Dordrecht: Kluwer Academic Publishers.
21. Russell, J. (2002). Producing a 1 to 1000 random generator in Excel. Micromath, vol. 18, no. 1, pp. 32-33.
22. Sgroi, R. J.(1992). Systematizing trial and error using spreadsheets. *The Arithmetic Teacher, 39*(7). NCTM.

찾아보기

《 엑셀과 수학실험 》
: 움직이는 그래프와 시뮬레이션

지은이 허혜자
펴낸이 조경희
펴낸곳 경문사
펴낸날 2017년 3월 2일 1판 1쇄
2020년 3월 2일 1판 2쇄
등 록 1979년 11월 9일 제1979-000023호
주 소 04057, 서울특별시 마포구 와우산로 174
전 화 (02) 332-2004 팩스 (02) 336-5193
이메일 kyungmoon@kyungmoon.com
facebook facebook.com/kyungmoonsa

값 20,000원

ISBN 978-89-6105-357-0